普通高等教育"十一五"国家级规划教材

普通高等院校计算机基础教育系列教材·精品系列

U0183888

C语言程序设计

C YUYAN CHENGXU SHEJI

傅清平　徐文胜　李雪斌◎编著

（第五版）

中国铁道出版社有限公司

CHINA RAILWAY PUBLISHING HOUSE CO., LTD.

内 容 简 介

本书根据 C 语言程序设计的特点，以 C 语言初学者作为阅读对象，以程序设计为主线，以编程应用为驱动，理论联系实际，通过丰富的实例分析，详细介绍了 C 语言程序设计的思想及方法。全书叙述严谨、实例丰富、由浅入深、重点突出。

全书教学内容安排科学，共 7 章，包括 C 程序设计入门，数据类型、运算符和表达式，算法与程序设计基础，函数，数组类型与指针类型，结构类型与联合类型，文件等。为避免在学习过程中枯燥乏味，书中精选了一些实用性强、趣味性足的实例，增强了全书的可读性和参与性，便于读者在轻松愉快的气氛中学习。

本书适合作为普通高等院校各专业的 C 语言程序设计课程教材，也可作为广大编程爱好者的自学读物，既能给从事计算机相关工作的科技人员提供参考，同时也是参加各类计算机等级考试人员的辅导用书。

图书在版编目（CIP）数据

C语言程序设计 / 傅清平，徐文胜，李雪斌编著. —5版. —北京：中国铁道出版社有限公司，2023.2（2024.12重印）

普通高等教育"十一五"国家级规划教材

ISBN 978-7-113-29927-9

Ⅰ.①C… Ⅱ.①傅… ②徐… ③李… Ⅲ.①C语言－程序设计－高等学校－教材 Ⅳ.①TP312.8

中国版本图书馆CIP数据核字(2023)第012551号

书　　名：C 语言程序设计
作　　者：傅清平　徐文胜　李雪斌

策　　划：曹莉群　　　　　　　　　　　编辑部电话：(010) 51873090
责任编辑：刘丽丽
封面设计：尚明龙
责任校对：苗　丹
责任印制：赵星辰

出版发行：中国铁道出版社有限公司（100054，北京市西城区右安门西街 8 号）
网　　址：https://www.tdpress.com/51eds
印　　刷：河北燕山印务有限公司
版　　次：2002 年 12 月第 1 版　2023 年 2 月第 5 版　2024 年 12 月第 3 次印刷
开　　本：787 mm×1 092 mm　1/16　印张：17.75　字数：424 千
书　　号：ISBN 978-7-113-29927-9
定　　价：54.00 元

前　言

　　C 语言历史悠久，是一种被广泛使用的计算机高级程序设计语言。它以精炼、灵活、可移植性好、应用领域广泛而著称，一直活跃在计算机应用以及计算机专业教学领域，彰显出无穷的编程魅力和蓬勃的生命力。据 TIOBE Programing Community Index 统计分析，几十年来，C 语言一直占据编程语言排行榜的前几位，因此国内外许多高校都将 C 语言列为学习程序设计课程的首选语言。

　　C 语言程序设计课程特色鲜明，以编程语言为平台，详细介绍程序设计的思想及方法，以培养学生掌握程序设计方法与技能为重点。通过学习该课程，学生不仅要掌握程序设计语言的知识，为后续专业课程的学习打下基础，更重要的是要在实践中逐步培养求解问题和应用语言的能力。

　　本书编者长期从事高校 C 语言课程的一线教学，普遍教龄都在 25 年以上，从 2002 年开始撰写第一版《C 语言程序设计》（含配套实验教材），一直到目前 2023 年第五版教材的修订出版，我们始终都在努力着。根据教学内容、教学方法、教学课时的调整与变化，在有限的教学课时内，更好地帮助学生领悟到程序设计的奥妙。为适应新形势下创新人才培养模式的需要，我们有责任把教材写得更好更精彩，这也正是我们编者殚精竭虑不断修订教材之所在。

　　在前后 20 多年的教学过程中，编者所编著的《C 语言程序设计》（含配套实验教材）获得了省级普通高等学校优秀教材一等奖，修订的《C 语言程序设计》（第三版）（含配套实验教材）成功入选普通高等教育"十一五"国家级规划教材。教材的成果和教学研究上的进步，永远是鞭策我们前进的动力。

　　全书以程序设计为主线，以编程应用为驱动，以丰富的实例详细介绍了 C 语言程序设计的思想及方法。全书共 7 章，第 1 章介绍了 C 程序的基本构成与 Code::Blocks 的使用；第 2 章介绍了基本数据类型、运算符和表达式、基本输入与输出操作；第 3 章介绍了算法的概念、算法的表示、结构化程序设计中的三种控制结构（即顺序、选择和循环）；第 4 章重点介绍了自定义函数、变量的存储类型；第 5 章详细介绍了数组类型、指针类型的定义与使用，以及字符串函数、动态内存分配的应用；第 6 章介绍了结构体类型和联合体类型的使用，涉及常用链表的定义及操作；第 7 章介绍了数据文件的类型与操作方法。这些内容也是全国计算机等级考试大纲所要求的。

第五版教材在延续了前四版教材的叙述严谨、循序渐进、突出实践、方便自主学习的特点外，还在以下几方面进行了修订：

（1）增加了微课。对书中属于重点和难点的知识点和例题录制了微视频 56 段，读者只要使用手机扫描书中的二维码，就可观看相关知识点的微视频。

（2）由于 Visual C++ 6.0 与目前流行的操作系统兼容性越来越差，第五版教材中删除了 Visual C++ 6.0 集成开发环境 IDE 的使用，把在实验教材中介绍的兼容性好、免费开源的集成开发环境 Code::Blocks（简称 CB）的内容移到主教材，由浅入深地介绍了使用 Code::Blocks 上机调试程序的完整过程，并列举了在调试中可能出现的问题及其应对方案。

（3）受主教材篇幅的限制，为方便读者掌握并熟练使用全国计算机等级考试二级 C 语言的上机环境 Visual C++ 2010，把在 Visual C++ 2010 环境下的上机过程的介绍等内容安排到配套的实验教材中。在实验教材中，有三套等级考试的模拟试卷，继续为读者参加全国计算机等级考试二级（C 语言）及其他同等级别的考试提供帮助。

（4）目前高校的"C 语言程序设计"课程的教学课时压缩，如果按照原来的教学内容进行授课，教学任务将很难完成。基于此，我们删除了在"大学计算机基础"课程中讲过的第 2 章中的数据在内存中的表示，全国计算机等级考试不做要求的第 8 章面向对象的程序设计，第 5 章中的二级指针、函数指针、数组指针等部分内容，并对其他章节的内容进行了重写或者调整，使新版书的内容更加紧凑，实例更具有针对性，全书结构更加合理。

（5）修正了上一版教材中的错误，保证书中的所有源程序均能在 Code::Blocks 环境下运行通过。调整了各章课后的习题，删减了部分实用性弱的题目，补充了一些技巧性强的练习。为培养学生对编程的兴趣和爱好，书中补充了一些实用性强、趣味性足的实例，并给出了详细的分析过程。

本书特色：

（1）注重信息素养教育。本书在一些案例和知识点的叙述过程中，嵌入了信息素养和计算思维的培养，力争做到潜移默化、润物细无声的信息素养教学效果。

（2）通俗易懂，适用性广。本书针对每一个知识点都进行了深入分析，并通过案例的形式将原本复杂的、难于理解的知识点进行简化，由浅入深，由易到难，适合作为高校各专业零基础学生的入门教材，也可以作为全国计算机等级考试的辅导用书。

（3）案例驱动。对每个知识点提供相关的程序实例，使读者能更直观地理解和掌握 C 语言的基本语法和程序设计方法，并逐步提升解决问题的能力。

（4）习题辅学。每一章后面都提供了适量的习题，便于读者检验自己的学习情况，及时发现学习过程中存在的问题并加以解决，同时在配套的实验教材中对习题进行分析解答，进行举一反三地强化学习。

（5）微课导学，攻破重、难点。针对重点和难点知识，给出了大量的分析和注释，同时录制了 56 段微视频对重点、难点的知识点和例题进行讲解，读者只要通过手机扫描书中的微课二维码，就可以进行反复学习。

（6）教学资源丰富。本书配套的电子资源包括 PPT、例题源代码、微视频等，均可在中国铁道出版社有限公司的教学资源网站（http://www.tdpress.com/51eds）上免费下载或观看。同时本课程在超星教学平台（https://mooc1-1.chaoxing.com/course/200346734.html）上也有比较丰富的教学资源。

本书可以作为高校计算机专业及相关理工科专业的教材，也适合用作公共计算机必修课的教材，同时也可作为广大编程爱好者的自学读物，既能给从事计算机相关工作的科技人员提供参考，也是参加各类计算机等级考试的辅导用书。

本书由江西师范大学计算机信息工程学院的任课教师傅清平、徐文胜、李雪斌编著，具体分工如下：傅清平老师负责第 1 章、第 2 章、第 3 章和附录 A 的编写，李雪斌老师负责第 4 章、第 7 章和附录 B 的编写，徐文胜老师负责第 5 章和第 6 章的编写。全书最后由傅清平老师统稿和定稿。

为了配合教学，编者还修订编著了配套的实验指导用书《C 语言程序设计实验教程》（第三版）（中国铁道出版社有限公司出版）。书中除了为配套的《C 语言程序设计》（第五版）提供了全部的习题解答之外，还根据教学进度设计了同步的上机实验内容以及课外练习题。

在本书修订和出版过程中，得到了江西师范大学计算机信息工程学院的领导、同事们的关心、支持与建议，家人的理解和支持，在此表示衷心感谢！特别要感谢本书的前两任主编王声决老师、罗坚老师！中国铁道出版社有限公司的领导和编辑为本书的出版提供了无私的帮助，在此一并表示真诚的感谢！

在本书编写过程中，参考了大量的书籍和资料，在此谨向这些文献资料的作者表示衷心的感谢！

编者的时间和水平有限，书中难免存在疏漏和不足之处，恳请广大读者批评指正。

编　者

2023 年 1 月

目 录

第1章 C程序设计入门

本章要点思维导图

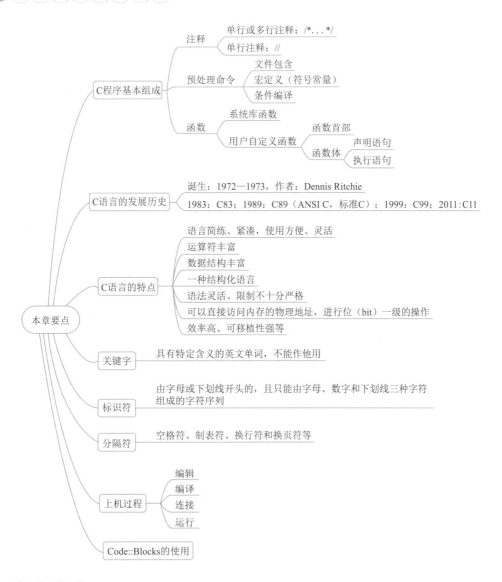

- C程序基本组成
  - 注释
    - 单行或多行注释：/*...*/
    - 单行注释：//
  - 预处理命令
    - 文件包含
    - 宏定义（符号常量）
    - 条件编译
  - 函数
    - 系统库函数
    - 用户自定义函数
      - 函数首部
      - 函数体
        - 声明语句
        - 执行语句
- C语言的发展历史
  - 诞生：1972—1973，作者：Dennis Ritchie
  - 1983：C83；1989：C89（ANSI C，标准C）；1999：C99；2011:C11
- C语言的特点
  - 语言简练、紧凑，使用方便、灵活
  - 运算符丰富
  - 数据结构丰富
  - 一种结构化语言
  - 语法灵活、限制不十分严格
  - 可以直接访问内存的物理地址，进行位（bit）一级的操作
  - 效率高、可移植性强等
- 关键字
  - 具有特定含义的英文单词，不能作他用
- 标识符
  - 由字母或下划线开头的，且只能由字母、数字和下划线三种字符组成的字符序列
- 分隔符
  - 空格符、制表符、换行符和换页符等
- 上机过程
  - 编辑
  - 编译
  - 连接
  - 运行
- Code::Blocks的使用

本章要点

学习目标

◎通过几个简单的 C 程序的学习，掌握 C 语言程序的基本构成。

◎了解 C 语言的发展历程和特点。

◎掌握 C 语言的关键字和标识符。

◎掌握 C 程序的上机调试过程，至少掌握一种 IDE 的上机过程。

万事开头难，学习一门语言，掌握一门语言，不是一朝一夕能办到的，而是要循序渐进，持之以恒，日积月累才有可能成功。我们从小学甚至幼儿园就开始学习英语，到现在已经有十多年的时间，没有几个同学敢说自己已经掌握或精通英语。好在计算机语言并没有英语复杂、难学。大家只要花上一年半载的时间，用对待学习英语的时间、精力和态度来认真学习计算机语言，就能够基本掌握一门计算机语言的语法规则、程序设计方法等知识，并运用计算机语言编写程序，解决自己专业上的问题。

1.1　引　　例

例 1.1　要求在命令提示符窗口中显示 "Hello, world!" 这一行文字。

```
/*liti1-1.c, 显示 "Hello,world!" */
#include <stdio.h>                      // 包含有关标准库的信息
/* 定义名为 main 的函数, 它不接收实参值 */
int main()
{
    /*main() 的语句括在花括号中 */
    printf("Hello,world! \n");          // 分号 ";" 是 C 语句的结束标志
    return 0;
}
```

程序分析：

（1）注释。程序代码中位于 /* 与 */ 之间的字符序列称为注释，用于解释程序（或者语句）的作用。被注释的内容可以是一行文字或者连续的多行文字（因此又称为多行注释）。注释既可单独占一行或多行，也可位于某条语句的后面。从 C99 标准开始，也可以使用 // 来进行单行注释。C 程序中的注释就如文言文中的注释一样，使用注释能增强程序的可读性，使程序易于理解，便于程序员之间进行交流。但有无注释并不会影响程序的运行结果，因为在程序编译时注释会被自动忽略，如下面去掉了注释的程序的运行结果也是输出一行 "Hello,world!"。读者应重视使用注释，养成良好的编程习惯。

```
#include <stdio.h>
int main()
{
    printf("Hello,world! \n");
    return 0;
}
```

（2）main() 函数。C 语言是函数式的语言，函数是 C 语言的基本组成单位。任何一个 C 程序，无论大小，都是由一个或多个函数组成的。但其中有且仅有一个函数名字为 main 的函数，通常称其为主函数。任何一个 C 语言程序都从 main() 函数开始运行。在 main() 函数中通常还要调用其他函数来协助其完成某些工作。最终 C 语言程序在 main() 函数中结束运行。

（3）printf() 函数是一个格式化输出库函数。在本例中，main() 函数调用 printf() 函数，在命令提示符窗口照原样显示双引号内的字符序列 "Hello,world!\n"（不包括双引号）。用

双引号括住的字符序列称为字符串。本例中仅使用字符串作为 printf() 函数的实参，详见第 2 章。

（4）显示内容中的字符序列 '\n' 是一个换行符，用于控制从下一行的最左边位置开始显示其后续的字符。在 C 语言中，由 '\' 开头的、具有特殊含义的字符称为转义字符。如 '\n' 表示换行符，'\t' 表示制表符。有关转义字符将在第 2 章中详细介绍。读者可上机运行下面的程序，比较保留或删除 '\n' 字符的运行结果，理解 '\n' 的含义。

```
#include<stdio.h>
int main()
{
    printf("Hello,world!\n");
    printf("This is my first C program!\n");
    return 0;
}
```

（5）C 语言规定，语句必须以分号 ";" 结束。分号是一条语句的结束标志，一条语句可以写在多行上，一行也可以写多条语句。但是为了保持程序的可读性，建议一行写一条语句。

（6）文件包含命令 #include<stdio.h>。在 C 语言中，以 # 开头的命令是预处理命令，不是一条语句，所以其后不能以分号 ";" 结束。这里的 #include 称为文件包含命令，其意义是把尖括号 < > 内指定的文件包含到本程序中，成为本程序的一部分。被包含的文件通常是由系统提供的，其扩展名为 .h，常称为头文件或首部文件。如果程序中使用了系统提供的库函数，一般应在文件的开始用 #include 命令，将被调用的库函数信息包含到本文件中。本例中使用 #include <stdio.h> 是因为调用了标准输入 / 输出库中的 printf() 函数。

需要说明的是，C 语言规定：如果一个程序只使用了 scanf() 或 printf() 这样的库函数，此时对头文件的包含命令可以省略不写，因此本例中也可以删去 #include <stdio.h> 这一行。有关函数使用的详细内容将在第 4 章中介绍。

例 1.2 从键盘上输入一个球的半径 r，要求计算球的表面积 s 和球的体积 v。已知球的表面积 $s=4\pi r^2$，球的体积 $v=\frac{4}{3}\pi r^3$。

```
/*liti1-2.c，计算球的表面积和球的体积程序 */
#include <stdio.h>
int main()
{
    float r;                      /* 定义单精度浮点型变量 r，代表半径 */
    float s,v;                    /* 定义单精度浮点型变量 s、v，代表面积和体积 */
    printf("radius=");            /* 屏幕提示输入半径的值 */
    scanf("%f", &r);              /* 从键盘上输入半径，将值存入变量 r 中 */
    s=4*3.1415926*r*r;            /* 将球的表面积的值计算出来，保存在变量 s 中 */
    v=4.0/3*3.1415926*r*r*r;      /* 将球的体积的值计算出来，保存在变量 v 中 */
    printf("Area=%f,Volume=%f\n",s,v);      /* 按单精度浮点数格式显示计算结果 */
    return 0;
}
```

程序分析：

（1）变量说明。C 语言规定，程序中所有用到的变量都必须先定义（有时也称说明），后使用，否则将会出错。程序中 float r;，float s,v; 就是变量定义语句。float 是类型名，r、s、 v 是变量名。定义的变量 r、s、v 是单精度浮点型变量。有关变量的定义内容将在第 2 章中介绍。

　　（2）键盘输入函数 scanf()。本程序中的 scanf() 函数的作用是从键盘上输入一个单精度浮点数给对应的单精度浮点型变量 r，此处的格式控制符 %f 表示按单精度浮点数输入数据。&r 的含义是将要接收数据的那个存储单元的地址，也就是变量 r 的存储地址。书写时注意不能漏写 &，其含义也将在第 2 章中详细介绍。

　　（3）赋值表达式。C 语言中数值计算要通过赋值表达式来实现。在 C 语言中，= 称为赋值号，含义不同于数学中的等号，而是将其右边的表达式的值赋给左边的变量。

　　（4）算术表达式。编程时需把传统的数学式子转换为 C 语言中等价的表达式。C 语言中的算术运算符包括加法 +、减法 -、乘法 *（注意不是 × 号）、除法 /（注意不是 ÷ 号）、求模（或求余）运算符 %。本例中赋值号右边的根据球的半径求球的表面积和体积的公式，就是把数学表达式转换成了与之等价的 C 语言表达式，更详细的内容将在第 2 章中介绍。

　　（5）格式输出：本例使用了 printf() 函数的更多功能。printf() 函数是一个通用格式化输出函数，将在第 2 章中详细介绍。

　　本例程序运行时，首先在命令提示符窗口中根据屏幕的提示信息，输入球的半径值 5，最终球的表面积和球的体积就显示在屏幕上。

　　程序运行结果如下：

```
radius=5↙
Area=314.159271,Volume=523.598755
```

　　例 1.3　从键盘上输入两个正整数 a 和 b，计算 a，b 两数之间所有整数的和（包括 a，b）。

　　本例中的正整数 a 和 b 是未知数，其数值可通过输入函数 scanf() 得到。如果 a 的值大于 b 的值，可以交换 a 和 b 的值。但从 a 加到 b 这个式子，在编程前，a 和 b 的值是未知数，显然不可能逐一去把 a 和 b 之间的所有整数全部列举出来相加。在这里，可以巧妙地通过循环结构来解决这个求和问题。

```c
/*liti1-3.c, 计算 a, b 两数之间的所有整数之和 */
#include <stdio.h>
int main()
{
    int i,sum,a,b,t;                    /* 定义五个整型变量 */
    sum=0;                              /* 给和变量 sum 赋初值 0*/
    printf("Enter two positive integers: ");      // 输出提示信息
    scanf("%d%d",&a,&b);               /* 输入两个正整数分别存储到 a, b 中 */
    if(a>b)                            /* 如果 a>b, 交换 a, b 的值 */
    {
        t=a;
        a=b;
        b=t;
    }
    for(i=a;i<=b;i++)
        sum=sum+i;                     /* 通过 for 循环进行累加求和 */
    printf("The sum is %d\n",sum);     /* 输出最后的结果 */
    return 0;
}
```

　　本例程序运行时，首先在命令提示符窗口中根据屏幕的提示信息输入两个正整数后，最终的运行结果就显示在屏幕上。例如运行结果如下：

```
Enter two positive integers: 50 80↙
The sum is 2015
```

程序分析：

（1）键盘输入函数 scanf()：本程序中调用 scanf() 函数的目的是从键盘上输入两个正整型数，赋给整型变量 a 和 b。

（2）if 选择语句：若 a>b，则执行 {} 括号内的三条语句，交换变量 a 和 b 的值，否则 {} 括号内的语句不会执行。该种结构就是选择结构，将在第 3 章中详细介绍。

（3）for 循环语句：本例的特点是累加计算，所以可以采用循环语句（即重复计算）来实现。for 是实现循环结构的语句之一，它后面的圆括号内共包含三个部分，它们之间用分号隔开。第一部分 i=a 是初始化部分，仅在进入循环前执行一次。第二部分是用于控制循环的条件测试部分，对 i<=b 这个循环判断条件要进行求值，如果所求得的值为真，就执行循环体（本例循环体中只包含一条语句 sum=sum+i;）。然后执行第三部分 i++（即 i=i+1），步长加 1，并再次判断此时 i<=b 的值；一旦求得的条件值为假，就终止循环的执行。for 循环语句的循环体可以是单条语句，也可以是包含在花括号内的一组语句组成的复合语句。有关循环结构的用法，将在第 3 章中介绍。

（4）条件测试：本例中有两个条件测试（即 a>b 和 i<=b），在 C 语言中称为关系表达式。关系表达式的结构只有两个，真（用 1 表示）和假（用 0 表示）。关系表达式常用于选择结构和循环结构。有关关系表达式也将在第 3 章中详细介绍。

例 1.4　采用 C 语言中的自定义函数的功能，对例 1.3 的要求重新编程。

程序代码如下：

```
/*liti1-4.c,自定义函数计算a,b两数之间的所有整数之和 */
#include <stdio.h>
int mysum(int x,int y)         /* 定义函数mysum,求x,y之间的所有整数之和 */
{
    int i,s=0;
    for(i=x;i<=y;i++)          // 循环求x,y之间所有整数的和
        s=s+i;
    return s;
}
int main()
{
    int sum,a,b;                        /* 定义三个整型变量 */
    printf("Enter two positive integers:");
    scanf("%d%d",&a,&b);                /* 输入两个正整数分别存储到a,b中 */
    if(a>b)
        sum=mysum(b,a); /* 如果a>b,调用mysum(b,a)求和,把b传给x,把a传给y*/
    else
        sum=mysum(a,b);    /* 否则,调用mysum(a,b)求和,把a传给x,把b传给y*/
    printf("The sum is %d\n",sum);   /* 输出最后的结果 */
    return 0;
}
```

运行结果如下：

```
Enter two positive integers: 1 50↙
The sum is 1275
```

程序分析：

（1）由功能划分确定函数划分。本程序进一步表达了 C 语言基于函数的基本结构。本例中程序的执行过程是：首先在屏幕上显示提示字符串 Enter two positive integers:，请用户输入两个整数，按回车键后计算出累加和并在屏幕上显示。程序需要处理三件事情：从键盘接收输入的 a 和 b；调用函数 mysum() 计算累加和（其功能是接收主函数 main() 传递的 a 和 b，计算出它们之间的整数和，并把它返回给 main()）；输出计算结果。所以程序除了一个主函数 main() 以外，还包含计算累加和的 mysum() 函数、处理键盘输入的 scanf() 函数和处理输出的 printf() 函数。输入函数和输出函数都是系统库函数，由 C 编译系统库提供，用户只需按规定使用而不必自己编写，但计算累加和的 mysum() 函数是一个由用户自己编写的自定义函数。

（2）自定义函数 mysum()。

用户自定义函数的一般定义形式为：

```
函数返回值类型 函数名 ( 形参类型  形参1，形参类型  形参2，… )     /* 函数首部 */
{                                                              /* 函数体 */
      函数的说明部分
      函数的执行部分
}
```

对照上述的定义格式，自定义函数 mysum() 的形式为：

```
int mysum(int x,int y)                                         /* 函数首部 */
{                                                              /* 函数体 */
      ...
}
```

自定义函数应先定义后使用。在定义一个自定义函数时，函数名的后面必须跟上一对小括号，这是函数结构的特有标志。小括号中的形参可以是一个或多个，也可以一个都没有，当没有形参时，此时的小括号也必须加上，不能省略不写。

函数体一般包括说明部分和执行部分。

说明部分定义函数内部所要使用到的变量。对照上面的例子为：

```
int i,s=0;
```

执行部分由若干条语句组成。对照上面的例子为：

```
for(i=x;i<=y;i++)
    s=s+i;
return s;
```

mysum() 函数计算得到的值由 return 语句返回给 main() 函数。关键字 return 可以后跟任何表达式。

（3）如何调用函数 mysum()：main() 函数通过语句 sum=mysum(a,b); 调用 mysum() 函数，调用时将实际参数 a，b 的值分别传送给 mysum() 函数的形式参数 x 和 y，通过执行 mysum() 函数得到一个返回值，把这个值赋给变量 sum。

（4）一个 C 语言程序的主函数 main() 可以放在程序的任何位置，详情将在第 4 章介绍。

通过以上几个例子的介绍，一个简单的 C 语言程序的基本组成包含：注释、预处理命令、主函数、其他函数。

从上述几个例子可以看出，解决简单问题的 C 程序的编写并不是十分困难，从

视频 1-1
C 程序组成

书写清晰，便于程序的阅读、理解和维护的角度出发，读者在一开始就应养成良好的程序书写习惯。下面是书写 C 程序时应注意的几点习惯：

（1）虽然 C 程序中，一行可以写多条语句，一条语句可以分写在多行。为清晰起见，一般一条语句单独占一行。

（2）用 {} 括起来的部分，通常表示程序的某一层次结构。{} 一般与该结构语句的第一个字母对齐，并单独占一行。

（3）低一层次的语句或说明可比高一层次的语句或说明缩进若干格后书写，以便看起来层次更加清晰，增加程序的可读性。

（4）标识符、关键字之间必须至少加一个空格以示间隔。若已有明显的间隔符，虽然也可不再加空格来间隔，但也可以加一个空格来增加清晰度。

1.2 C 语言概述

为解决实际问题，人们通常会用计算机能够识别的代码来编排一系列的加工步骤，这也就构成了计算机程序（Program）。计算机能严格按照这些步骤去做，包括计算机对数据的处理。程序的执行过程实际上就是对程序所表示的数据进行处理的过程。一方面，程序设计语言提供了一种表示数据与处理数据的功能；另一方面，程序员必须按照语言所要求的规范（即语法规则）进行编程。

1.2.1 程序、指令与程序设计语言

计算机最基本的处理数据的单元是计算机的指令。单独的一条指令本身只能完成计算机的一个最基本的功能。例如实现一次加法运算或者实现一次大小的判断。

计算机所能实现的指令的集合，称为计算机的指令系统。虽然计算机指令所能完成的功能很简单，而且指令系统中指令的个数也很有限。但是，一系列指令的组合却能完成一些很复杂的功能，这就是计算机的奇妙与强大功能所在。一系列计算机指令的有序组合就构成了程序。

计算机程序设计语言是人用来编写程序的手段，是人与计算机交流的语言，称为人机会话式的语言。程序员为了让计算机按照自己的意愿去处理数据，就必须用程序设计语言来表达所要处理的数据及流程。

在程序设计语言中，一般都要事先定义好几种基本的数据类型，如整型与实型；同时，为了使程序员能够更充分地表达各种复杂的数据，程序设计语言还提供了构造新的具体数据类型的手段与方法，比如数组、结构、联合、文件等。另外，程序设计语言还必须提供一种手段来表达数据处理的过程，即程序的控制过程。而该过程实际是通过程序中的一系列语句来实现的。

当要解决的问题比较复杂时，程序的控制过程也会变得复杂。一种比较典型的程序设计方法是：将复杂的程序划分为若干个相互独立的模块，使完成每个模块的工作变得单纯而明确，在设计一个模块时不受其他模块的牵连；同时，通过对现有模块积木式的扩展，就可以形成复杂的、更大的程序模块或者程序。这种程序设计方法就是结构化的程序设计方法，C 语言是支持这种设计方法的典型语言。

按照结构化程序设计的观点，任何程序都可以将模块通过三种基本的控制结构进行组

合。这三种基本的控制结构就是顺序结构、选择结构与循环结构。

1.2.2 C 语言的发展历史

最早的 C 语言是为描述和实现 UNIX 操作系统而开发的一种工具语言。1970 年，美国电话电报公司（AT&T）的 Ken Thompson 根据英国剑桥大学的 Matin Richards 开发的 BCPL 语言设计了一种无类型、直接对机器字操作的 B 语言，并编写了第一个 UNIX 操作系统，同时在 PDP 机上实现了 B 语言和 UNIX 操作系统。

1972 年到 1973 年间，贝尔实验室的 Dennis Ritchie 在 B 语言的基础上增加了类型（Datatype）和结构（Structure），设计出了 C 语言。1973 年，K.Thompson 和 D.M.Ritchie 合作把 UNIX 操作系统的 90% 以上的部分用 C 语言改写，发表了 UNIX 版本 5。后来又对 C 语言作了多次改进，并将其移植到 IBM、VAX 等多种计算机上。1978 年 Brian W.Kernighan 和 Dennis M.Ritchie 以 UNIX 版本 7 中的 C 语言编译程序为基础，出版了 *The C Programming Language* 一书，从而使 C 语言成为目前广泛流行的程序设计语言。此后，又有多种语言在 C 语言的基础上产生，如 C++、Java 和 C# 等。

1983 年美国国家标准学会（American National Standards Institute，ANSI）对 C 语言进行了标准化，推出了第一个 C 语言标准草案，通常称之为 83 ANSI C（简称 C83）。1989 年，ANSI 发布了完整的 C 语言标准 89 ANSI C（简称 C89）。1990 年，国际标准化组织（International Organization for Standardization，ISO）采纳了 89 ANSI C，并以国际标准发布，即 ISO C 标准（ISO 9899—1990），也即是今天人们常说的 ANSI C。1999 年，ISO 对 C 标准做了全面修订，形成了 C 标准 ISO/IEC 9899:1999，简称 C99。目前，C 语言最新标准是 2018 年发布的 ISO/IEC 9899:2018，简称 C18。

目前各厂家提供的 C 编译器有 Microsoft Visual C++、Turbo C、Borland C 等，都未实现 C99 以后标准所建议的全部功能，因此本书采用 ANSI C 标准来叙述。

1.2.3 C 语言的特点

C 语言的主要特点如下：

（1）语言简练、紧凑，使用方便、灵活。标准 C 语言一共有 32 个关键字、9 种控制语句，程序编写形式自由，支持大小写敏感。C 语言的这些特点使得编程者的个性易于发挥，能够写出更好的程序。

（2）运算符丰富。C 语言共有 34 种运算符，括号、赋值、强制类型转换等都以运算符的形式出现，从而使得 C 语言的表现能力和处理能力极强，也使 C 语言比其他语言更容易实现算法。

（3）数据结构丰富。C 语言的数据类型有基本数据类型和构造数据类型，能够方便地实现各种复杂的数据结构。

（4）C 语言是一种结构化语言。用函数作为程序的基本单位，具有易于实现、层次清晰、便于按模块化方式组织程序的控制流语句（if…else 语句、switch 语句、while 语句、for 语句）。

（5）C 语言语法灵活、限制不会十分严格。例如，整型数据、字符型数据和逻辑型数据可以通用，对数组下标不作越界检查等，让程序员拥有很大的发挥空间。但另一方面放松语法检查也容易引起语法错误。

（6）C 语言可以直接访问内存的物理地址，进行位（bit）一级的操作。由于 C 语言实现了对硬件的编程操作，因此 C 语言集合了高级语言和低级语言的功能，既可用于系统软件的开发，也适合于应用软件的开发。因此，C 语言被广泛地移植到了各类单片机上。

（7）C 语言还具有效率高、可移植性强等特点。

1.2.4　C 语言中的符号

要写文章，首先要学会写字，要编写 C 语言程序，首先要了解 C 程序中使用的符号。从上面的几个 C 程序例子可以看出，有些符号是 C 语言规定的符号，像 main、int、float、for、+、- 和 * 等，有些是编程者自己使用的符号，像 sum、i、x 等。那么 C 语言规定了哪些符号？自己使用的符号又需要遵照什么样的规定？

视频 1-2 关键字与标识符

在 C 语言中使用的符号分为六类：标识符、关键字、常量、字符串字面值、运算符、分隔符。空格符、制表符、换行符和换页符等统称为空白符，又称分隔符。空白符在程序中仅起间隔作用，编译程序对它们忽略不计。因此在程序中使用空白符与否，对程序的编译不发生影响，但在程序中适当的地方使用空白符将增加程序的清晰性和可读性。

在标准 C 中规定了 32 个英文单词，它们具有特定含义，必须用小写字母表示，不能另作他用，称为关键字。这 32 个关键字分别是：

auto，break，case，char，const，continue，default，do，double，else，enum，extern，float，for，goto，if，int，long，register，return，short，signed，sizeof，static，struct，switch，typedef，union，unsigned，void，volatile，while

注意：　不同的 C 编译系统对关键字会做适当的增减。

就像每个人有不同的名字一样，在 C 程序中为了区别各个变量、各个函数、各种类型，都必须为它们取不同的名字。这些名字都用标识符来表示。

C 语言规定，标识符以字母或下划线开头，后跟若干个字母、下划线或数字。大小写字母组成的标识符是不同的。标识符的长度没有限制。关键字不能作为标识符使用。

例如，以下标识符是合法的：a，x，x3，BOOK_1，sum5。而以下标识符则是非法的：3s（以数字开头），s*T（出现非法字符 *），-3x（以减号开头），bowy-1（出现非法字符 -）。

需要强调的是，C 语言中系统规定的标识符，例如 main、scanf、printf 等，在语法规定上允许用户改变它们原来的含义，但这样容易引起混淆，通常不把它们另作他用。

在使用标识符时还必须注意以下几点：

（1）标准 C 不限制标识符的长度，但它受到各种版本的 C 语言编译系统限制，同时也受到具体机器的限制。例如 Ms C 规定标识符的前 8 位有效，当两个标识符前 8 位相同时，则被认为是同一个标识符。Turbo C 允许 32 个字符。

（2）标识符虽然可由程序员随意定义，但标识符是用于标识某个数据的符号。因此，命名应尽量有相应的意义，做到"见名知义"，因此标识符通常用英语单词（或者汉语拼音）来表示，以便在阅读程序时容易理解。

（3）在关键字、标识符之间必须要有一个以上的空格符做间隔，否则将会出现语法错误。例如把 int a; 写成 inta;，C 编译器会把 inta 当成一个标识符处理，其结果必然出错。

C 语言规定的其他符号，如运算符、常量、字符串等，在第 2 章中会有详细的介绍。

1.3 C 程序的上机调试

C 语言是一种编译型的高级语言，描述解决问题算法的 C 语言源程序文件（文件后缀为 .c）必须先用 C 语言编译程序（Compiler）将其编译，形成中间目标程序文件（文件后缀为 .obj），然后再用连接程序（Linker）将该中间目标程序文件与有关的库文件（文件后缀为 .lib）和其他有关的中间目标程序文件连接起来，形成最终可以在操作系统平台上运行的二进制形式的可执行程序文件（文件后缀为 .exe）。所以，把一个写在纸上的 C 语言源程序代码转换为能在计算机操作系统平台上执行的可执行程序文件，一般需要经过几个步骤，如图 1-1 所示。

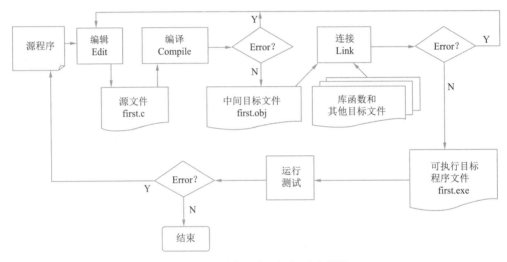

图 1-1　C 语言程序上机调试流程图

（1）编辑（Edit）：利用编辑程序，将源程序逐一输入计算机中，最终形成一个源程序文件的过程。这期间必须严格遵守 C 语言的语法规则，要特别注意编辑程序是否添加了额外的格式字符或特殊字符，譬如全角符号、中文标点符号等。在编辑 C 源程序代码时，建议读者使用 Visual C++2010 或 Code::Blocks 进行编辑。

（2）编译（Compile）：将上一步形成的源程序文件作为编译程序的输入，进行编译。编译程序会自动分析、检查源程序文件的语法错误，并按两类错误类型（Warning、Error）报告出错行和原因。用户根据报告信息修改源程序，再编译，直到程序正确后，输出中间目标程序文件。

（3）连接（Link）：使用连接程序，将上一步形成的中间目标文件与所指定的库文件和其他中间目标文件进行连接。这期间可能出现缺少库文件或库文件不在指定路径等连接错误，同样连接程序会报告出错误信息。用户根据错误报告信息再修改源程序，再编译，再连接，直到程序正确无误后输出可执行文件。

（4）运行（Run）：上一步完成后，就可以运行可执行文件，得到运行结果。当然也可能由于解决问题的算法而使源程序编写具有逻辑错误，得到错误的运行结果；或者由于语义上的错误，例如用 0 做除数，出现运行时错误（Division by zero）。这就需要检查算法，重新从编辑源程序开始，直到运行结果正确。如何保证结果的正确性？需要设计出测试计划，进行全面、细致而艰苦的测试工作。

1.4　Code::Blocks 集成开发环境

　　C 程序的编译系统有许多种，早期非常流行的编译系统有 Turbo C，它是美国 Borland 公司生产的一套 DOS 平台上的 C 语言编译系统。随着面向对象技术的飞速发展，面向对象技术的 C++、C# 语言陆续面世，并在 Windows 程序和大型软件开发中得到广泛使用。C++ 语言是 C 语言的超集，用 C 语言编写的程序也可以在 C++ 环境中使用。

　　本书采用一个开放源码的全功能的跨平台 C/C++ 集成开发环境——Code::Blocks 作为 C 程序开发工具。Code::Blocks（简称 CB）是一款自由软件，一个集程序编辑、编译、连接、调试为一体的 C/C++ 程序集成开发环境（IDE）。其功能强大，可以配置多种编译器。本书建议读者使用 GCC 编译器和 GDB 调试器。GCC 全称是 GNU Compiler Collection，GDB 全称是 GNU Symbolic Debugger，它们都是自由软件基金会和 GNU 维护的自由软件，可以免费使用，书中的所有例题程序均在 Code::Blocks 中调试运行通过。下面介绍如何使用 Code::Blocks 来调试 C 程序。

1.4.1　Code::Blocks 的下载安装配置

　　进入 Code::Blocks 官网，下载 Code::Blocks 安装包。打开浏览器，输入网址：http://www.codeblocks.org/downloads/binaries，在打开网页 "Binary releases" 下单击 "Windows XP / Vista / 7 / 8.x / 10" 链接，进入 Windows 平台的安装包的下载选择界面，根据读者操作系统的位数，选择 32 bit 或 64 bit 的安装包，若需使用软件自带编译器，要选择末尾带 "mingw-setup.exe" 的安装包下载。

　　下载后双击安装包，根据界面提示，进行相应的选择，即可安装完成。

　　若需设置编译器，启动 Code::Blocks，在菜单栏选择 "Settings" → "Compiler…" 命令，在打开对话框的 "Selected compiler" 下拉列表中选择 "GNU GCC Compiler"，并在 "Toolchain executables" 选项卡中设置好对应执行软件路径（默认情况下，只要单击 "Auto-detect" 按钮，就可自动检测到编译器的安装路径），如图 1-2 所示。

图1-2　Code::Blocks的编译器设置

1.4.2　C 程序上机的一般过程

对于创建一个全新的 C 程序源文件，程序员当然需要逐行输入代码，而且还要将输入的代码进行存盘，以前面介绍的例 1.1 为例，其详细的上机步骤如下：

（1）通过"开始"按钮或者桌面上的 Code::Blocks 的快捷图标方式，正常启动 Code::Blocks。

（2）选择"File"→"New"→"File…"，出现"New from template"对话框，在对话框左侧的列表框中选择"Files"选项下的"C/C++ source"，如图 1-3 所示。

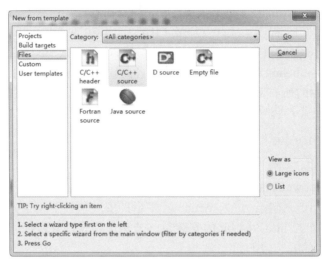

图1-3　"New from template"对话框

（3）在依次出现的对话框中单击"Go"→"Next"按钮，选择"C"选项后，再单击"Next"按钮，弹出图 1-4 所示的"C/C++ source"对话框，单击"Filename with full path"后的"…"按钮，弹出图 1-5 所示的"Select filename"对话框。

图1-4　"C/C++ source"对话框

图1-5　"Select filename"对话框

（4）在"Select filename"对话框中选择保存文件的文件夹，输入文件名，单击"保存"按钮，返回图 1-4 所示的对话框，单击"Finish"按钮，进入编辑窗口，在窗口中逐行输入例 1.1 的源程序代码，如图 1-6 所示。在编辑程序时，可以使用【Ctrl+滚动鼠标】来调整代码字体的大小。其他编辑键与 Office 软件类似。

图1-6　Code::Blocks的编辑窗口

（5）如果需要保存源程序，单击"File"→"Save File"选项，或在"常用工具栏"上单击"■"按钮。如果存盘时想改变文件夹或者文件名，可以单击"File"→"Save File As"选项进行"另存为"保存。

（6）源程序文件编辑好后，就可进行编译连接和运行了。"编译"工具栏中的"⊚"按钮，即 Build，作用是编译且连接程序，会形成与源程序文件同名的目标文件（文件后缀为 .o）和可执行文件（文件后缀为 .exe）；"▶"按钮，即 Run，作用是运行程序；"❀"按钮，即 Build and run，作用是编译连接并运行程序。程序编辑好后，可以先单击"⊚"按钮进行编译连接，若没有错误，则再单击"▶"按钮进行运行。也可以直接单击"❀"按钮，进行编译连接和运行。图 1-7 所示为例 1.1 的运行结果。

图1-7 例1.1的运行结果

（7）如果程序有语法错误，编译时将出现错误提示，告知错误所在的行和出错原因，此时可根据出错信息查找错误，返回编辑窗口对错误处进行修改，修改后重新进行编译连接运行。例如，在该例的代码中故意删除 printf() 函数中的一个 ""，再进行编译，会显示错误信息，如图 1-8 所示。反复进行 "修改" "编译连接"，直到所有的错误均修改好，运行结果就与预想结果一致。至此，一个完整的 C 语言源程序上机过程就完成了，在键盘上按任意键或单击 " [x] " 按钮，即可关闭运行窗口。

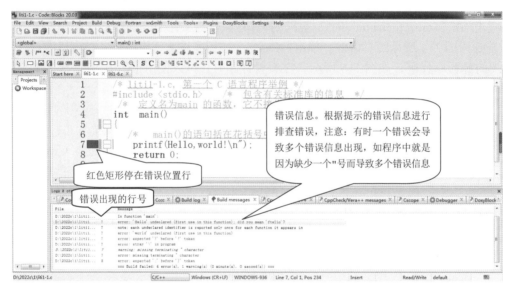

图1-8 错误信息

（8）若要开始第二个源程序的编辑、编译与运行，则重复上述过程中的第（2）～（7）步即可。

（9）如果要调试一个已经存在了的 C 源程序，首先单击菜单命令 "File" → "Open…"，屏幕出现 "Open file" 对话框，如图 1-9 所示。在 "查找范围" 中找到要打开的源程序文件所在的文件夹，单击要打开的文件，最后单击 "打开" 按钮；之后再按照第（6）、（7）步进行编译、连接和运行。

注意：在编写程序时，有时希望使用汉字作为运行时的输入 / 输出提示信息。Code::Blocks 有时会出现下列三种情况。

（1）编辑程序时，汉字出现乱码，显示不出汉字。

（2）能显示汉字，但编译时，报错，错误信息为：error: converting to execution character set: Illegal byte sequence。

（3）能显示汉字，编译也不会出错，但运行输出时汉字出现乱码。

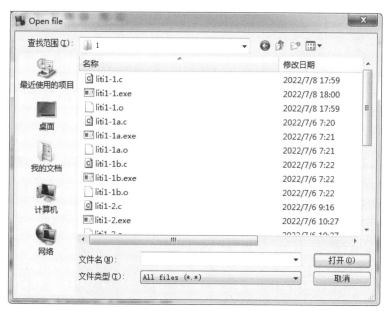

图1-9　"Open file" 对话框

解决上述问题的方法是：

依次选择 "Settings" → "Compiler…" → "Global compiler settings" → "Compiler settings" → "Other compiler options" 选项，在列表框中输入下面两条命令，如图 1-10 所示。

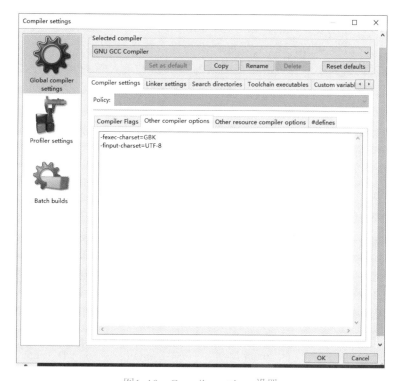

图1-10　Compiler settings 设置

-fexec-charset=GBK

-finput-charset=UTF-8

最后单击"OK"按钮即可。

如果上述方法对已保存的文件还是没有解决问题，请用记事本打开该文件，然后"另存为"文件，把编码从"ANSI"改为"UTF-8"，单击"保存"即可。

1.5 学习建议

为了能让读者更快捷、更轻松地学好C语言程序设计，特提供以下几点建议供读者参考：

（1）学习程序设计要学会编写程序与调试程序。只有经过大量的编写、调试程序的实践，才能够掌握好程序设计的方法，编写出解决实际问题的程序。学习中千万不要只注意"语言"，而忽视"设计"。

（2）要学会编写程序，先要掌握程序设计思想。沿着分析实际问题、构建数据模型、设计算法、编程实现的思路，多阅读一些典型的好程序，是掌握程序设计思想的好方法。同时注意掌握良好的编程风格，注意编写简单、正确、易懂的语句，而不要刻意追求编程技巧，写出一些难以看懂的语句。

（3）编出的程序正确与否，要经过上机调试。通过程序的调试，既可以发现错误，排除错误，又可以进一步理解程序的行为，这也是一次再学习的过程。

（4）充分利用网络资源，获取学习资源。互联网上有许多比较好的C语言程序设计网站，是学习者很好的学习与交流平台。积极参与其中的活动，既可以获取学习资源，又可以培养团队精神。

（5）近几年来，伴随着在线网络教育课程（MOOC慕课）和微课等新型教学模式的出现，行业从业人员、在校学生和众多社会爱好者纷纷投入相关课程的学习热潮中，主动学习，更新知识，弥补了现有大学教育资源不足的缺憾。同时，也有越来越多的国内外著名大学（或专家学者）会把C语言程序设计课程搬上网络，让学习C语言变得更容易了。

以下列出几个网址，供读者在学习时参考。

http://www.csdn.net（中国程序员大本营 China Software Developper Network）；

http://www.bccn.net（编程中国）；

http://www.icourse163.org/（中国大学 MOOC 慕课）；

http://www.ncre.cn（全国计算机等级考试官方网站）；

http://msdn.microsoft.com/zh-cn/default.aspx（微软简体中文 MSDN 主页）。

习 题

一、单项选择题

1. C 语言是函数式的语言，任何一个 C 程序都是由一个或多个函数组成，但有且仅有一个函数名为（　　）。

    A. function   B. main   C. mian   D. sum

2. 下面不属于 C 语言中的关键字的是（　　）。

    A. for   B. if   C. return   D. main

3. 下面是合法的 C 语言的标识符是（　　）。

　　A. a*b　　　　　　　B. ab　　　　　　　C. 3ab　　　　　　D. a b

4. 下面不属于 C 语言的特点的是（　　）。

　　A. C 语言语法灵活、限制十分严格

　　B. 运算符丰富

　　C. C 语言具有效率高、可移植性强等特点

　　D. 语言简练、紧凑，使用方便、灵活

5. Code::Blocks 的编译工具栏中可以实现编译连接和运行的按钮是（　　）。

　　A. ⚙　　　　　　　B. ▶　　　　　　　C. 🔧　　　　　　D. 🔍

二、填空题

1. _____是 C 语句结束的标志。

2. 一个名为 first.c 的源程序，经编译连接后，形成的可执行文件名是_____。

3. 一个 C 程序必须经过编辑、编译、连接和_____，才可以得到结果。

4. 一个 C 程序是从_____函数开始运行的，最后在该函数中结束。

5. C 语言中的注释符有_____和_____两种，_____可用于单行和多行注释，_____只能用于单行注释。

三、编程题

1. 模仿例 1.1，编写一个程序，在命令提示符窗口中显示以下内容：

```
*****************************
        This is my first C!
*****************************
```

2. 模仿例 1.2，从键盘上输入圆的半径 r，编程计算这个圆的面积 s。（提示：圆周率为 3.141 593）

3. 模仿例 1.2，从键盘上输入长方体的长 length、宽 width、高 height，编程计算这个长方体的表面积 area 和体积 volume。

4. 模仿例 1.3，已知华氏温度与摄氏温度之间的转换关系为：℃ =(5/9)×(℉ -32)。编写一个程序，在屏幕上分别显示华氏温度 0 ℉，10 ℉，20 ℉，...，100 ℉与摄氏温度的对照表。请分别利用整数和浮点数表示两种温度，阐述在程序中使用这两种数据的区别。（提示：5/9，要写成 5.0/9，第 2 章中将会介绍）

5. 模仿例 1.3，编程显示一张下方的整数的平方、立方表，要求用制表符（\t）来对齐表格。

（提示：输出表头语句为 printf("\ti\ti*i\ti*i*i\n");

输出后面的数据行语句为 printf("\t%d\t%d\t%d\n",i,i*i,i*i*i); ）

```
        i       i*i     i*i*i
        ---------------------------
        1       1       1
        2       4       8
        3       9       27
        4       16      64
```

5	25	125
6	36	216
7	49	343
8	64	512
9	81	729
10	100	1000

第2章 数据类型、运算符和表达式

本章要点思维导图

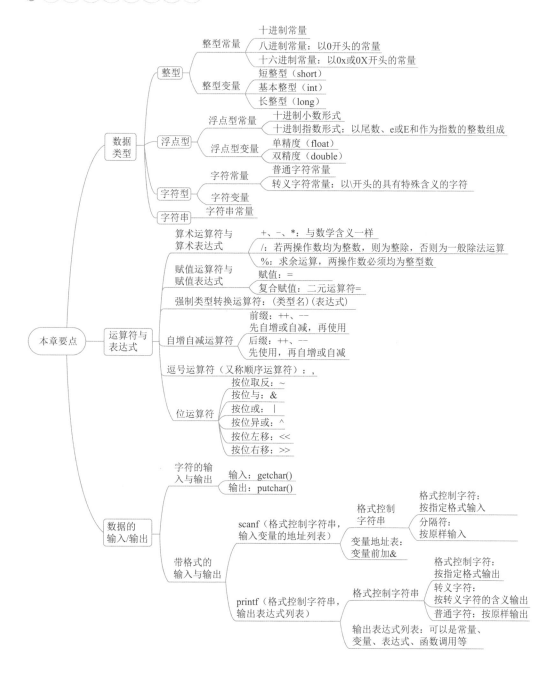

✍ **学习目标**

◎ 理解 C 语言中的基本数据类型、常量和变量的概念、变量的定义。

◎ 掌握 C 语言中的各种运算符的含义、优先级和结合性。

◎ 掌握表达式的书写和运算过程，能把数学表达式写成 C 语言中的表达式。

◎ 掌握 C 语言中数据的输入和输出，特别是 scanf() 和 printf() 函数的使用。

编写程序的主要目的是利用计算机对数据进行自动管理和处理。初学编程语言，首先要考虑以下三个问题：

（1）计算机中是如何存储数据的？

（2）对数据进行哪些计算？

（3）采用哪种逻辑结构来编写程序？

本章将给出前两个问题的回答，对于第（3）个问题将在第 3 章中介绍。

⚙ 2.1 数据类型概述

程序的本质是对数据的计算和处理，因此学习任何一种编程语言，首先要了解该语言提供了哪些数据类型和相关的运算符。C 语言具有非常丰富的数据类型，如图 2-1 所示。

```
                    ┌ 整型：int
                    │ 字符型：char
            基本类型 ┤ 浮点型（也称实型）┬ 单精度浮点型：float
                    │                  └ 双精度浮点型：double
                    └ 枚举类型：enum
                    ┌ 数组类型
数据类型 ┤  构造类型 ┤ 结构类型（也称结构体类型）：struct
                    └ 联合类型（也称共用体类型）：union
            指针类型
            空类型（也称无值类型）：void
```

图 2-1 C 语言的数据类型

不同类型的数据，其表现形式不一样，占用的内存空间不一样，表示的数据范围和精度也不一样。就如家中的容器，可分为碗、盘子、杯子等，它们的形状不一样，占用的空间不一样，用途也不一样。例如 5、5.0、'5' 和 "5" 等分别表示的是整型、浮点型、字符型和字符串的数据。每种基本数据类型都有常量与变量之分。本章将介绍整型、浮点型和字符型等基本数据类型，数组类型、指针类型和其他的构造类型将在第 5、6 章中介绍。

⚙ 2.2 整 型

整型数据是指不带小数位的数值型数据，如 719、315、306、-100 等。其在内存中以二进制补码（了解该知识点，可参阅相关资料）的形式存储。C 语言中，整型又分为短整型、基本整型和长整型，每种整型又分为有符号和无符号，见表 2-1。

视频 2-1
整型数据

表 2-1　整型数据

类　型　名	占内存的位数（字节数）	取值范围
[signed] int	16（2） 32（4）	$-32\ 768\sim32\ 767$，即$-2^{15}\sim(2^{15}-1)$ $-2\ 147\ 483\ 648\sim2\ 147\ 483\ 647$，即$-2^{31}\sim(2^{31}-1)$
unsigned int	16（2） 32（4）	$0\sim65\ 535$，即$0\sim(2^{16}-1)$ $0\sim4\ 294\ 967\ 295$，即$0\sim(2^{32}-1)$
[signed] short [int]	16（2）	$-32\ 768\sim32\ 767$，即$-2^{15}\sim(2^{15}-1)$
unsigned short [int]	16（2）	$0\sim65\ 535$，即$0\sim(2^{16}-1)$
[signed] long [int]	32（4）	$-2\ 147\ 483\ 648\sim2\ 147\ 483\ 647$，即$-2^{31}\sim(2^{31}-1)$
unsigned long [int]	32（4）	$0\sim4\ 294\ 967\ 295$，即$0\sim(2^{32}-1)$

📖 说明：

（1）基本整型：用关键字 int 表示。早期的集成开发环境（如 Turbo C）的编译器，一个基本整型数据占 2 个字节的内存。目前使用的集成开发环境（如 Code::Blocks、Visual C++ 2010 等）的编译器中，一个基本整型数据占 4 个字节的内存。本书后面的例子都以一个基本整型数据占 4 个字节来讲解。

（2）短整型：用关键字 short int 表示，int 可以省略，占 2 个字节的内存。

（3）长整型：用关键字 long int 表示，int 可省略，占 4 个字节的内存。

（4）有符号 / 无符号：对于 int、short、long 三种整型，根据其在内存中的最高一位是表示符号还是数值，又可分为：有符号数，用关键字 signed 表示，可省略，表示的数据可以有负整数、0 和正整数；无符号数，用关键字 unsigned 表示，表示的数据只能是 0 和正整数。表 2-1 中加了中括号"[]"的关键字表示可省略。所以有符号长整型的类型名为 signed long int，也可省略为 long。

2.2.1　整型常量

常量（constant）也称常数，是指在程序执行过程中其值不可改变的量。在 C 语言中，常量分为整型常量、实型常量和字符型常量。

1. 整型常量的三种表示形式

整型常量可以用下面三种形式表示。

（1）十进制整数：如 2022，-10，0。

（2）八进制整数：在八进制整数的前面加一个 0。如 0236 表示 $(236)_8$、-017 表示 $(-17)_8$，而 0719 则是错误的，因为八进制数中只能出现 0～7 这八个数码，不可能出现数码 9。

（3）十六进制整数：在十六进制整数的前面加一个 0x（或者 0X）。如 0x236 表示 $(236)_{16}$，0xAB12 表示 $(AB12)_{16}$。

2. 整型常量的分类

根据表 2-1 所示，整型数据分为 short、int 和 long，每种整型又可分为有符号和无符号。在 C 语言中，不同的书写形式表示不同的整型常量。

（1）直接书写，表示短整型常量或基本整型常量，如 588，-100 等。

（2）在常量后面加上 l（L 的小写形式）或 L，表示长整型常量，如 588L，-100L 等。

（3）在常量后面加上 u 或 U，表示无符号整型常量，例如 588U 表示无符号整型常量，588UL 表示无符号长整型常量。

2.2.2 整型变量

不同于常量，变量的值在程序的执行过程中是可以被改变的。在使用变量之前，首先应该用一个标识符来给变量命名，但不能用关键字作为变量名。给变量命名必须符合标识符的命名规则。有关标识符的命名规则请参看第 1 章的 1.2 节。

C 语言规定程序中使用的变量必须"先定义，后使用"。变量定义的格式如下：

数据类型 变量名；

例如：

```
int x,y,z;                /* 定义了三个有符号基本整型变量 x,y,z*/
unsigned a,b;             // 定义了两个无符号基本整型变量 a,b
long k;                   // 定义了有符号长整型变量 k
short m,n;                // 定义了有符号短整型变量 m,n
```

根据定义时使用的类型名不同，整型变量也可分为短整型变量、基本整型变量和长整型变量，它们又可分为有符号和无符号。

在变量定义的同时也可以给变量赋初值，例如：

```
int length,width=15;// 定义有符号整型变量 length 和 width，并为变量 width 赋初值 15
```

定义一个变量后，如果没有赋初值，其值是不确定的。

C 语言规定对所有的变量均要求"先定义，后使用"，这样做的好处是：

（1）保证程序中的变量名使用正确。例如，在 main() 中定义了一个整型变量 int length;，但在使用时却把 length=98; 错写成 lenght=98;，则在编译时屏幕上会出现"Undefined symbol 'lenght' in function main"的出错提示，表示变量 lenght 在 main() 中没有定义。

（2）编译时根据类型分配内存单元。在上述例子中，变量 k 要分配 4 个字节的内存单元，而变量 m 只需分配 2 个字节的内存单元。

（3）根据变量的类型检查该变量所进行的运算是否合法，保证运算的正确。例如，允许对整型变量 a 和 b 进行求余运算（或称求模运算）a%b，结果为 a 除以 b 后的余数。若将 a 和 b 定义为实型变量进行 a%b 运算，则在编译阶段就会报告错误信息。

2.2.3 整型数据的输入与输出

在 C 语言中，各种类型的数据的输入 / 输出操作是通过函数调用来实现的。用户只要直接调用 C 语言标准函数库中的标准输入 / 输出函数，就可以完成输入 / 输出操作。在使用标准输入 / 输出函数时，要在程序的开头加上如下文件包含命令：

```
#include <stdio.h>
```

1. 带格式的输出函数 printf()

printf() 函数是带格式的输出函数，能对任意类型的数值按照指定的格式说明符显示。

printf() 函数的一般格式如下：

printf（格式控制字符串，输出值参数表）；

视频 2-2
printf() 函数

其中格式控制字符串和输出值参数表是 printf() 函数的参数。

例如：

```
printf("%d,%d",a,b);          /* 以十进制的形式输出整形变量 a 和 b 的值 */
```

　　格式控制字符串　　输出值参数表

在只要输出字符串时，输出值参数表也可以省略，例如：

```
printf("This is a C program.");
```

1）格式控制字符串

格式控制字符串（在 C 语言中，用双引号引起来的字符序列称为字符串）包括三部分：按照原样输出的普通字符、用于控制 printf() 函数中形参转换的格式转换说明符和转义字符组成。格式转换说明符由一个 % 开头到一个格式字符结尾，表 2-2 列出了整型数据的 printf() 函数格式转化说明符。

表 2-2　printf() 函数的整型数据格式转换说明符

格式转换说明符	形参类型和输出形式
%d,%i	int类型，带符号的十进制整数，正数的符号省略
%u	int类型，无符号的十进制整数
%o	int类型，无符号的八进制整数，不输出前导符o
%0x,%0X	int类型，无符号十六进制整数，不输出前导符0x

📖 说明：

可以加上 l 或 h 来修饰格式转换说明符，表示输出的是长整型或短整型数据，如 %ld 表示十进制长整型，%lu 表示无符号十进制长整型，%ho 表示八进制短整型。

在格式转换说明符中，若没有指定域宽，则按实际位数输出。也可在 % 和格式字符之间，可以加上一个整数 n，来指定输出数据的域宽（即输出数据所占的位数），当输出数据的实际位数超过域宽 n 时，按实际位数输出数据。

数据输出默认是按右对齐，左补空的形式输出，若要补 0，则在域宽前加上前导 0。若要按左对齐，右补空的形式输出，则要再加上负号 –。

例 2.1　写出下列程序的运行结果。

```
/*liti2-1.c，同一个数，采用不同的格式说明符，输出不同的进制 */
#include <stdio.h>
int main()
{
    int x=156;
    printf("十进制表示为 %d, 八进制为 %o, 十六进制为 %x\n",x,x,x);
    return 0;
}
```

运行结果如下：

十进制表示为 156, 八进制为 234, 十六进制为 9c

程序分析：printf() 函数中，格式控制字符串为 " 十进制表示为 %d, 八进制为 %o, 十六

进制为 %x\n"，其中双下划线部分为普通字符，照原样输出；单下划线为转义字符，按其含义输出换行符；其他的以 % 开头的为格式转换说明符。一个格式转换说明符依次对应后面的一个输出值参数，表明输出值参数在格式转换说明符处以该格式转换说明符所表示的输出形式进行输出，即第 1 个 x，对应第 1 个格式转换说明符 %d，在该处以十进制整数的形式输出 156；第 2 个 x，对应第 2 个格式转换说明符 %o，在该处以无符号的八进制整数的形式输出 234；第 3 个 x，对应第 3 个格式转换说明符 %x，在该处以无符号的十六进制整数的形式输出 9c。

例2.2 写出下列程序的运行结果。

```c
/*liti2-2.c，指定输出位数、对齐方式和填补内容 */
#include <stdio.h>
int main()
{
    int  x=156;
    printf("123456789\n");    // 输出 123456789，作为下面输出的参照物
    printf("%6d#\n",x);       // 占 6 列宽，域宽值大于实际位数时，右对齐，左补空格
    printf("%06d#\n",x);      // 有前导 0 时，右对齐，左补 0
    printf("%-6d#\n",x);      // 域宽为负数，左对齐，右补空格
    printf("%2d#\n",x);       // 域宽值小于实际位数时，按实际位数输出
    return 0;
}
```

运行结果如下：

```
123456789
   156#
000156#
156   #
156#
```

程序分析：程序中，从第 2 个 printf() 函数起，在格式控制字符串中添加了普通字符 #，用来标识输出数的结束位置，帮助读者理解对齐、补 0、补空的含义，其他的见各条语句后的注释。

2）输出值参数表

输出值参数表可以是常量、变量和表达式，它们之间用逗号隔开。若是表达式，则先计算表达式的结果，再输出。输出值的数据类型和个数应该与格式转换说明符相匹配。

例2.3 上机运行下列程序，观察运行结果，理解"输出值的数据类型和个数应该与格式转换说明符相匹配"。

```c
/*liti2-3.c，格式转换说明符与输出值参数匹配演示 */
#include <stdio.h>
int main()
{
    int x=-2;
    long y=32768;
    printf("x=%d\n",x);       // 输出值与格式转换说明符匹配，输出正确
    printf("x=%u\n",x);       // 输出值与格式转换说明符不匹配，输出的结果有出入
    printf("y=%ld\n",y);      // 输出值与格式转换说明符匹配，输出正确
    printf("y=%hd\n",y);      // 输出值与格式转换说明符不匹配，输出的结果有出入
    printf("%ld,%d,%d\n",x+y);
```

```
    printf("%d\n",x,x+1,x+2);
    return 0;
}
```

运行结果如下：

```
x=-2
x=4294967294
y=32768
y=-32768
32766,2291032,5791625
-2
```

程序分析： 第 1、2、3、4 个 printf() 函数输出的结果分析见其后的注释。第 5 个 pirntf() 函数中，格式转换说明符的个数多于输出值参数的个数，则相对应的按正常输出，多出来的则是内存中的随机地址按格式说明符格式输出。第 6 个 printf() 函数中，格式转换说明符的个数少于输出值参数的个数，就输出转换格式说明符的个数，多出的输出值参数忽略。

2. 带格式的输入函数 scanf()

scanf() 函数是带格式的输入函数，可以按照格式字符串指定的格式读入若干个数据，并把它们存入参数地址表指定的地址单元。

scanf() 函数的一般格式为：

scanf（格式控制字符串，参数地址表）；

其中格式控制字符串和参数地址表是 scanf() 函数的参数。

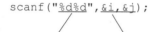

```
scanf("%d%d",&i,&j);          /* 按十进制整数的形式输入数据存入 i，j 地址单元 */
```

格式控制字符串　　参数地址表

1）格式控制字符串

格式控制字符串包括两部分：格式转换说明符和分隔符。表 2-3 列出了 scanf() 函数的整型数据的格式转换说明符。

表 2-3　scanf() 函数的整型数据的格式转换说明符

格式转换说明符	输入数据
%d	十进制整数
%o	八进制整数
%x,%X	十六进制整数，x 的大、小写等价
%u	无符号十进制整数

📖 **说明：** 可以加上 l 或 h 来修饰格式转换说明符，表示输入的是长整型或短整型数据，如 %ld 表示十进制长整型，%lu 表示无符号十进制长整型，%ho 表示八进制短整型。在 % 和转换说明符之间，可以加上一个整数 n 来限定输入数据的位数，当输入的位数达到 n 时，表示输入数据结束。在格式控制字符串中除格式转换说明符外的字符都是分隔符。在输入数据时要输入与它们相同的字符。

例 2.4 写出下列程序的运行结果。

```c
/*liti2-4.c, scanf() 函数的输入 */
#include <stdio.h>
int main()
{
    int x,y,z;
    scanf("%d,%d%d",&x,&y,&z);
    printf("x=%d\ny=%d\nz=%d\n",x,y,z);
    return 0;
}
```

第 1 次运行结果如下：（说明：键盘输入格式中的符号□代表一个空格，下同）

```
1,2□3↙
x=1
y=2
z=3
```

第 2 次运行结果如下：

```
1□2□3↙
x=1
y=16
z=0
```

程序分析：因为第 1 个 %d 和第 2 个 %d 之间加了分隔符"，"，所以第 1 次运行时，输入时照样输入分隔符。而第 2 个 %d 和第 3 个 %d 之间没有分隔符，输入数据时用空格键或制表键分隔，能正确输入，输出结果与输入一致。而第 2 次运行时，输入时没有照样输入分隔符"，"，都是以空格分隔，不能正确输入，输出结果也不一致。

> 📖 说明：　当输入数据时，若没有指定分隔符，则遇到以下情况时认为数据输入结束。
> ① 空格键【Space】、回车键【Enter】或者制表键【Tab】。
> ② 达到指定的数据域宽。
> ③ 非法输入。

2）参数地址列表

scanf() 函数中接收数据的必须是变量的地址，有关指针与地址的内容将在第 5 章中介绍。在使用 scanf() 函数时最常见的错误就是将它写为如下形式：

```c
scanf("%d",x);
```

而正确的写法应该是：

```c
scanf("%d",&x);
```

⚙ 2.3 浮 点 型

浮点型（又称实型）数据是指带小数点的数值型数据，如 7.19、31.5、.306、-10.01 等。根据其所占内存的大小和数据的有效位数，C 语言中的浮点型数据又可分 float（单精度实型）、double（双精度实型）和 long double（长双精度实型）三种类型。表 2-4 列出了浮点型数据占内存的位数、有效数字和取值范围。

表 2-4　浮点型数据

类　型　名	占内存的位数（字节数）	取值范围
float	32（4）	$-3.4 \times 10^{38} \sim 3.4 \times 10^{38}$
double	64（8）	$-1.7 \times 10^{308} \sim 1.7 \times 10^{308}$
long double	128（16）	$-1.2 \times 10^{4\,932} \sim 1.2 \times 10^{4\,932}$

说明：　长双精度浮点数（long double）是 C99 标准才有的，表示精度和范围都比 double 要大，初学者很少会用到。

2.3.1　浮点型常量

1. 浮点型常量的两种表示方式

浮点数也称实数。在 C 语言中，浮点型常量有以下两种表示方法：

（1）十进制小数形式。这是最常用的表示方式。要注意，一定要有小数点，如 2022.、.2022、-7.19、0.0。

（2）指数形式。由数字部分、小写字母 e（或大写字母 E）和作为指数的整数组成。例如，要将 2022.719 写成指数形式，可以有多种形式：2022.719e0、202.2719e1、20.22719e2、2.022719e3 等。其中的 2.022719e3 称为"规范化的指数形式"。一个实数在按指数格式输出时，是按规范化指数形式输出的。

2. 浮点型常量的分类

1）单精度浮点数（float）

和整数在内存中的存储方式不同，C 语言中的实数是按规范化指数形式存储的。在这种存储方式中，小数部分长度越长，数的有效数字越多；指数部分长度越长，数的取值范围越大。单精度浮点数（float）占用 4 个字节的内存单元，有效数字（精确位）为 6 ~ 7 位，数值的范围为 $-3.4 \times 10^{38} \sim 3.4 \times 10^{38}$。

2）双精度浮点数（double）

双精度浮点数占用 8 个字节的内存单元，有效数字是 15 ~ 16 位，数值范围是 $-1.7 \times 10^{308} \sim 1.7 \times 10^{308}$。为了保证计算结果的精度，C 语言将浮点型常量作为双精度来处理，例如 2022.315、-2022.315 都是按双精度（占用 8 个字节）来存储与参与运算的。如果要使用单精度数据（占用 4 个字节）的话，必须在后面加上字母 f 或 F，如 2022.306f 或 3.14F。

2.3.2　浮点型变量

1. 浮点型变量的分类与大小

与浮点型常量相一致，其分类和大小见表 2-4。

2. 浮点型变量的定义

浮点型变量的定义格式和整型变量完全一致。例如：

```
float a,b;              // 定义了两个单精度浮点型变量 a 和 b
double x,y=3.15;        // 定义了两双精度浮点型变量 x 和 y，并给 y 赋初值 3.15
```

例2.5 上机运行下列程序，观察并理解程序的运行结果。

```c
/*liti2-5.c, 理解单精度和双精度数的有效位 */
#include <stdio.h>
int main()
{
    float x1,x2,x3;
    double y1,y2;
    x1=1.234567899e8f;
    x2=1234567.899e2f;
    x3=x1+1;
    printf("x1=%f\nx2=%f\nx3=%f\n",x1,x2,x3);
    y1=1.234567899e8;
    y2=y1+1;
    printf("y1=%f\ny2=%f\n",y1,y2);
    return 0;
}
```

运行结果如下：

```
x1=123456792.000000
x2=123456792.000000
x3=123456792.000000
y1=123456789.900000
y2=123456790.900000
```

程序分析：从运行结果可以看出，x1、x2 和 x3 输出结果不准确，而 y1 和 y2 的输出结果是准确的。这是因为 float 型变量只提供 7 位有效数字，所以 x1、x2 和 x3 前面 7 位是准确的，从第 8 位开始的数字都是近似值，x1 和 x2 均近似成 123456792.000000，在一个近似值的位上加上一个很小的数，所得结果还是一个近似值，所以 x3 也输出为 123456792.000000。而 double 的有效数字为 16 位，所以它的输出结果是准确的。使用实数类型的数据时，要特别注意这种情况出现。

2.3.3 浮点型数据的输入与输出

浮点型数据的输入 / 输出与整型数据的输入 / 输出一样，也是使用 scanf() 函数和 printf() 函数，只是使用的格式转换说明符不一样。

1. 浮点型数据的输出

浮点型数据的输出也是使用 printf() 函数，但浮点型数据输出要使用表 2-5 所示的格式转换说明符。

表 2-5　printf() 函数的浮点型数据格式转换说明符

格式转换说明符	形参类型和输出形式
%f	浮点型数据；十进制小数，默认值为6位小数
%e,%E	浮点型数据；指数形式，尾数默认值为6小数
%g,%G	浮点型数据；自动选取f格式或e格式中输出宽度较小的一种，有效位6位，且不输出无意义的0

> 📖 说明：
>
> （1）在 % 和转换说明符之间可以用 n.m 的形式指定输出域宽（输出时占的总位数）n 和精度（小数位）m，若指定的域宽小于数据的实际位数，则按实际位数输出。
>
> （2）默认是右对齐，左补空，可以加前导 0，则会左补 0；加 -，表示左对齐右补空。

例 2.6　上机运行下列程序，观察并理解程序的运行结果。

```c
/*liti2-6.c,演示%f,%e,%g的区别 */
#include <stdio.h>
int main()
{
    float x=12.3456789f;
    double y=1234567891234.123456789;
    double z=1234.567;
    printf("%f\n",x);              // 单精度，保留 6 位小数，有效位 7 位
    printf("y=%f, z=%f\n",y,z);    // 双精度浮点数输出，保留 6 位小数，有效位 16 位
    printf("y=%e, z=%e\n",y,z);    // 双精度，指数形式输出，保留 6 位小数
    printf("y=%g, z=%g\n",y,z);    // 双精度，%f 和 %e 中短的那种格式输出，有效位 6 位
    return 0;
}
```

运行结果如下：

```
12.345679
y=1234567891234.123500, z=1234.567000
y=1.234568e+012, z=1.234567e+003
y=1.23457e+012, z=1234.57
```

程序分析：以 %f 格式输出，若输出值参数是单精度，则以单精度浮点数输出，保留 6 位小数，有效位是 7 位；若输出值参数是双精度，则以双精度浮点数输出，保留 6 位小数，有效位是 16 位。其余说明看程序中的注释。

例 2.7　上机运行下列程序，观察并理解程序的运行结果。

```c
/*liti2-7.c,域宽，精度，对齐方式 */
#include <stdio.h>
int main()
{
    float x=1234.5678;
    printf("12345678901234567890\n");  // 输出参照字符，作为下面输出的参照
    printf("%.2f#\n",x);        // 保留两位小数输出，字符 #，标明输出数据的结束位置
    printf("3.2f#\n",x);        // 指定域宽小于实际位数，按实际位数输出，并保留 2 位小数
    printf("%12.2f#\n",x);      // 右对齐，左补空
    printf("%012.2f#\n",x);     // 右对齐，左补 0
    printf("%-12.2f#\n",x);     // 左对齐，右补空
    return 0;
}
```

运行结果如下：

```
12345678901234567890
1234.57#
1234.57#
```

```
    1234.57#
000001234.57#
1234.57    #
```

程序分析：见程序中各行的注释。

2. 浮点型数据的输入

浮点型数据的输入也是使用 sacnf() 函数，但浮点型数据输入要使用表 2-6 所示的格式转换说明符。

表 2-6　scanf() 函数的浮点型数据的格式转换说明符

格式转换说明符	输入数据
%f	十进制小数形式或指数形式均可；当输入double类型的实数时，须用%lf
%e,%E,%g,%G	与%f作用相同，可以相互转换；当输入double类型的实数时，须加前缀l

例 2.8　上机运行下列程序，观察并理解程序的运行结果。

```c
/*liti2-8.c, 浮点数的正确输入 */
#include <stdio.h>
int main()
{
    float x;
    double y;
    scanf("%f%f",&x,&y);       // 双精度浮点数以 %f 格式输入，得不到正确的结果
    printf("x=%f,y=%f\n",x,y);
    scanf("%f%lf",&x,&y);
    printf("x=%f,y=%f\n",x,y);
    return 0;
}
```

运行结果如下：

2.5□3.6↙
x=2.500000,y=0.000000
2.5□3.6↙
x=2.500000,y=3.600000

程序分析：双精度浮点数的输入一定要用 %lf，否则不能正确输入。

2.4　字 符 型

视频 2-5
字符型数据

字符型数据是指用单引号引起来的单个字符，如 'a'、'A'、'x'、'$'、'9' 等。C 语言中，字符型又可分 char 和 unsigned char 两种类型。表 2-7 列出了字符型数据的位数和取值范围。

表 2-7　字符型数据

类 型 名	占内存的位数（字节数）	取值范围
[signed] char	8（1）	−128～+127，即−2^7～(2^7−1)
unsigned char	8（1）	0～255，即0～(2^8−1)

2.4.1　字符常量

字符常量可看成是一个整数，其值是字符对应的 ASCII 码值。字符常量是用单引号括住的单个字符，如 'a'、'A'、'x'、'$' 等都是字符常量。字符在内存中以 ASCII 码值的形式存储，占 1 个字节。例如，从 ASCII 码表中可以查出 'a' 的 ASCII 码值是 97，它在计算机内部的存储形式如图 2-2 所示。

字符常量的存储形式与整数的存储形式类似，所以字符常量的值就是该字符的 ASCII 码值，例如字符 '0' 的值是 48，而不是数值 0。

图 2-2　字符常量 'a' 的存储

在实际编程时应该记住一些常用字符的 ASCII 值，例如字符 'A' 的值是 65，字符 'a' 的值是 97，字符 '0' 的值是 48，由此可以推导出其他字符的值。

字符常量一般用来与其他字符进行比较运算（即关系运算），但实际上字符常量也可以像整数一样参与数值运算。

例 2.9　写出下列程序的运行结果。

```
/*liti2-9.c，理解字符型数据的存储，字符型与整型的关系 */
#include <stdio.h>
int main()
{
    printf("%c,%c\n",'A','F');
    printf("%d,%d\n",'A','F');
    printf("%d,%c\n",'F'-'A','A'+5);
    return 0;
}
```

运行结果如下：

```
A,F
65,70
5,F
```

程序分析：第一个输出语句是将字符常量以字符的形式输出；第二个输出语句输出对应字符的 ASCII 码值；第三个输出语句说明字符可以像整数一样运算。这个程序较好地说明了字符型数据与整型数据的关系。

前面很多例子都使用了换行符 \n，其实 C 语言中还有许多这种括在一对单引号内的特殊字符常量，它们称为转义字符。转义字符是以 \ 开头的字符序列，可以理解为前导的字符 \ 改变了紧接其后的那个字符的原义。表 2-8 列出了常用的转义字符。

表 2-8　常用的转义字符

字符形式	含　　义
\n	换行
\v	垂直跳格
\0	空字符，作为字符串的结束标记
\t	水平跳格，跳到下一个Tab位置
\b	退格
\r	回车，不换行

字符形式	含　　义
\f	换页
\\	一个反斜线
\"	一个双引号
\'	一个单引号
\ddd	1～3位八进制所代表的字符，其中d为一位八进制数
\xhh	1～2位十六进制所代表的字符，其中h为一位十六进制数

在表 2-8 中，最后两行是用 ASCII 码表示一个字符。例如，'\101' 和 '\x41' 均是转义字符，都对应着字符 'A'，因为字符 'A' 的 ASCII 值为 65，八进制的值为 101，十六进制的值为 41。

例2.10　理解转义字符，写出下列程序的运行结果。

```c
/*liti2-10.c，理解各转义字符的含义，写出程序的运行结果 */
#include<stdio.h>
int main()
{
    printf(" 十进制 \t, 八进制 \t, 十六进制 \n");
    printf("65\t,\65\t,\x65\n");
    return 0;
}
```

运行结果如下：

```
十进制   ,八进制   ,十六进制
65       ,5        ,e
```

程序分析：在 C 语言中，一个制表符占 8 个字符宽度，'\t' 表示水平跳格，光标到下一个制表符的开始。转义字符 '\65' 表示 ASCII 值为八进制 65 所对应的字符 '5'；转义字符 '\x65' 表示 ASCII 值为十六进制 65 所对应的字符 'e'。

2.4.2　字符型变量

字符型变量用来存储字符型数据。一个字符型变量在内存中只占一个字节，只能存储一个字符。

字符型变量的定义形式像整型变量和浮点型变量的定义形式一样，例如：

```c
char c1,c2;              /* 定义 c1,c2 为字符型变量 */
```

例2.11　写出下列程序的运行结果。

```c
/*liti2-11.c*/
#include <stdio.h>
int main()
{
    char c1='A',c2;
    c2=c1+1;
    printf("%c,%c\n",c1,c2);          /* 以字符形式输出 */
    printf("%d,%d\n",c1,c2);          /* 输出字符的 ASCII 码值 */
    return 0;
}
```

运行结果如下：

```
A,B
65,66
```

程序分析：上述程序说明 C 语言允许字符数据与整数直接进行运算，即 'A'+1 可以得到整数 66，也就是 'B' 的 ASCII 码值，所以按字符格式输出为 B，按整数格式输出为 66。

例 2.12 写出下列程序的运行结果。

```c
/*liti2-12.c*/
#include <stdio.h>
int main()
{
    char b,c,d;
    b=43;        /* 十进制的 ASCII 码值 */
    c=043;       /* 八进制的 ASCII 码值 */
    d=0x43;      /* 十六进制的 ASCII 码值 */
    printf("%c,%c,%c\n",b,c,d);
    printf("%d,%d,%d\n",b,c,d);
    return 0;
}
```

运行结果如下：

```
+,#,C
43,35,67
```

程序分析：该例用三种不同数制表示的 ASCII 码值分别赋给 3 个字符型变量，然后分别输出对应的字符和 ASCII 码值，以进一步加强对字符型变量的理解。

2.4.3 字符型数据的输入与输出

字符型数据输入 / 输出可使用标准库中的 getchar() 和 putchar() 函数进行。getchar() 函数在被调用时从输入设备（即键盘）读入一个输入字符，并将其作为结果值返回。putchar() 函数在被调用时在输出设备（即命令提示符窗口）上显示一个指定的字符。

例 2.13 从键盘输入一个小写英文字母，将其转换为大写英文字母并输出。

```c
/*liti2-13.c*/
#include <stdio.h>
int main()
{
    char c;
    printf("Input a character:");
    c=getchar();                  /* 输入一个小写英文字母 */
    c=c-32;                       /* 将其转换为大写英文字母 */
    putchar(c);                   /* 输出转换后的字符 */
    putchar('\n');                /* 换行 */
    return 0;
}
```

运行结果如下：

```
Input a character:a↙
A
```

字符型数据的输入 / 输出也可以使用带格式的输入函数 scanf() 和输出函数 printf()，格

式转换说明符为 %c。

例 2.14 把例 2.13 使用 scanf() 函数和 printf() 函数进行输入和输出。

```c
/*liti2-14.c*/
#include <stdio.h>
int main()
{
    char c;
    printf("Input a character:");
    scanf("%c",&c);                    /* 输入一个小写英文字母 */
    c=c-32;                            /* 将其转换为大写英文字母 */
    printf("%c\n",c);                  /* 输出转换后的字符 */
    return 0;
}
```

运行结果如下：

```
Input a character:b↙
B
```

⚙ 2.5 字符串常量与符号常量

2.5.1 字符串常量

字符串常量又称字符串字面值，是用一对双引号括住的、由 0 个或多个字符组成的字符序列。例如，"China"、"Windows 10" 和 " "（空字符串）等。注意，双引号不是字符串的一部分，它只用于限定字符串。C 语言规定：在每一个字符串的结尾系统自动加上一个字符串结束标志符 '\0'，以便判断字符串是否结束。例如，字符串 "China" 在内存中的存储形式如图 2-3 所示，从图中看到存储该字符串需要的字符长度不是 5 个而是 6 个。另外，对于字符串 "a" 来说，它包括两个字符 'a' 和 '\0'，因此，字符串 "a" 与字符 'a' 的含义不一样，不能混淆。

'C'	'h'	'i'	'n'	'a'	'\0'

图 2-3   字符串 "China" 的存储格式

字符串数据可以使用 printf() 函数进行输出，其格式转换说明符为 "%s"。

例 2.15 写出下列程序的运行结果，其中格式转换说明符 "%s" 用于字符串的输出。

```c
/*liti2-15.c, 字符串的输出 */
#include <stdio.h>
int main()
{
    printf("%c%s\n",'T',"his is a string.");
    printf("%s,%5.2s\n","Language.","Language.");
    return 0;
}
```

运行结果如下：

```
This is a string.
Language.,   La
```

程序分析：%c 用于输出单个字符，%s 用于输出字符串，%5.2s 也用于输出字符串，其中 5 表示域宽，2 表示截取字符串的前两个字符，右对齐，左补空。

2.5.2 符号常量

符号常量是指用一个标识符来代表的一个常量。在 C 语言中，符号常量一般用大写字母来表示，编程时用 #define 来定义一个符号常量。例如：通过使用

```
#define PI 3.1415926
```

定义一个符号常量 PI，在预编译程序时将代码中所有的 PI 都用 3.141 592 6 来代替。

例 2.16 编程输入半径 r，求其所对应的圆的面积和周长，圆周率 π 用符号常量 PI 定义。

```
/*liti2-16.c, 符号常量的使用 */
#include <stdio.h>
#define PI 3.1415926    /* 定义符号常量 PI*/
int main()
{
    double r,area, circumference;
    printf("radius=");
    scanf("%lf",&r);
    area=PI*r*r;
    circumference=2*PI*r;
    printf("Area=%f\nCircumference=%f\n",area, circumference);
    return 0;
}
```

运行结果如下：

```
radius=3 ↙
Area=28.274333
Circumference=18.849556
```

程序分析：在程序中恰当地使用符号常量，可以给编程人员带来很多的方便。例如在上面的例子中，若想改变圆周率为 3.14，则只需修改符号常量的定义为 "#define PI 3.14" 即可，而其他代码不需做任何修改，否则在计算面积和周长时，就会有两处代码需要修改。若程序中有多处用到了圆周率，则手工修改的次数就会增多，更容易发生疏漏或错误。因此，合理地使用符号常量，能够提高程序的可靠性和可读性。

注意：符号常量不同于变量，其值在它的作用域内是不能被改变的，也不能够被重新赋值。为了更好地区别于变量，通常符号常量名用大写字母拼写，而变量名则用小写字母拼写。

2.6 运算符与表达式

C 语言的运算符非常丰富，根据运算符的性质可以分为算术运算符、关系运算符、逻辑运算符、赋值运算符、位运算符、条件运算符、自增和自减运算符、逗号运算符、指针运算符、强制类型转换运算符、分量运算符、下标运算符、求字节数运算符、函数调用运算符等。根据所需要的操作数个数，运算符又可以分成单目运算符和双目运算符。C 语言几乎把除了控制语句和输入 / 输出以外的所有操作都作为运算符处理。本章只讲解算术运算符、赋值运算符、强制类型转换运算符、自增和自减运算符、逗号运算符和位运算符，

其他类型的运算符将在后续有关章节中介绍。表 2-9 给出了 C 语言中所有运算符的优先级（数字越小，优先级越高）和结合性。

表 2-9　C 语言的运算符的优先级与结合性

优 先 级	运 算 符	含 义	运算符类型	结合方向
1	()	圆括号	—	自左至右
	[ ]	数组元素下标		
	->	指向结构类型中的成员		
	.	结构类型成员运算符		
2	!	逻辑非运算符	单目运算符	自右至左
	~	按位取反运算符		
	++、--	自增1、自减1		
	+	正号		
	-	负号		
	*	指针运算符		
	&	求地址运算符		
	(类型名)	强制类型转换运算符		
	sizeof	求所占存储单元的字节数		
3	*	乘法运算符	双目运算符	自左至右
	/	除法运算符		
	%	整数求余（或求模）运算符		
4	+	加法运算符	双目运算符	自左至右
	-	减法运算符		
5	<<	按位左移运算符	双目运算符	自左至右
	>>	按位右移运算符		
6	<、<=、>、>=	关系运算符	双目运算符	自左至右
7	==	关系运算中的等于运算符	双目运算符	自左至右
	!=	关系运算中的不等于运算符		
8	&	按位与运算符	双目运算符	自左至右
9	^	按位异或运算符	双目运算符	自左至右
10	|	按位或运算符	双目运算符	自左至右
11	&&	逻辑与运算符	双目运算符	自左至右
12	||	逻辑或运算符	双目运算符	自左至右
13	? :	条件运算符	三目运算符	自右至左
14	=、+=、-=、*=、/=、%=、&=、^=、|=、<<=、>>=	赋值运算符	—	自右至左
15	,	逗号运算符	—	自左至右

表达式是指用运算符和小括号把运算对象连接起来的式子，例如：运算对象 + 运算对象。运算对象可以是常量、变量、函数和表达式等，如：5+x*(3+4)−sin(x)。

视频 2-6
算术运算符
与表达式

2.6.1 算术运算符与算术表达式

1. 算术运算符

算术运算符包括 +（加法运算符）、−（减法运算符）、*（乘法运算符）、/（除法运算符，如果两个操作数均为整数，则是整除运算）、%（求余运算符或求模运算符，两个整数整除之后所得的余数）。

（1）两个类型相同的操作数进行运算，其结果类型与操作数类型相同。例如 7/4 的结果值为 1。不同类型的数据要先转换成同一类型，然后才能进行运算。转换的规则如图 2-4 所示。

```
float                        char,short
  ↓                              ↓
double  ←  long  ←  unsigned  ←  int
```

图 2-4 转换规则

这里纵向箭头表示必定的转换，如 float 数据一定要先转换成 double 类型，char、short 数据一定先转换成 int 类型。横向的箭头表示当操作数为不同类型时转换的方向。例如，如果两个操作数进行算术运算，一个是 int 型，另一个是 double 型，先将 int 型数据直接转换成 double 型，然后在两个相同类型（double）的数据之间进行运算，结果是 double 型。如果有一个数据是 float 类型，则另一个数据要先转换成 double 型，运算结果为 double 型。所有这些转换都是系统自动进行的。

（2）求余运算要求运算符 % 两边的操作数必须为整数，余数的符号与被除数符号相同。例如：15%(−7)=1，(−15)%7=−1。

2. 算术表达式

用算术运算符和括号将运算对象连接起来的式子称为算术表达式。运算对象包括常量、变量和函数等。例如 x*y/z+2022.719−15%(−7)+'A'。

C 语言规定算术运算符的优先级为先做 *、/、% 运算；后做 +、− 运算，即 *、/、% 属同一优先级，+、− 属同一优先级，而且前者优先级高于后者。在表达式求值时，同一优先级的运算符的运算顺序规定为"自左至右"，即运算对象先与左面的运算符结合，也称为"左结合性"，见表 2-9。例如，算术表达式 x−y/z*w 的求值顺序相当于 x−((y/z)*w)。

📹 注意： 在将复杂的数学表达式写成 C 语言表达式时，要注意以下几个方面。

（1）数学表达式中乘法运算符可省略不写，C 表达式中所有运算符必须写，不能省略。

（2）为了保持与数学表达式结果一致，数学表达式中的两个整数相除，在 C 表达式中至少要把一个整数写成浮点数的形式。

（3）在 C 表达式中，适当地要加上小括号，以保持运算顺序。

（4）数学中有的运算符，C 语言中没有，则要使用到一些标准数学函数来代替。

表 2-10 列举了将数学表达式写成 C 语言表达式的一些示例，希望读者能举一反三，加强训练。有关标准数学函数的使用方法请参阅附录 B 中的介绍。

表 2-10　数学表达式写成 C 语言表达式

数学表达式	C语言表达式	数学表达式	C语言表达式
$\dfrac{1}{1+\dfrac{1}{x}}$	1/(1+1.0/x)	$\dfrac{1}{4}(\lg x - \ln y)$	(log10(x)−log(y))/4
$\sqrt{10+\sqrt{y}}$	sqrt(10+sqrt(y))	$\dfrac{|y|}{2x+4y^{x}}$	fabs(y)/(2*x+4*pow(y,x))
πr^2	3.141592*r*r	$x=\dfrac{-b+\sqrt{b^2-4ac}}{2a}$	x=(−b+sqrt(b*b−4*a*c))/(2*a)

视频 2-7
赋值运算符
与表达式

2.6.2　赋值运算符和赋值表达式

赋值运算符用 = 来表示。它的作用是将一个表达式的值赋给一个变量，而不是数学中的等号。由赋值运算符将一个变量和一个表达式连接起来的式子称为赋值表达式。它的一般形式为：

变量 = 表达式

赋值表达式的值就是被赋值的变量的值。在赋值表达式中赋值号的左边只能是变量，初学者若写成 x+y=z;，是错误的。如果赋值运算符两侧的类型不一致，但都是数值型或字符型时，在赋值时会自动进行类型转换，把右边表达式的结果转换成左边变量类型一致的数据再赋给左边的变量。需要注意的是其转换的规则比较复杂，常常会出现意想不到的结果，而编译系统并不会提示出错，所以初学者最好避免出现这种情况。凡是双目（二元）运算符，都可以与赋值符一起组成复合赋值符。它的一般形式为：

变量　双目运算符 = 表达式

其等价于：

变量 = 变量　双目运算符（表达式）

例如：x+=3 等价于 x=x+3，x%=3 等价于 x=x%3。

使用运算符"自右至左"的结合原则可以处理各种复杂赋值表达式的求值。

例2.17　上机运行下面的程序，理解复杂赋值表达式的求值。

```
/*liti2-17.c,复杂的赋值表达式 */
#include <stdio.h>
int main( )
{
    int x,y,z;
    x=y=z=10;                   // 求值过程为依次将 8 赋给 z、y、x
    printf("x=%d\ty=%d\tz=%d\n",x,y,z);
    x*=y+8;                     // 等价于 x=x*(y+8)
    printf("x=%d\ty=%d\tz=%d\n",x,y,z);
    x=(y=12)*(z=8);             // 先把 12 赋给 y，8 赋给 z，再把 y*z 的结果赋给 x
    printf("x=%d\ty=%d\tz=%d\n",x,y,z);
    x=2;
    x+=x-=x*(y=11);
    printf("x=%d\ty=%d\tz=%d\n",x,y,z);
```

```
        return 0;
    }
```

运行结果如下：

```
x=10      y=10      z=10
x=180     y=10      z=10
x=96      y=12      z=8
x=-40     y=11      z=8
```

程序分析：前面的复杂赋值语句的执行过程的分析，看相应的注释。这里分析 x+=x-=x*(y=11) 的运算过程。首先执行 x-=x*(y=11) 运算，相当于 x=x-(x*(y=11))。将 x 的初值 2 代入左式，计算得到 x=-20；再执行 x+=-20，相当于 x=x+(-20)，将 x 的新值 -20 代入，最后结果为 x=-40。

赋值表达式也是一种表达式，赋值操作也可以出现在其他语句中。例如，printf("%d",x=y); 等价于 x = y; printf("%d",x);。一条语句完成两条语句的功能，这正是 C 语言简洁、灵活的特点之一。

视频 2-8
强制类型转
换运算符

2.6.3　强制类型转换运算符

前面已经提到，两个不同类型的数进行运算时，系统会自动按规则进行类型的转换。此外，C 语言还可以利用强制类型转换运算符将一个表达式转换成所需的类型。

强制类型转换运算符的一般形式如下：

（类型名）表达式

例如，15%7=1，而 15%7.4 则没有意义，因为求余运算符 % 要求两端的操作数均为整数，而 15%(int)7.4，进行强制转换后为 15%7=1。实际上，(int)7.4 与 (int)7.7 的结果都为 7，通过对浮点数"截尾取整"得到。

如果要将 x+y 的结果类型转换成 int 型，应写成 (int)(x+y)，不能错写成 (int)x+y，否则只是先将 x 转换成 int 型，然后再与 y 相加。

例 2.18　计算 1.0 + 1/2.0 + 1/3.0 + 1/4.0 +1/5.0 的值，并将结果以整型形式输出。

若编写的程序代码如下：

```
/*liti2-18.c, 类型转换 */
#include <stdio.h>
int main( )
{
    float sum;
    sum = 1.0f+ 1/2.0f+ 1/3.0f+ 1/4.0f+1/5.0f;
    printf("Sum = %d\n", sum);
    return 0;
}
```

运行结果如下：

```
Sum = 1610612736
```

程序分析：结果显然不对。由于 sum 定义成实型，而 %d 是控制整数输出，但这里变量 sum 的类型不会自动转换，从而导致输出错误。解决方法有两种，一种是将 sum 定义成整型，即 int sum;，但编译时会有警告信息出现；另一种是将 sum 的值强制转换为整型，对

应的输出语句修改为

```
printf("Sum = %d\n", (int)sum);
```

两种方法修改后，运行结果均为：Sum = 2。这里要注意的是，强制类型转换不会改变变量的数据类型，只是临时将变量的值类型改变。

视频 2-9 自增、自减运算符与表达式

2.6.4　自增、自减运算符

C语言为变量值的增加与减少提供了两个特殊的运算符：

（1）自增运算符 ++：用于使变量值加 1。

（2）自减运算符 --：用于使变量减 1。

++ 与 -- 这两个运算符奇特的方面在于，它们既可以用作前缀运算符（用在变量前面，如 ++n），也可以用作后缀运算符（用在变量后面，如 n++）。这两种的共同点都是使 n 加 1。但不同点在于：++n 和 n++ 都是表达式，二者表达式的值不同；表达式 ++n 的值是变量 n 加 1 后的值，表达式 n++ 的值是 n 没有加 1 之前的值。这里的关键是要分清两种值："变量 n 的值"与"表达式的值"；无论 ++ 在前还是在后，变量 n 的值一定会加 1，只不过时机不同，但 ++ 在前或在后所构造的表达式的值不同。

例 2.19　上机运行下面的程序，理解自增、自减运算。

```
/*liti2-19.c，自增、自减运算示例 */
#include <stdio.h>
int main()
{
    int x,y,z;
    x=2;
    y=x++;          // 相当于先后执行了 y=x;x=x+1;
    printf("x=%d,y=%d\n",x,y);
    z=++x;          // 相当于先后执行了 x=x+1;z=x;
    printf("x=%d,z=%d\n",x,z);
    x=2;            // 重新把 2 赋给 x
    y=x--;          // 相当于先后执行了 y=x;x=x-1;
    printf("x=%d,y=%d\n",x,y);
    z=--x;          // 相当于先后执行了 x=x-1;z=x;
    printf("x=%d,z=%d\n",x,z);
    return 0;
}
```

运行结果如下：

```
x=3,y=2
x=4,z=4
x=1,y=2
x=0,z=0
```

注意：

（1）自增、自减运算符是单目运算符，且操作对象不能是常量或表达式，只能是变量。

（2）++ 和 -- 的结合性是自右向左，例如，-i++ 相当于 -(i++)。

（3）建议不要使用不易理解的表达式。例如，i+++j，到底是 (i++)+j，还是 i+(++j)？C语言编译系统在处理时尽可能多地（自左到右）将若干个字符组成一个运算符，所以 i+++j 解释成 (i++)+j，若直接写成 (i++)+j 则清晰得多。

2.6.5 逗号运算符和逗号表达式

视频 2-10
逗号运算符
与表达式

逗号运算符又称顺序求值运算符，从表 2-9 中可以查出 C 语言中运算优先级最低的运算符就是逗号运算符。由逗号运算符将两个表达式连接起来称为逗号表达式。其一般格式为：

表达式 1，表达式 2

逗号表达式的值的求解过程是先求解表达式 1，再求解表达式 2，整个逗号表达式的值为表达式 2 的值。例如，x=2*8,x*10 整个逗号表达式的值为 160，x 的值为 16。又例如，z=(x=10,10+20)，z 的值为 30，x 的值为 10。

逗号表达式中的表达式又可以是一个逗号表达式，这样逗号表达式的一般形式就可以扩展成：

表达式 1，表达式 2，表达式 3，…，表达式 n

它的值是表达式 n 的值。

例 2.20 上机运行下面的程序，理解逗号运算符和逗号表达式。

```
/*liti2-20.c,理解逗号运算符与逗号表达式 */
#include <stdio.h>
int main()
{
    int x,y,z;
    y=(x=10,10+20);      // 括号内是个逗号表达式，把10+20 的结果作为该表达式的结果赋给 y
    printf("x=%d,y=%d\n",x,y);
    z=x=10,10+20;        // 因为逗号运算符的优先级最低，所以整个语句是逗号表达式语句
    printf("x=%d,z=%d\n",x,z);
    y=(x=10,x++,x+5);    // 括号内是个逗号表达式，把x+5 的结果作为该表达式的结果赋给 y
    printf("x=%d,y=%d\n",x,y);
    return 0;
}
```

运行结果如下：

```
x=10,y=30
x=10,z=10
x=11,y=16
```

实际编程中，使用逗号表达式只是希望分别计算各个表达式的值，而不是刻意要得到整个逗号表达式的值。

2.6.6 位运算

所谓位运算，就是指对一个数的二进制位的运算，例如位的或、与、非、异或运算和位的左、右移动运算。在汇编语言里有位操作指令，C 语言也提供了位运算功能，所以说 C 语言既具有高级语言的特点，又具有低级语言的特点，它是一种中级语言。也正因 C 语言具有位运算功能，所以在单片机开发工作中，有取代汇编语言的趋势。

C 语言提供了六个用于位操作的运算符，这些运算符只能作用于各种整型数据（如 char 型、int 型、unsigned 型、long 型）。

&：按位与（二元运算符）。

|：按位或（二元运算符）。

^：按位异或（二元运算符）。

<<：按位左移（二元运算符）。

>>：按位右移（二元运算符）。

~：按位取反（一元运算符）。

1. & 运算

& 运算表示参加运算的两个操作数，按二进制位进行"与"运算。运算规则如下：

```
0&0=0; 0&1=0; 1&0=0; 1&1=1
```

& 运算经常用于屏蔽某些二进制位。

例2.21　假设办公楼有 16 层，每层过道里都装了照明灯。已知第 1 层过道中的灯是开着的，其他楼层里的灯有的开有的关。为了节电，现在要求只保留第 1 层过道里的灯照明，其他楼层的灯全部要熄灭，请问如何实现？

程序设计分析：本例可以用一个数字开关来控制。这里引入一个 short 型的变量 onoff，规定它的每一个二进制位自右向左分别对应着第 1~16 层的开关，其中若某位是 0，表示那一层的灯是关着的，为 1 则表示开灯。此时的控制语句写为：

```
onoff = onoff & 0x0001;
```

程序分析：onoff 对应的二进制表示为 xxxxxxxx xxxxxxxx（x 表示可能是 0，即关；也可能是 1，即开），0x0001 对应的二进制表示为 00000000 00000001。onoff & 0x0001 的运算过程如下：

$$
\begin{array}{r}
\text{xxxxxxxx xxxxxxx1} \\
(\&) \quad \underline{00000000\ 00000001} \\
\text{onoff=}\quad 00000000\ 00000001
\end{array}
$$

最后结果实现了第 1 层开灯而第 2 ～ 16 层照明灯全关的要求。

2. | 运算

| 运算表示参加运算的两个操作数，按二进制位进行"或"运算。运算规则如下：

0|0=0; 0|1=1; 1|0=1; 1|1=1

| 运算经常用于设置某些位。

例2.22　如果想要 1 楼、3 楼与 5 楼的照明灯都打开，则可以这样运算：

onoff = onoff | 0x0015;

3. ^ 运算

^ 运算表示参加运算的两个操作数，按二进制位进行"异或"运算。运算规则如下：

0^0=0; 0^1=1; 1^0=1; 1^1=0

从运算规则可以看出，与"1"异或位取反，与"0"异或位保留。按位"异或"有一个特点：在一个数据上两次异或同一个数，结果变回到原来的数。这个特点常常使用在动画程序设计中。

例2.23　将 short 型变量 x 的低 5 位都取反（即 1 变 0、0 变 1），可以这样运算：

x=x ^ (00000000 00011111)$_2$　即　x=x ^ 0x001f

4. ~ 运算

~ 是一个单目运算符，用来对一个二进制数按位取反，即 1 变 0、0 变 1。~ 运算优先级的级别比算术运算符、关系运算符和其他位运算符都要高。

例 2.24　将 short 型变量 x 的低 6 位全部置为 0，可以这样运算：

x = x & ～ 077

> 说明：如果两个数据长度不同的数作位运算操作时，系统将两个数按右端对齐，对于负数，左端补满"1"，对于正整数和无符号数，左端补满"0"。

5. << 运算符

x<<n 表示把 x 的每一位向左移动 n 位，右边空出的位填 0，高位左移后溢出丢弃。例如：

short x=64;

则 x 对应的二进制表示为 00000000 01000000。将 x 左移一位可以由语句 x=x<<1; 实现，其运算过程如下：

$(00000000\ 01000000)_2 << 1 \rightarrow (00000000\ 10000000)_2$

而 $(00000000\ 10000000)_2$ 对应的十进制整数是 128，也就是说 64<<1 相当于 $64 \times 2 = 128$。在一定范围内的按位左移 n 位，相当于原数的十进制数乘以 2^n；但要注意这里所说的范围限制，例如 $(01000000\ 00000000)_2 <<2$ 之后却成为 $(00000000\ 00000000)_2$ 了。

6. >> 运算符

x>>n 表示把 x 的每一位向右移动 n 位，移到右端的低位被丢弃。对无符号数而言，左边空出的高位要补 0，而对于有符号数，左边空位上要补符号位上的值。

例如，无符号数 15 右移 2 位，即 15>>2，相当于 $(00000000\ 00001111)_2 >> 2$，结果为 $(00000000\ 00000011)_2$；

而对有符号数 –6 右移 2 位，即 (–6)>>2，相当于 $(11111111\ 11111010)_2 >> 2$，结果就应该是 $(11111111\ 11111110)_2$，这样得到的结果就仍然是有符号数了。

习　题

一、单项选择题

1. 下面四个选项中，均是合法标识符的选项是（　　　）。

    A. _a　　void　　zhangsan　　　　　　B. _12　　5.2　　include

    C. _888　fun　　_INT　　　　　　　　D. –12　　return　　2*a

2. 下列算术运算符中，只能用于整型数据的是（　　　）。

    A. –　　　　　　B. +　　　　　　C. /　　　　　　D. %

3. 以下错误的变量定义语句是（　　　）。

    A. float _float;　　B. int int8;　　C. char Char;　　D. int 8int;

4. 设有如下的变量定义：

```
int i=8,k,a,b ;
unsigned long w=5;
double x=1,y=5.2;
```

则以下符合 C 语言语法的表达式是（　　　）。

    A. a+=a-=(b=4)*(a=3)　B. x%(-3)　　　C. a=a*3=2　　D. y=int(i)

5. 假定有以下变量定义：

```
int k=7,x=12;
```

在下面的多个表达式中，值为 3 的是（　　　）。

    A. x%=(k%=5)   B. x%=(x-k%5)   C. x%=k+k%5   D. (x%=k)+(k%=5)

6. 对于 scanf() 函数，以下叙述中正确的是（　　　）。

    A. 输入项可以是一个实型常量，如 scanf("%f",3.5);

    B. 只有格式控制，没有输入项，也能正确输入数据到内存，如 scanf("a=%d ,b=%d");

    C. 当输入一个实型数据时，格式控制部分可规定小数点后的位数，如 scanf("%4.2f",&d);

    D. 当输入数据时，必须指明变量地址，如 float f; scanf("%f",&f);

7. 若已定义 x 和 y 为 double 类型，则表达式 x=1, y=x+3/2 的值是（　　　）。

    A. 1.0   B. 1.5   C. 2.0   D. 2.5

8. 若有定义 int a=2,i=3;，则合法的语句是（　　　）。

    A. a==1   B. ++i;   C. a=a++=5;   D. a=int(i*3.2);

9. 以下程序段执行后，c3 中的值是（　　　）。

```
int c1=2,c2=3,c3;
c3=1.0/c2*c1;
```

    A. 0   B. 3   C. 1   D. 2

10. 在 C 语言中，合法的字符常量是（　　　）。

    A. '\084'   B. '\x48'   C. 'ab'   D. "\0"

11. 以下定义和语句的输出结果是（　　　）。

```
int u=070,v=0x10,w=10;
printf("%d,%d,%d\n",u,v,w);
```

    A. 8,16,10   B. 56,16,10   C. 8,8,10   D. 8,10,10

12. 以下定义和语句的输出结果是（　　　）。

```
char c1='a',c2='f';
printf("%d,%c\n",c2-c1,c2-'a'+'B');
```

    A. 2,M   B. 5,G   C. 2,E   D. 5,E

13. 已知有下面的程序：

```
#include <stdio.h>
int main()
{
    int x;
    float y;
    scanf("%d,%f",&x,&y);
    printf("%d,%.1f",x,y);
    return 0;
}
```

该程序运行后，下面（　　　）项的数据输入可使程序的输出结果为：5,12.1。

    A. 5 12.02   B. 5 12.12   C. 5,12.02   D. 5,12.12

14. 下列不正确的转义字符是（　　　）。

    A. '\\'   B. '\''   C. '074'   D. '\0'

15. 若有定义 int x=3, y=2; float a=2.5, b=3.5;，则表达式 (x+y)%2+(int)a/(int)b 的值是（　　）。

    A. 0   B. 2   C. 1.5   D. 1

16. 在下列选项中能正确地把 c 的值同时赋给变量 a 和变量 b 的是（　　）。

    A. c=b=a;   B. b=c=a;   C. a=b=c;   D. a=c=b;

17. 下列变量定义中合法的是（　　）。

    A. short _a=1-.Le-1;   B. double b=1+5e2.5;

    C. long ao=0xfdaL;   D. float 2_and=1-e-3;

18. 下列程序段的输出结果是（　　）。

```
int a=9876;
float b=987.654;
double c=98765.56789;
printf("%2d,%2.1f,%2.1f\n",a,b,c);
```

    A. 无输出   B. 98, 98.7, 98.6

    C. 9900, 990.7, 99000.6   D. 9876, 987.7, 98765.6

二、填空题

1. 若想通过格式输入语句使变量 x 中存储整数 1234，变量 y 中存储整数 5，则键盘输入语句是_____。

2. 由下面的输入语句：

```
float x;
double y;
scanf("%f,%le",&x,&y);
```

使 x 的值为 78.98，y 的值为 $98\,765 \times 10^{12}$，正确的键盘输入数据形式为_____。

3. 若有定义 int a=7,b=8,c=9;，接着顺序执行下列语句后，变量 c 中的值是_____。

```
c=(a-=(b-5));
c=(a%11)+(b=3);
```

4. 请写出以下数学式的 C 语言表达式_____。

$$\cos 60° + 8e^{y}$$

5. 若有以下定义：

```
char a;
unsigned int b;
float c;
double d;
```

则表达式 a*b+d-c 值的类型为_____。

6. 设有如下定义：int x=1，y=-1;，则语句 printf("%d\n",(x--&++y)); 的输出结果是_____。

7. 语句 printf("d\n",'A'-'a'); 的输出结果是_____。

8. 设 int b=24;，表达式 (b>>1)/(b>>2) 的值是_____。

三、程序分析题

1. 写出下面程序的运行输出结果。

```
#include <stdio.h>
int main()
{
```

```c
    unsigned short a=655;
    int b;
    printf("%d\n",b=a);
    return 0;
}
```

2. 写出下面程序的运行输出结果。

```c
#include <stdio.h>
int main()
{
    double d;
    float f;
    long l;
    int i;
    l=f=i=d=80/7;
    printf("%d,%ld,%f,%f\n",i,l,f,d);
    return 0;
}
```

3. 写出下面程序的运行输出结果。

```c
#include <stdio.h>
int main()
{
    int x=6,y,z;
    x*=18+1;
    printf("%d\n",x--);
    x+=y=z=11;
    printf("%d\n",x);
    x=y==z;
    printf("%d\n",-x++);
    return 0;
}
```

4. 写出下面程序的运行输出结果

```c
#include <stdio.h>
int main()
{
    float x,y;
    x=12.34f;
    y=(int)(x*10+0.5)/10.0f;
    printf("y=%f\n",y);
    return 0;
}
```

5. 下列程序，若运行时输入 1□2□3456789✓（注：□代表空格），写出相应的输出结果。

```c
#include <stdio.h>
int main()
{   char s[100];
    int c, i;
    scanf("%c",&c);
    scanf("%d",&i);
    scanf("%s",s);
```

```
        printf("%c,%d,%s\n",c,i,s);
        return 0;
}
```

6. 写出下面程序的运行输出结果。

```
#include <stdio.h>
int main()
{
        int a=12,b=12;
        printf("%d %d\n",--a,++b);
        return 0;
}
```

7. 写出下面程序的运行输出结果。

```
#include <stdio.h>
int main()
{
        int x=6,y=3,z=2;
        printf("%d+%d+%d=%d\n",x,y,z,x+y+z);
        return 0;
}
```

四、编程题

1. 已知圆的周长为 L, 编写 C 程序, 计算出圆的面积。要求从键盘输入周长值, 在屏幕上显示出相应的面积值。

2. 编写 C 程序, 从键盘输入一个介于 'B' ～ 'Y' 之间的字母, 在屏幕上显示与其前后相连的三个字母。例如输入 B, 则屏幕显示 ABC。

3. 从键盘输入能够构成三角形的三条边长, 要求编程计算该三角形的面积。

第3章 算法与程序设计基础

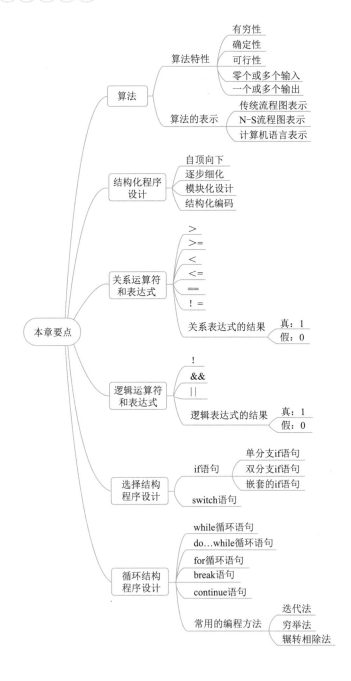

学习目标

◎ 掌握算法的基本概念、算法的表示方法。

◎ 理解并掌握 C 语言中的关系运算符、逻辑运算符、条件运算符的含义，以及由运算符组成的表达式。

◎ 掌握选择结构的程序设计，能熟练运用 if 语句、switch 语句解决实际问题。

◎ 掌握循环结构的程序设计，能熟练运用 while 语句、do...while 语句、for 语句解决实际问题。

◎ 掌握循环结构的退出机制，能熟练使用 break 语句、continue 语句。

◎ 掌握常用的编程方法如枚举法、迭代法、辗转相除法等。

程序（Program）是计算机可以执行的指令或语句序列。它是用计算机解决现实生活中的一个实际问题而编制的。设计、编制、调试程序的过程称为程序设计。编写程序所用的语言即为程序设计语言，它为程序设计提供了一定的语法和语义，所编写出的程序必须严格遵守它的语法规则，这样编写出来的程序才能被计算机所接受、运行，并产生预期的结果。

3.1 算　　法

Pascal 语言的设计者、计算机界最高奖项图灵奖的获得者、著名的瑞士籍计算机科学家 Nicklaus Wirth 于 1976 年出版了个人专著 *Algorithms+Data Structures=Programs*，提出著名的论断：

算法 + 数据结构 = 程序

这个公式展示了程序的本质，对计算机科学的影响程度，能够与物理学中爱因斯坦的"E=MC^2"相媲美。数据结构表示数据间的关系，算法则指明了对数据处理的步骤和方法，本节将主要阐述算法的内涵，帮助读者了解一个好的算法的精妙之处。

3.1.1　算法的概念

在现实生活中，做任何事情都有一定的步骤。例如，同学们去上课，首先要准备好上课所需的纸、笔，根据课程有选择性地拿好课本，然后步行到教室，开始听课。要考研究生，首先要网上报名，然后到现场确认，交报名费，拿到准考证，按时参加考试，得到录取通知书，到指定单位报到注册等。这些步骤都是按一定的顺序进行的，缺一不可，次序错了也不行。从事各种工作和活动，都必须事先想好进行的步骤，然后按部就班地进行，才能避免产生错乱。

这些为解决一个实际问题而采取的方法和步骤，称之为"算法"。对于同一个问题，可能有不同的方法和步骤，即有不同的算法。

例 3.1　求 1+2+3+4+...+100=?

算法 1

步骤 1：1+2=3

步骤 2：3+3=6

步骤 3：6+4=10

……

步骤 99：4 950+100=5 050

算法 2

步骤 1：0+100=100

步骤 2：1+99=100

步骤 3：2+98=100

……

步骤 50：49+51=100

步骤 51：100*50=5 000

步骤 52：5 000+50=5 050

算法 3

步骤 1：k=1，s=0

步骤 2：如果 k>100，则算法结束，s 即为所求的和，输出 s；否则转向步骤 3

步骤 3：s=s+k，k=k+1

步骤 4：转向步骤 2

对于这个问题，还有其他算法，读者可以自己完成。当然，算法也有优劣之分，有的算法较简练，有的算法较烦琐。上面三个算法中，算法 2 比算法 1 步骤少，算法 3 比算法 2 步骤少，算法 3 的质量最优。一般而言，希望采用方法简单、运算步骤少的方法。因此，为了有效地进行解题，不仅需要保证算法正确，还要考虑算法的质量，选择合适的算法。

3.1.2 算法的特性

一个算法应具有如下五个特点：

1. 有穷性

一个算法必须总是在执行有限步骤之后结束，即一个算法必须包含有限的操作步骤。例如上体育课，要学生一直跑下去，这是不合理的。

如例 3.1 中的算法 3，经过有限的步骤后，会使得 k>100 成立，该算法结束。

事实上，"有穷性"往往指"在合理范围之内"。如果让计算机执行一个历时 100 年才结束的算法，这虽然是有穷的，但超过了合理的限度，人们也不把它视为有效算法。究竟什么是"合理限度"，并无严格标准，由人们的常识和需要而定。又例如，要求一个 10 岁的小朋友负重 100 kg，100 kg 虽是有穷的，但却超过了 10 岁小朋友的能力范围（合理限度）。因此这个要求是无效的。

2. 确定性

算法中的每一个步骤应当是确定的，而不应是含糊的、模棱两可的。不应使读者在理解时产生歧义，且在任何条件下，算法只有唯一的一条执行路径，即对于相同的输入只能得出相同的输出。

例如上体育课，教师要求学生跑步，但不告诉学生跑多少米。这样会使学生产生歧义，是跑 400 m 呢，还是 800 m，或者更多。

3. 可行性

每一个算法是可行的，即算法中的每一个步骤都可以有效地执行，并得到确定的结果。因此，算法的可行性也称为算法的有效性。

例如，若 b=0，则执行 a/b 是不可行的，即不能有效地执行。

4.　有零个或多个输入

所谓输入是指在执行算法时，计算机需从外界取得必要的信息。一个算法可以有多个输入，也可以没有输入。在例 1.1 中就没有输入，例 1.2 中有一个输入，而例 1.3 中则有两个输入。

5.　有一个或多个输出

算法的目的是为了求解，"解"就是输出。一个算法可以有一个或多个输出，没有输出的算法是没有意义的。在例 3.1 中的算法 3 中的 s 就是输出。

⚙ 3.2　算法的常用表示方法

为了表示一个算法，可以用不同的方法。常用的有自然语言、传统的流程图、N-S 流程图、伪代码、PAD 图和计算机语言等。下面主要讲述传统流程图、N-S 流程图和计算机语言等三种表示方法。

3.2.1　传统流程图

传统流程图是用图形的方式来表示算法，用一些几何图形来代表各种不同性质的操作。美国国家标准学会（American National Standards Institute ，ANSI）规定的一些常用流程图符号（见图 3-1）已被大多数国家接受。

结构化程序设计中采用三种基本结构，即顺序结构、选择结构和循环结构，这三种基本结构有以下共同特点：

（1）只有一个入口；

（2）只有一个出口；

（3）结构内的每一部分都有机会被执行到；

（4）结构内不存在"死循环"（无终止的循环）。

图3-1　流程图符号示例

已经证明，由以上三种基本结构顺序组成的算法结构，可以解决任何复杂的问题。用流程图来表示三种基本结构如下：

1.　顺序结构

顺序结构的程序是按语句的书写顺序执行的，用图 3-2 表示。A 和 B 两个框是顺序执行的，即在执行完 A 框所指定的操作后，必然紧接着执行 B 框所指定的操作。顺序结构是最简单的一种基本结构。

2.　选择结构

选择结构或称分支结构、条件结构用图 3-3 表示。此结构中必包含一个判断框，根据给定的条件 P 是否成立来进行选择。若条件 P 成立，则执行 A 框中的操作，否则执行 B 框中的操作。

3.　循环结构

循环结构又称重复结构，有两种方式。一种是先判断条件，若条件成立再进入循环体，可用图 3-4 表示。此结构表示当给定条件 P 成立时，反复执行 A 操作，直到条件 P 不成立，跳出循环。另一种是先进入循环体执行，再判断条件是否成立。可用图 3-5 表示。此结构先执行 A 操作，再判断条件 P 是否成立，如果 P 条件成立，则继续执行 A 操作，再判断条件 P 是否成立，直到条件 P 不成立，跳出循环。

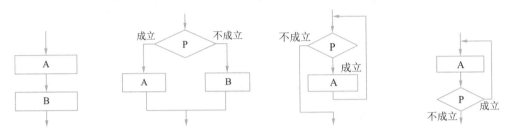

图 3-2　顺序结构流程图　图 3-3　选择结构流程图　图 3-4　循环结构流程图 1　图 3-5　循环结构流程图 2

例 3.2　用流程图表示求 $sum = 1 - \dfrac{1}{3} + \dfrac{1}{6} - \dfrac{1}{9} + ... + (-1)^n \dfrac{1}{3n}$ 的算法，如图 3-6 所示。

可以看出，用流程图表示算法，逻辑清楚，形象直观，容易理解，用带箭头的流程线表示执行的顺序，一目了然。但是流程图占用的篇幅多，而且当算法复杂时，每一步骤要画一个框，比较麻烦。

画流程图时，每个框内要说明操作内容，不要有"多义性"，不要忘记画箭头或把箭头画反了。

3.2.2　N-S 结构流程图

三种基本结构的组合可以用来表示任何复杂的算法结构，那么各个基本结构之间的流程线就多余了，且复杂的算法因为流程线而使得结构的清晰度变差。

1973 年计算机科学家 I. Nassi 和 B. Shneiderman 提出了一种新的流程图形式。在这种流程图中把流程线完全去掉了，全部算法写在一个矩形框内，在框内还可以包含其他框，即由一些基本的框组成一个较大的框。这种流程图称为 N-S 结构流程图（以两人名字的头一个字母组成）。

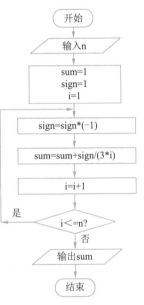

图 3-6　例 3.2 的流程图

将图 3-2、图 3-3、图 3-4、图 3-5 改用 N-S 流程图来表示，分别如图 3-7、图 3-8、图 3-9、图 3-10 所示。

用顺序结构、选择结构、循环结构的三种基本框可以组成复杂的 N-S 结构化流程图。用 N-S 图表示例 3.2 的算法如图 3-11 所示。显然，图 3-11 比图 3-6 容易画，而且含义清晰易懂。

图 3-7　顺序结构 N-S 图

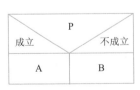

图 3-8　选择结构 N-S 图

图 3-9　循环结构 N-S 图 1

输入n
sum=1
i=1
sign=1
sign=(−1)*sign
sum=sum+sign/(3*i)
i=i+1
当i<=n成立
打印sum

图 3-10 循环结构 N-S 图 2   图 3-11 例 3.2 的 N-S 图表示

3.2.3 用计算机语言表示算法

用计算机解决一个问题，包括设计算法和实现算法两个部分。例 3.1 中用三种算法来描述求 100 以内的整数和的算法。要得到运算结果，就必须要实现算法，而实现算法的方法又可能不止一种，可人工实现，也可用计算机来实现。用计算机实现算法，就必须借助计算机语言，因为计算机不能识别自然语言、流程图和伪代码等，只有用计算机语言编写的程序才能被计算机执行。因此用流程图或其他方法表示了算法，还要将其转换成计算机语言程序。

用计算机语言描述算法必须严格遵循所用语言的语法规则，下面用 C 语言来表示例 3.2 的算法。

例 3.3 将例 3.2 求 $\mathrm{sum} = 1 - \dfrac{1}{3} + \dfrac{1}{6} - \dfrac{1}{9} + \ldots + (-1)^n \dfrac{1}{3n}$ 的算法用 C 语言表示。

```
/*liti3-1.c*/
#include <stdio.h>
int main()
{
    int sign,i,n;
    float sum;
    printf("Please input an integer to n: ");
    scanf("%d",&n);
    sign=1;
    sum=1;
    i=1;
    while(i<=n)
    {
        sign=(-1)*sign;
        sum=sum+sign/(3.0*i);
        i=i+1;
    }
    printf("sum=%f\n",sum);
    return 0;
}
```

运行结果如下：

```
Please input an integer to n: 5 ↙
sum=0.738889
```

从该例可以看到，如果对一个问题设计好了算法，再用计算机语言来表示就非常容易。所以用计算机来解决问题，算法设计是非常关键的。程序员在编写解决一个较复杂的问题的程序时，往往要先设计解决该问题的算法。

3.3 结构化程序设计方法

学习计算机语言的目的是利用该语言工具设计出可供计算机运行的程序。

在拿到一个需要求解的实际问题之后，怎样才能编写出程序呢？以数值计算问题为例，一般应按图 3-12 所示的步骤进行。

图 3-12　程序设计的一般步骤

一般来说，从实际问题抽象出数学模型（例如用一些数学方程来描述人造卫星的飞行轨迹）是有关领域的专业工作者的任务（计算机工作人员只起辅助作用）。程序设计人员的工作，最关键的一步就是设计算法。一般以流程图来表示算法。如果算法是正确的，将其转换为任何一种高级语言程序都不困难，这一步骤常称为"编码"（Coding）。程序设计人员水平的高低在于他们能否设计出好的算法。

要设计出结构化的程序，可采取以下方法：①自顶向下；②逐步细化；③模块化；④结构化编码。

所谓模块化，是指将一个大任务分成若干个较小的任务，较小的任务又细分为更小的任务，直到更小的任务只能解决功能单一的任务为止。一个小任务称为一个模块。各个模块都可以分别由不同的人编写和调试程序。在 C 语言中，模块化由函数来实现。

这种把大任务分成小任务的方法称为"自顶向下，逐步细化"。例如，设计房屋就是采用自顶向下、逐步求精的方法，即先进行整体规划，然后确定建筑方案，再进行各部分结构的设计，最后进行细节的设计（如门、窗、楼道、给排水等）。又例如，可以把工资管理系统分解成如图 3-13 所示的模块结构。

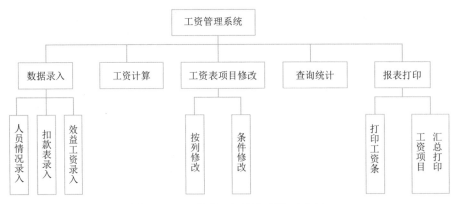

图 3-13　"工资管理系统"模块结构图

从上述模块结构图可以看出，一个大的"工资管理系统"可分解为"数据录入""工资计算""工资表项目修改""查询统计""报表打印"等几个小模块，其中"数据录入"

又可分为"人员情况录入""扣款表录入""效益工资录入"等更小的模块。同样，"工资表项目修改"和"报表打印"也可划分为更小的模块，这些模块功能单一，不需要再分。

采用这种方法考虑问题比较周全，结构清晰，层次分明。用这种方法也便于验证算法的正确性。在向下一层细分之前应检查本层设计是否正确，只有确保本层是正确的才可以继续细分。如果每一层设计都没有问题，则整个算法是正确的。由于每一层向下细分时都不太复杂，因此容易保证整个算法的正确性。检查时也是由上而下逐层检查，这样做思路清晰，可以有条不紊地一步一步地进行，既严谨又方便。

下面举一个简单的例子来说明如何实现结构化程序设计。

例 3.4 输入 10 个整数（每个数都 ≥ 3），打印出其中的素数。

采用自顶向下、逐步细化方法来处理这个问题。先把这个问题分为三部分（见图 3-14）：①输入 10 个数给 $x_1 \sim x_{10}$；②把其中的素数找出来（或者把非素数除去。素数又称质数，即只能被 1 和它本身整除的数）；③打印出全部素数。

这三部分分别用 A，B，C 表示。可以把这三部分以三个功能模块来实现。在 C 语言中，用函数来实现一个模块的功能。关于这方面的知识将在第 4 章中介绍。

图 3-14 所示的三部分内容还是"笼统""抽象"的，因为还没有解决怎样才能实现"把素数找出来"的要求，需要进一步"细化"。对第一部分（以 A 表示）的细化可以用图 3-15 表示，用 x_i 代表 $x_1 \sim x_{10}$ 中的某一个数，i 的值由 1 增加到 10。图 3-15 已足够精细了，不需再对它细化。

视频 3-1
结构化程序
设计示例

对第二部分（以 B 表示）的细化如图 3-16 所示。其实现的方法是：如果 $x_1 \sim x_{10}$ 中有哪一个的值不是素数，就把它的值变成零，这样最后留下的那些值不为零的 x_i 就是素数。用图 3-16 中的循环来对 $x_1 \sim x_{10}$ 作逐一处理，其中"如果 x_i 不是素数，则把 0 赋给 x_i"这一部分（以 D 表示）还应进一步细化，因为还没有指出怎样判定 x_i 是不是素数。对 D 框进一步细化如图 3-17 所示。求素数的方法是：根据定义将 x_i 用 $2 \sim x_i-1$ 的整数去除，如能被其中某个整数整除，则 x_i 就不是素数，使 $x_i=0$（用 E 表示）。可以用一个直到型循环来实现它（需要注意的是，循环结束的条件是" $j>x_i-1$ 或 $x_i=0$ "）。对其中的 E 框还要进一步细化，如图 3-18 所示。至此已足够精细，不必也不能再细分了。

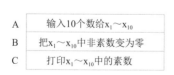

图 3-14　全局考虑分三部分

图 3-15　细化 A 部分

图 3-16　细化 B 部分

图 3-17　细化 D 部分

图 3-18　细化 E 部分

对图 3-14 的 C 框可以进行细化，如图 3-19 所示。对图 3-19 中 F 框的细化如图 3-20 所示。到此为止，已全部细化完毕。每一部分都可以分别直接用 C 语言来表示。

将以上各图综合起来，可以得到图 3-21 的 N-S 流程图。可以看出，它是由三种基本结构所组成的。

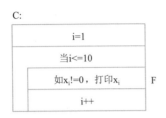

图 3-19　细化 C 部分

图 3-20　细化 F 部分

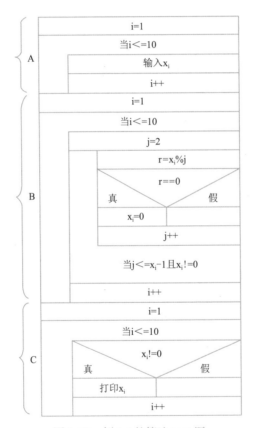

图 3-21　例 3.4 的算法 N-S 图

3.4　选择结构

在现实生活中，经常会遇到许多需要进行判断的问题。例如父母带儿童外出乘火车，铁路部门对儿童购票的规定是"只有身高在 1.2 米以下的儿童可免费乘车，身高超过 1.2 米的儿童均须购买儿童票。一位成年人只可以携带一名身高不足 1.2 米的儿童免费乘车，当携带的儿童超过 1 名时，其他儿童均需购买儿童票，如果携带的儿童身高超过 1.5 米时，该儿童需购买全价成人票。"又比如旅游促销，2022 年，江西庐山就推出旅游优惠政策，其中的三条是：6 周岁以下的儿童免门票，年龄 ∈ (6,18] 的未成年人门票半价，65 周岁以上的老人免门票。在程序设计中解决该类问题的方法是使用选择结构。

视频 3-2
关系运算符
与表达式

在 C 语言中，if 和 switch 语句用来实现选择结构。这种语句的特点是：根据所给出的条件，决定从给出的操作中选择一组去执行。

3.4.1　关系运算符和关系表达式

1. 关系运算符及优先次序

关系运算符是用来比较两个操作数大小关系的运算符，其含义、优先级和结合性见表 3-1。

表 3-1　关系运算符的含义、优先级和结合性

关系运算符	功能含义	优先级	结合性
<	小于	优先级相同（高）	左结合性
<=	小于等于		
>	大于		
>=	大于等于		
==	等于	优先级相同（低）	
!=	不等于		

关系运算符与其他运算符的运算优先次序如下：

（1）关系运算符的优先级低于算术运算符。

（2）关系运算符的优先级高于赋值运算符。

关系运算符的结合性为左结合，即当优先级相同时从左算到右。

例如：

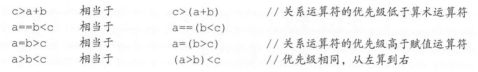

```
c>a+b      相当于      c>(a+b)      // 关系运算符的优先级低于算术运算符
a==b<c     相当于      a==(b<c)
a=b>c      相当于      a=(b>c)      // 关系运算符的优先级高于赋值运算符
a>b<c      相当于      (a>b)<c      // 优先级相同，从左算到右
```

2. 关系表达式

用关系运算符连接起来的表达式称为关系表达式。关系表达式运算的结果为逻辑值真（用"1"表示）或假（用"0"表示）。

例如：

```
c>a+b      若 a=3,b=4,c=9      则结果为 1
a==b<c     若 a=3,b=4,c=9      则结果为 0
a=b>c      若 b=4,c=9          则 a 的值为 0
a>b<c      若 a=4,b=3,c=2      则结果为 1
```

两个数值型数据进行比较，是比较其数值的大小。两个字符进行比较，是比较其 ASCII 码值的大小。字符串不能用关系运算符进行比较，要用字符串比较函数进行比较，具体可参阅第 5 章的字符串函数。例如，表达式 5<3 的结果为 0，表达式 'a'>'A' 的结果为 1。

在数学上，要表示 x ∈ [0,10]，可以写成 0 ≤ x ≤ 10。但 C 语言中，要表示 x ∈ [0,10]，

是否可以写成 0<=x<=10？假设 x 的值为 15，上述关系表达式的结果是多少？请读者根据关系运算符的优先级和结合性进行计算。

3.4.2 逻辑运算符和逻辑表达式

1. 逻辑运算符及优先次序

C 语言中提供了三种逻辑运算符，其含义、优先级和结合性见表 3-2。

表 3-2　逻辑运算符的含义、优先级和结合性

逻辑运算符	功能含义	优先级	结合性
!	逻辑非（取反）	1（高）	右结合性
&&	逻辑与	2	左结合性
||	逻辑或	3（低）	左结合性

逻辑运算符的运算规则见表 3-3。

表 3-3　逻辑运算符的运算规则

a	b	!a	!b	a && b	a || b
真	真	假	假	真	真
真	假	假	真	假	真
假	真	真	假	假	真
假	假	真	真	假	假

逻辑运算符与其他运算符的运算优先次序如下：

逻辑运算符 ! 为右结合性，&& 和 || 为左结合性。
例如：

```
a>b&&x>y        相当于    (a>b)&&(x>y)     // 关系运算符的优先级高于 && 和 ||
a==b||x==y      相当于    (a==b)||(x==y)   // 关系运算符的优先级高于 && 和 ||
!a||a>b         相当于    (!a)||(a>b)      //! 的优先级高于 >，> 的优先级高于 ||
```

2. 逻辑表达式

用逻辑运算符将运算对象（大多数情况下是关系表达式或逻辑表达式）连接起来的式子称逻辑表达式。

例如，若 a=4,b=2,x=6,y=7，则：

```
a>b&&x>y        // 表达式的结果为 0
a==b||x==y      // 表达式的结果为 0
!a||a>b         // 表达式的结果为 1
```

在 C 语言中，使用逻辑运算符可以把多个简单的条件连接起来，实现复杂条件的表示。

例如，判断闰年的条件是符合下面两者之一：能被 4 整除，但不能被 100 整除；或能被 400 整除。

若用变量 year 表示年份，则判断闰年的条件写成 C 语言的表达式为：

`(year%4==0&&year%100!=0)||year%400==0`

又例如，前面提到的表示 x ∈ [0,10]，写成 C 语言的表达式应为：

`x>=0 && x<=10`

视频 3-3
逻辑运算符
与表达式

📖 说明：

（1）C 语言中规定：非零为"真"，"真"用 1 表示；零为"假"，"假"用 0 表示。

例如：

```
'a'&& 'b'              其结果为 1
!5.34                  其结果为 0
```

（2）逻辑运算符 && 和 || 具有惰性求值或逻辑短路的特点，当连接多个表达式时只计算必须要计算的值。即当计算了某个表达式的结果后，就能决定整个逻辑表达式的结果，则后面的表达式将不计算。

例如，对逻辑表达式 exp1 && exp2 求解，有以下两种情况：

① 若计算表达式 exp1 的结果为假，逻辑表达式 exp1 && exp2 的结果一定为假，根据惰性求值的特性，则表达式 exp2 不会计算。

② 若计算表达式 exp1 的结果为真，逻辑表达式 exp1 && exp2 的结果由表达式 exp2 的结果决定，则必须要计算表达式 exp2 的结果。若 exp2 的结果为真，则逻辑表达式 exp1 && exp2 的结果也为真，否则逻辑表达式 exp1 && exp2 的结果为假。

又如，对逻辑表达式 exp1 || exp2 求解，有以下两种情况：

① 若计算表达式 exp1 的结果为真，逻辑表达式 exp1 || exp2 的结果一定为真，根据惰性求值的特性，则表达式 exp2 不会计算。

② 若计算表达式 exp1 的结果为假，逻辑表达式 exp1 || exp2 的结果由表达式 exp2 的结果决定，则必须要计算表达式 exp2 的结果。若 exp2 的结果为真，则逻辑表达式 exp1 || exp2 的结果也为真，否则逻辑表达式 exp1 || exp2 的结果为假。

例 3.5 运行下面的程序，写出输出结果。

```
/*liti3-5.c，逻辑运算符的惰性求值特性 */
#include<stdio.h>
int main()
{
    int x=3,y=2,z=1,m,n,k;
    m=x>y || z++;
    printf("%d,%d,%d,%d\n",x,y,z,m);
    n=x>y && z++;
    printf("%d,%d,%d,%d\n",x,y,z,n);
    k=x<y && z++;
    printf("%d,%d,%d,%d\n",x,y,z,k);
    return 0;
}
```

运行结果如下：

```
3, 2, 1, 1
3, 2, 2, 1
3, 2, 2, 0
```

程序分析：表达式 m=x>y || z++ 中，因为 x>y 为真，表达式 x>y || z++ 的结果也应为真，根据短路特性，z++ 不要运算，所以第一条输出语句的输出结果为 3,2,1,1；表达式 n=x>y && z++ 中，因为 x>y 为真，并不能确定表达式 x>y && z++ 的结果，必须运算 z++，而 z++ 是先用 z 的值参与 && 运算，再对 z 自增，所以第二条输出语句的输出结果为 3,2,2,1；表达式 k=x<y && z++ 中，因为 x<y 为假，表达式 x<y && z++ 的结果也为假，根据短路特性，z++ 不要运算，所以第三条输出语句的输出结果为 3,2,2,0。

在例 3.5 中，把变量声明行改为：

```
int  x=2,y=3,z=0,m,n,k;
```

那么，上述程序的运行结果是多少？请读者分析运行结果并上机运行测试。

在 C 语言中，正确的把数学中的表达式和命题写成 C 语言的表达式，是学好编程的基础和关键。尤其是复杂的命题往往要用逻辑运算符来进行连接写成逻辑表达式，读者要在学习中举一反三，多练习。

例 3.6 把下列命题写成等价的 C 语言的表达式。

（1）变量 ch 是一个字母字符。

（2）变量 x 是一个小于 100 的偶数。

（3）变量 x 和 y 都是非零数，且 x+y>10。

解答：

（1）ch>='a' && ch<='z' || ch>='A' && ch<='Z'

（2）x<100 && x%2==0

（3）x!=0 && y!=0 && x+y>10

3.4.3 if 语句

C 语言提供了两种 if 语句格式：单分支的 if 语句和双分支的 if...else 语句。

1. 单分支的 if 语句

视频 3-4 单分支的 if 语句

```
if(表达式)
    语句1;
```

该语句的功能是：首先计算表达式的值，然后判断表达式的值是否为非零（真），若为非零，则执行语句。其执行过程如图 3-22 所示。

表达式	
真	假
语句1	

图3-22　if语句图解

📖 说明：

（1）if 后面的表达式必须加小括号，且括号后面没有分号。

（2）当条件成立时，若要执行多条语句，则语句 1 部分要写成复合语句的形式，即要用花括号括起来。

例如：

```
if(high<1.2)  price=0;
```

例 3.7　从键盘输入一个字符赋给变量 c，若 c 是字母字符，则输出 "Yes!"。

这个问题很简单，先输入 c，然后对 c 进行比较即可。

对类似这样简单的问题，可以不写出算法或流程图，而直接编写程序。如果问题比较复杂，就要先写出算法或流程图，然后编写程序。

```c
/*liti3-7.c，单分支的 if 语句 */
#include <stdio.h>
int main()
{
    char c;
    c=getchar();
    if(c>='a'&&c<='z'||c>='A'&&c<='Z')
        printf("Yes!");
    return 0;
}
```

运行结果如下：

x↙
Yes!

例 3.8　输入两个浮点数，按从大到小的顺序输出。

程序如下：

```c
/*liti3-8-1.c，单分支的 if 语句，例 3.8 的第一种写法 */
#include <stdio.h>
int main()
{
    float x,y,t;
    scanf("%f%f",&x,&y);
    if(x<y)        // 若 x 小于 y，则交换 x,y
        {          // 满足条件，要执行多条语句，用 {} 把多条语句括起来组成复合语句
        t=x;
        x=y;
        y=t;
        }
    printf("%f,%f\n",x,y);
    return 0;
}
```

运行结果如下：

6.3 90.6 ↙
90.600000,6.300000

程序分析：先输入两个浮点数，使用 if 判断 x 小于 y，若成立则交换变量 x 和变量 y 的值，交换后变量 x 的值是大于变量 y 的值，再输出 x，y；否则直接输出 x，y。

if 语句只能内嵌一条语句，程序中实现变量 x 和 y 的交换，使用了 t=x;x=y;y=t; 等三条语句，所以必须要用 {} 把这三条语句括起来，构成一条复合语句，否则程序运行结果将出错。也可把这三条语句改写成一条逗号表达式语句，程序代码如下：

```c
/*liti3-8-2.c，单分支的 if 语句，例 3.8 的第 2 种写法 */
#include <stdio.h>
```

```
int main()
{
    float x,y,t;
    scanf("%f%f",&x,&y);
    if(x<y)
        t=x,x=y,y=t;
    printf("%f,%f\n",x,y);
    return 0;
}
```

运行结果如下：

<u>8 12</u> ↙

12.000000,8.000000

程序分析： 在该程序中 if 语句内嵌的是一条由逗号连接的逗号表达式语句 t=x,x=y,y=t;，所以可以不要用 {} 括起来。该逗号表达式也实现了变量 x 和 y 的值的交换。

例 3.8 还可以用两个单分支的 if 语句实现，程序代码如下：

```
/*liti3-8-3.c，单分支的 if 语句，例 3.8 的第 3 种写法 */
#include <stdio.h>
int main()
{
    float x,y,t;
    scanf("%f%f",&x,&y);
    if(x>=y)
        printf("%f,%f\n",x,y);
    if(x<y)
        printf("%f,%f\n",y,x);
    return 0;
}
```

运行结果如下：

<u>12 10</u> ↙

12.000000,10.000000

程序分析： 在上述程序中没有改变变量 x 和 y 中的值，但使用了两个单分支的 if 语句分别判断变量 x 和 y 的值的大小，并根据其大小是先输出 x，再输出 y，还是先输出 y，再输出 x。我们能否只需一条 if 语句，且不交换变量 x 和 y 的值，实现例 3-8 的功能呢？

2. 双分支的 if...else 语句

视频 3-5
双分支的
if...lse 语句

```
if( 表达式 )
    语句 1；
else
    语句 2；
```

该语句的功能是：首先计算表达式的值，然后判断表达式的值是否为非零（真），若为非零，则执行语句 1，否则执行语句 2。其执行过程如图 3-23 所示。

表达式	
真	假
语句1	语句2

图 3-23　if...else 语句图解

📖 说明：

（1）if 后面的表达式必须加小括号，且括号后面没有分号，else 后面也没有分号。

（2）语句 1 部分和语句 2 部分若有多条语句，要写成复合语句的形式，即要用花括号括起来。

（3）if 后面的表达式可以为任何类型的表达式，只要表达式的结果为非零，则表示条件成立，否则表示条件不成立，参看后文例 3.10。

例如：

```
if(high<1.2)
    price=0;
else
    price=50;
```

上述例子也可写成如下形式：

```
if(high<1.2) price=0; else price=50;
```

📹 注意： 在 price=0 的后面有一个分号，这是由 if 语句定义格式所决定的。由 if 语句的格式 2 定义知道，如果表达式结果为非零（真），则执行语句 1，否则执行语句 2。而 C 语言规定每一条语句都是以分号结束，所以 price=0 后面的分号必须有。这一点与其他高级语言有所区别。

用双分支的 if...else 语句对例 3.8 编写程序，代码如下：

```
/*liti3-8-4.c,双分支的if...else语句,例3.8的第4种写法 */
#include <stdio.h>
int main()
{
    float x,y,t;
    scanf("%f%f",&x,&y);
    if(x>=y)
        printf("%f,%f\n",x,y);
    else
        printf("%f,%f\n",y,x);
    return 0;
}
```

例 3.9 从键盘上输入一个三位的正整数 x，判断 x 是否是水仙花数，若是则输出"x 是水仙花数"，否则输出"x 不是水仙花数"。（提示：水仙花数是指一个三位的整数且各位数字的立方和等于其本身，例如：$371=3^3+7^3+1^3$）

算法设计如图 3-24 所示。

程序代码如下：

```
/*liti3-9.c,求水仙花数 */
#include<stdio.h>
int main()
{
    int x,g,s,b;
    printf("请输入一个三位正整数：");
```

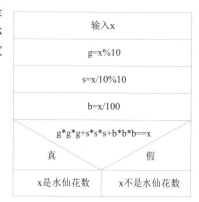

图3-24 例3.9的算法N-S图

```
    scanf("%d",&x);
    g=x%10;        // 求 x 的个位数
    s=x/10%10;     // 求 x 的十位数
    b=x/100;       // 求 x 的百位数
    if(g*g*g+s*s*s+b*b*b==x)
        printf("%d 是水仙花数! \n",x);
    else
        printf("%d 不是水仙花数 !\n",x);
    return 0;
}
```

运行结果如下：

请输入一个三位正整数：<u>125</u> ✓
125 不是水仙花数！

再运行一次：

请输入一个三位正整数：<u>371</u> ✓
371 是水仙花数!

程序分析：该程序先输入一个三位整数，再把该整数的个位、十位和百位拆分出来分别赋给变量 g、s 和 b，最后判断这三个变量的立方和是否等于 x。满足条件就输出是水仙花数，否则就输出不是水仙花数。

例 3.10 输入一个整数，若该数不为零，则输出。

```
/*liti3-10.c，条件表达式可以是任何一种表达式 */
#include <stdio.h>
int main()
{   int x;
    scanf("%d",&x);
    if(x)
        printf("x=%d\n",x);
    return 0;
}
```

运行结果如下：

<u>-5</u> ✓
x=-5

程序分析：程序中的 if 后面的条件表达式只有一个变量 x，只要变量 x 的值不为零，条件就为真，则输出 x 的值。if(x) 与 if(x!=0) 是等价的。

3.4.4　if 语句的嵌套

在 if 语句中又完全包含了一个或多个 if 语句称为 if 语句的嵌套。其一般形式如下：

```
if( 表达式 1)
    if( 表达式 2)
        语句 1;
    else
        语句 2;
else
    if( 表达式 3)
        语句 3;
```

视频 3-6 if
语句嵌套

```
else
    语句 4;
```

该语句执行的过程如图 3-25 所示。

if 语句的嵌套既可以嵌套在 if 语句后面，也可以嵌套在 else 语句后面，具体嵌套在 if 语句后面还是 else 语句后面，要根据实际的需要和编程人员的经验。

图3-25　嵌套的if语句N-S图1

例 3.11　编写程序，求下列分段函数的值。

$$z=\begin{cases} -1 & (x<0) \\ 0 & (x=0) \\ \ln x & (x>0) \end{cases}$$

程序设计分析：可以用 3 条 if 语句来分别判断 x 的值，然后求出相应的解。但不管 x 的值属于那种情况，都要判断另外两种情况，从计算机运行的机制上讲，会影响程序执行的效率。利用 if 语句的嵌套形式来解，程序要相对简单。当 $x<0$，不要再判断 x 是否等于 0 或大于 0，减少了判断的次数，提高了运行效率。其流程图如图 3-26 所示。

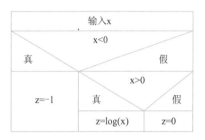

图3-26　用嵌套的if语句求分段函数的解

程序代码如下：

```c
/*liti3-11-1.c,用嵌套的 if 语句实现分段函数，嵌在 else 分支后面 */
#include <math.h>
#include <stdio.h>
int main()
{
    float x;
    double z;
    printf("x=");
    scanf("%f",&x);
    if(x<0).
        z=-1;
    else
        if(x>0)
            z=log(x);
        else
            z=0;
    printf("z=%f\n",z);
    return 0;
}
```

运行结果如下：

```
x=3 ↙
z=1.098612
```

程序分析：该程序先使用 if 语句判断 x 是否小于 0，若小于 0，则把 -1 赋给 z，否则判断 x 是否大于 0，若大于 0，则把 log(x) 的值赋给 z，否则把 0 赋给 z。

上面的程序中用到了标准数学函数。在 C 语言中，标准数学函数在头文件 math.h 中定义，因此在程序的首部要写上：

```
#include <math.h>
```

其中，函数 log(x) 是求自然对数 ln$x$ 的函数。参阅附录 B 中的标准数学函数库的使用方法。

上述程序也可改写成如下形式：

```
/*liti3-11-2.c,用嵌套的if语句实现分段函数,嵌在if分支后面 */
#include <math.h>
#include <stdio.h>
int main()
{
    float x;
    double z;
    printf("x=");
    scanf("%f",&x);
    if(x<=0)
        if(x<0)
            z=-1;
        else
            z=0;
    else
        z=log(x);
    printf("z=%f\n",z);
    return 0;
}
```

程序分析：该程序是先判断 x 是否小于等于 0。若小于等于 0，再判断 x 是否小于 0，若小于 0，则把 -1 赋给 z，否则把 0 赋给 z；若 x 大于 0，则把 log(x) 的值赋给 z。if 语句的嵌套是放在 if 的后面，这时要知道 else 和哪一个 if 配对。

> 📖 说明：　C 语言规定，在同一层次内，else 总是与它上面最近的且又没有配对的 if 语句进行配对。

例如，把图 3-25 表示的 if 语句嵌套的一般形式中的 else 语句 2 去掉，则变成如下形式：

```
if(表达式1)
    if(表达式2) 语句1;
    else
        if(表达式3) 语句2;
        else 语句3;
```

此时，第一个 else 是和哪一个 if 配对呢？根据 C 语言的规定，else 总是与它上面最近的且又没有配对的 if 语句进行配对。因此第一个 else 是与第 2 个 if 配对的，如图 3-27 所示。如果要改变这种默认的配对关系，可以在相应 if 语句中加上花括号来确定新的配对关系。如：

```
if(表达式1)
{
    if(表达式2)
        语句1;
}
```

图3-27　嵌套的 if 语句 N-S 图 2

```
else
    if(表达式 3) 语句 2;
    else 语句 3;
```

上述语句中的花括号改变了 if 与 else 的默认配对关系，使得第一个 else 与第一个 if 配对。

例 3.12 写出下面程序的运行结果。

```c
/*liti3-12.c,理解嵌套的 if 语句 */
#include <stdio.h>
int main()
{
    int a,b,c;
    a=5;b=3;c=0;
    if(c)
        if(a>b)
            printf("max=%d",a);
        else
            printf("max=%d",b);
    else
        printf("c=%d",c);
    return 0;
}
```

运行结果如下：

```
c=0
```

程序分析：请读者结合前面的说明自行分析。

3.4.5　条件运算符和条件表达式

在 C 语言中有如下面的 if 语句：

```c
if(a>b) max=a;
else max=b;
```

可以用条件运算符来表示为

```c
max=(a>b)?a:b
```

条件运算符（?：）是 C 语言中唯一一个三目运算符，条件表达式的一般形式为

表达式 1? 表达式 2: 表达式 3

📖 说明：

（1）条件表达式的执行顺序为先计算表达式 1 的值。若表达式 1 的值为真，则计算表达式 2 的值，并把该值作为整个条件表达式的结果，表达式 3 不会计算；否则计算表达式 3 的值，并把表达式 3 的值作为整个条件表达式的结果，此时表达式 2 不会计算。

（2）条件运算符的优先级高于赋值运算符，低于算术运算符和关系运算符，如：

max=(a>b)?a:b　　相当于　max=((a>b)? a:b)

a>b? a:b+1　　相当于　a>b?a:(b+1)

（3）条件运算符的结合方向为"自右至左"，如：

a>b?a:c>d?c:d　　相当于　a>b?a:(c>d?c:d)

例3.13 阅读下面的程序，若输入为 59，则输出结果是什么？

```c
/*liti3-13.c,条件运算符和条件表达式 */
#include <stdio.h>
int main()
{
    int score;
    char grade;
    printf("please input a score: \n");
    scanf("%d",&score);
    grade=score>=90?'A':(score>=60?'B':'C');
    printf("%d belongs to %c",score,grade);
    return 0;
}
```

运行结果如下：

```
please input a score : 59  ↙
59 belongs to C
```

程序分析：该程序的作用是：输入百分制的成绩，若成绩大于等于 90 分，则用 A 表示；若成绩在 60 ～ 89 分范围内，则用 B 表示；若成绩在 60 分以下则用 C 表示。

视频 3-7
switch 语句

3.4.6　switch 语句

前面介绍的 if 语句，常用于两种情况的选择结构。要表示两种以上条件的选择结构，则要用 if 语句的嵌套形式。但如果嵌套的 if 语句比较多时，程序比较冗长且可读性差。在 C 语言中，可直接用 switch 语句来实现多种情况的选择结构。其一般形式如下：

```
switch （表达式）
{
    case 常量表达式 1:
        语句 1;
    case 常量表达式 2:
        语句 2;
    ...
    case 常量表达式 n:
        语句 n;
    default:
        语句 n+1;
}
```

其中的 "default:" 和 "语句 n+1;" 可以同时省略。

switch 语句的执行过程是：首先计算 switch 后面表达式的值，然后用此值来依次查找各个 case 后面的常量表达式，直到找到一个等于表达式值的常量表达式，则转向该 case 后面的语句开始往下执行，直到执行到 break 语句或 switch 语句的右边 "}"，结束 switch 语句的执行。若表达式的值不等于任何 case 后面的常量表达式的值，则转向 default 后面的语句开始往下执行。如果没有 default 部分，则将不执行 switch 语句中的任何语句，而直接去执行 switch 语句后面的语句。

例3.14　编写一个程序，要求输入学生的成绩，输出其成绩的分数段，用 A、B、C、D、E 分别表示 90 分以上、80 ～ 89 分、70 ～ 79 分、60 ～ 69 分和不及格（0 ～ 59 分）五个分数段。

程序代码如下：

```c
/*liti3-14.c, swicth 语法 */
#include <stdio.h>
int main()
{
    int score,grade;
    printf("\nInput a score(0~100):");
    scanf("%d",&score);
    grade=score/10;
    switch(grade)
    {
        case 0:
        case 1:
        case 2:
        case 3:
        case 4:
        case 5: printf("grade=E!\n");
                break;
        case 6: printf("grade=D!\n");
                break;
        case 7: printf("grade=C!\n");
                break;
        case 8: printf("grade=B!\n");
                break;
        case 9:
        case 10: printf("grade=A!\n");
                break;
        default: printf("The score is out of range!\n");
    }
    return 0;
}
```

运行结果如下：

```
Input a score(0~100):50 ↙
grade=E!
```

再运行一次：

```
Input a score(0~100):90 ↙
grade=A!
```

程序分析：该程序首先从键盘输入一个成绩给变量 score，计算 grade 的值，然后通过 switch 语句判断 grade 的值，若为 0、1、2、3、4、5，则输出 grade=E!，若为 6，则输出 grade=D!，若为 7，则输出 grade=C!，若为 8，则输出 grade=B!，若为 9、10，则输出 grade=A!，否则输出 The score is out of range!。

说明：

（1）switch 后的表达式可以是整型或字符型，也可以是枚举类型，不能是上述三种类型以外的类型。

（2）每个 case 后的常量表达式只能是常量组成的表达式，当 switch 后的表达式的值与某一个常量表达式的值一致时，程序就转到此 case 后的语句开始执行。如果没有一个常量表达式的值与 switch 后的值一致，就执行 default 后的语句。

（3）每个 case 后的常量表达式的值必须互不相同，否则程序无法判断应该执行哪个语句了。

（4）case 的次序不影响执行结果，一般情况下，应尽量将使用概率大的 case 放在前面，default 部分也不一定要放在最后。

（5）在执行完一个 case 后面的语句后，程序流程转到下一个 case 后的语句开始执行，直至整个 switch 语句结束或运行到 break 语句跳出 switch 语句。千万不要理解成执行完一个 case 后程序就转到 switch 后的语句去执行了。所以多个 case，可以共用一组语句，此时共用语句应放在该组 case 中的最后一个 case 的后面。例如上例中的 case 0:、case 1:、case 2:、case 3:、case 4: 和 case 5: 共用了 printf("grade=E!\n"); 等语句，因此要把该组语句放在 case 5: 后。若要执行完一个 case 的语句后，转到 switch 后的语句去执行，则要在该 case 语句的最后加上 break 语句（跳转语句，将在 3.5.6 节中进行详细讲解），跳转到 switch 后的语句去执行。switch 语句与 break 语句的执行过程的流程图如图 3-28 所示。

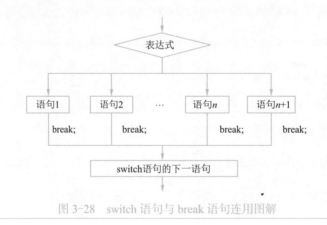

图 3-28　switch 语句与 break 语句连用图解

例 3.15　个体工商户的生产经营所得，以每一纳税年度的收入总额，减除成本、费用及损失后的余额，为全年应纳税所得额。其所得税税率表如下：

级数	全年应纳税所得额	税率（%）
1	不超过 5 000 元的	5
2	超过 5 000 元至 10 000 元的部分	10
3	超过 10 000 元至 30 000 元的部分	20
4	超过 30 000 元至 50 000 元的部分	30
5	超过 50 000 元的部分	35

现输入某个体工商户的全年应纳税所得额，计算其应交的税款。

　　程序设计分析：根据全年应纳税所得额的不同，税率有 5 个档次，若采用嵌套的 if 语句来编写，则需要写 4 个嵌套的 if 语句，容易出错。若使用 switch 语句来编写，则必须分析出全年应纳税所得额与常量的关系，不难看出，全年应纳税所得额除以 5 000 所得的整数正好是一系列的连续常量。

级数	全年应纳税所得额 r	s=r/5 000	s=(r-1)/5 000
1	r<=5 000	0,1	0
2	5 000<r<=10 000	1,2	1
3	10 000<r<=30 000	2,3,4,5,6	2,3,4,5
4	30 000<r<=50 000	6,7,8,9,10	6,7,8,9
5	r>50 000	>=10	>=10

　　从上面的分析可以看出，s 所对应的常量有重复。进一步分析可知，重复的原因是上限中有等号。若 s=(r-1)/5 000，则 s 所对应的常量就不会有重复现象。

　　程序代码如下：

```c
/*liti3-15.c, switch 应用举例 */
#include <stdio.h>
int main()
{
    long int r;
    int s;
    double f;
    printf("Input a integer to r:");
    scanf("%ld",&r);
    if(r>0)
    {
        s=(r-1)/5000;
        switch(s)
        {
            case 0:f=r*0.05;break;
            case 1:f=5000*0.05+(r-5000) *0.1;break;
            case 2:
            case 3:
            case 4:
            case 5:f=5000*0.05+5000*0.1+(r-10000)*0.2;break;
            case 6:
            case 7:
            case 8:
            case 9:f=5000*0.05+5000*0.1+20000*0.2+(r-30000)*0.3;break;
            default:
                f=5000*0.05+5000*0.1+20000*0.2+20000*0.3+(r-50000)*0.35;
        }
        printf("f=%f\n",f);
    }
    else
        printf("Input a data error!");
    return 0;
}
```

运行结果如下：

```
Input a integer to r:60000 ✓
f=14250.000000
```

再运行一次：

```
Input a integer to r:15000 ✓
f=1750.000000
```

3.4.7 选择结构程序设计举例

下面通过一些例子来进一步加深对选择结构程序设计的理解。

例 3.16 求一元二次方程 $ax^2+bx+c=0$ 的实数解，并显示结果，这里假设 $a \neq 0$。

这是一个数值计算问题，用计算机求解此类问题，首先要抽出数学模型，然后进行算法设计，画出表示算法的流程图（若求解的问题很简单，可省略该步），最后编写程序。本例根据中学学过的韦达定理可知，首先要计算 $d=b^2-4ac$，再判断 d 大于 0，等于 0，还是小于 0，其流程图如图 3-29 所示。

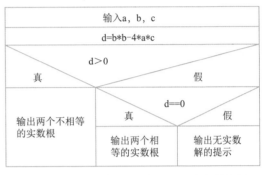

图3-29 用嵌套的if语句求一元二次方程的解

程序代码如下：

```c
/*liti3-16.c, 一元二次方程求解*/
#include <stdio.h>
#include <math.h>
int main()
{
    float a,b,c,d;
    scanf("%f%f%f",&a,&b,&c);
    d=b*b-4*a*c;
    if(d>0)
    {
        printf("x1=%f\n", (-b+sqrt(d))/(a*2));
        printf("x2=%f\n", (-b-sqrt(d))/(a*2));
    }
    else
        if(d==0)
            printf("x1=x2=%f\n",(-b)/(a*2));
        else
            printf("The equation has no real root!\n");
    return 0;
}
```

运行结果如下：

第一次运行：

```
5 7 2 ✓
x1=-0.400000
x2=-1.000000
```

再运行一次：

```
4 4 1 ↙
x1=x2=-0.500000
```

再运行一次：

```
4 1 4 ↙
```

输出为

```
The equation has no real root!
```

程序分析：该程序先使用 if 语句判断 d 是否大于 0，若大于 0，则输出两个不相等的实数解，否则判断 d 是否等于 0，若等到于 0，则输出两个相等的实数解，否则打印出无实数解的提示信息。

例 3.17　输入两个正整数 a 和 b，其中 a 不大于 31，b 最大不超过三位数。使 a 在左，b 在右，拼成一个新的数 c。例如 $a=23$，$b=30$，则 c 为 2 330。若 $a=1$，$b=15$，则 c 为 115。

程序设计分析：根据以上问题，可以从中抽象分析出以下数学模型，决定 c 的值的计算公式如下：

当 b 为一位数时，$c=a\times 10+b$；

当 b 为二位数时，$c=a\times 100+b$；

当 b 为三位数时，$c=a\times 1\,000+b$；

因此，求 c 的公式为 $c=a\times k+b$（k 的取值可以为 10、100 或 1 000）。

其算法 N-S 图如图 3-30 所示。

程序代码如下：

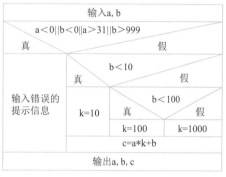

图3-30　例3.17的算法N-S图

```c
/*liti3-17.c, 合并新数 */
#include <stdio.h>
int main()
{
    int a,b,c,k;
    printf("Input a,b(such as 20,35):");
    scanf("%d,%d",&a, &b);
    if(a<0||b<0||a>31||b>999)
    {
        c=-1;          /* 出错标志 */
        printf("Input data error!\n");
    }
    else
    {
        if(b<10) k=10;
        else
            if(b<100) k=100;
            else
                if(b<1000) k=1000;
        c=a*k+b;
    }
    printf("a=%2d,b=%3d,c=%5d\n",a,b,c);
    return 0;
}
```

运行结果如下：

```
Input a,b(such as 20,35):24,63 ✓
a=24,b= 63,c= 2463
```

再运行一次：

```
Input a,b(such as 20,35): 44,19 ✓
Input data error!
a=44,          b=19,          c=-1
```

例3.18 从键盘输入一个日期，判断这一天是这一年中的第几天？

程序代码如下：

```
/*liti3-18.c, 求天数 */
#include<stdio.h>
int main()
{
    int day,month,year,sum;
    printf("Please input year,month,day(such as 2022,7,19):");
    scanf("%d,%d,%d",&year,&month,&day);
    switch(month)                           /* 先计算某月之前月份的总天数 sum*/
    {
        case 1:sum=0;break;
        case 2:sum=31;break;
        case 3:sum=31+28;break;
        case 4:sum=31+28+31;break;
        case 5:sum=31+28+31+30;break;
        case 6:sum=31+28+31+30+31;break;
        case 7:sum=31+28+31+30+31+30;break;
        case 8:sum=31+28+31+30+31+30+31;break;
        case 9:sum=31+28+31+30+31+30+31+31;break;
        case 10:sum=31+28+31+30+31+30+31+31+30;break;
        case 11:sum=31+28+31+30+31+30+31+31+30+31;break;
        case 12:sum=31+28+31+30+31+30+31+31+30+31+30;break;
        default:printf("input error of month!\n");
    }
    sum=sum+day;            /* 再加上该月的天数 */
    if(year%400==0||(year%4==0&&year%100!=0)&&month>2)    // 是闰年且月份大于 2
        sum++;             // 总天数应再加一天
    printf("It is the %dth day.\n",sum);
    return 0;
}
```

运行结果如下：

```
Please input year,month,day(such as 2022,7,19):2022,7,19 ✓
It is the 200th day.
```

程序分析：以 2022 年 7 月 19 日为例，应该先把前六个月的总天数加起来，然后再加上本月的 19 天得到本年度的第几天。特殊情况下，若该年是闰年且输入月份大于 2 时需多加一天。

例3.19 编程，输入两个实数 a、b，再输入一个运算符（可以是 +、-、* 或 /），根据运算符计算并输出 a、b 两个数的和、差、积和商。

程序代码如下：

```
/*liti3-19.c,算术运算 */
#include <stdio.h>
int main()
{
    float a,b;
    char c;
    printf(" 输入运算符 c:");
    c=getchar();
    printf(" 输入运算数 a 和 b:");
    scanf("%f%f",&a,&b);
    switch(c)
    {
        case '+': printf("%f+%f=%f\n",a,b,a+b);break;
        case '-': printf("%f-%f=%f\n",a,b,a-b);break;
        case '*': printf("%f*%f=%f\n",a,b,a*b);break;
        case '/': if(b) printf("%f/%f=%f\n",a,b,a/b);break;
        default : printf("Can't compute!\n");
    }
    return 0;
}
```

运行结果如下：

输入运算符 c:+ ↙
输入运算数 a 和 b:5.2 6.5 ↙
5.200000+6.500000=11.700000

再运行一次：

输入运算符 c:* ↙
输入运算数 a 和 b:5.3 4 ↙
5.300000*4.000000=21.200001

3.5　循环结构

通过前面的学习，掌握了顺序结构和选择结构的程序设计，但生活中经常需要处理重复的事情，这时就要使用循环结构。C 语言中提供了四种实现循环结构的方法：①用 while 语句；②用 do...while 语句；③用 for 语句；④ goto 语句以及用 goto 语句构成的循环。

对于 goto 及用 goto 语句构成的循环，实际编程中极少用到，这里不做介绍，有兴趣的读者可查阅相关书籍了解。

视频 3-8
while 循环
语句及示例

3.5.1　while 语句

while 语句又称当循环语句，其一般形式如下：

```
while( 表达式)
    循环体语句 ;
```

while 语句的执行过程如下：

（1）计算表达式的值，若表达式的值为真（非 0），则执行第（2）步，若表达式的值为假（值为 0），则转到第（4）步执行。

（2）执行循环体语句，循环体语句可以是简单的一条语句，也可以是由多条语句构成的复合语句。

（3）转到第（1）步执行。

当表达式为真
循环体语句

（4）结束循环，执行 while 语句后的第一条语句。

图3-31　while语句执行图解

其执行的过程如图 3-31 所示。

> 📖 说明：
>
> （1）while 语句即可用于循环次数已知的情况，也可用于循环次数未知的情况，在循环执行的过程中，根据条件来决定循环是否结束。
>
> （2）控制循环执行次数的变量称为循环变量，一般在进入循环前要给循环变量赋值。
>
> （3）while 后面的表达式必须要用小括号括起来，且小括号后没有分号。若有分号则表示循环体是空语句。
>
> （4）循环体语句中至少要有一条语句能够改变循环变量的值，使其趋向于结束条件，否则会出现"死循环"。
>
> （5）循环体是一条语句，若是多条语句，则必须用 {} 括起来写成一条复合语句的形式。

例 3.20　用 while 语句来实现求 100 以内的偶数和。

其算法用 N-S 流程图表示如图 3-32 所示。

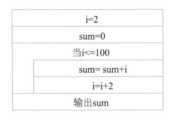

图3-32　例3.20算法N-S图

程序代码如下：

```c
/*liti3-20.c, while 用例 */
#include <stdio.h>
int main()
{
    int sum=0,i=2;      //i是循环变量，进入循环前，给循环变量赋循环开始的值
    while(i<=100)       // 用循环变量与循环的终值比较
    {   sum=sum+i;
        i=i+2;         // 改变循环变量的值，让它趋向循环终值
    }
    printf("2+4+...+100=%d",sum);
    return 0;
}
```

运行结果如下：

```
2+4+...+100=2550
```

例 3.21　阅读下面的程序，写出运行结果。

```c
/*liti3-21.c,死循环示例 */
#include <stdio.h>
int main()
{
    int i=1, s=1;
    while(i<7)  s*=i;
    printf("\n s=%d\n",s);
    return 0;
}
```

显然，上述程序在循环体中没有一条语句改变循环变量的值，导致程序中出现死循环。若上述程序进行编译运行，不会出现运行结果，此时可以按下【Ctrl+Break】组合键或单击运行窗口的"关闭"按钮中止程序的运行，返回到编辑状态。

3.5.2　do…while 语句

do…while 循环语句又称直到型循环语句，其一般形式如下：

```
do
    循环体语句 ;
while( 表达式 );
```

视频 3-9
do…while
循环语句及
示例

do…while 语句的执行过程如下：

（1）执行循环体语句，循环体语句可以是简单的一条语句，也可以是由多条语句构成的复合语句。

（2）计算并判断表达式的值，若表达式的值为真（非 0），则执行第（1）步，若表达式的值为假（值为 0），则转到第（3）步执行。

（3）结束循环，执行 do…while 语句后的第一条语句。

其执行的过程如图 3-33 所示。

do…while 循环语句的有关说明与 while 循环类似，但要注意的是 while 循环是先判断循环条件，再执行循环体语句，而 do…while 循环则是先执行循环体语句再判断循环条件。

例 3.22　用 do…while 语句来实现求 100 以内的奇数和。

其算法用 N-S 流程图表示如图 3-34 所示。

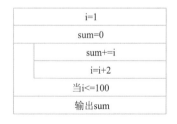

图 3-33　do…while 语句的执行图解　　　图 3-34　例 3.22 算法 N-S 图

程序代码如下：

```c
/*liti3-22.c, do…while 用例 */
#include <stdio.h>
int main()
{
    int sum=0,i=1;         // 给循环变量 i 赋初值，即循环开始的值
```

```
        do
        {
            sum+=i;
            i=i+2;          // 改变循环变量的值，让其趋向于循环终值
        } while(i<=100);   // 判断循环变量 i 与循环终值的比较
        printf("1+3+...+99=%d\n",sum);
        return 0;
}
```

运行结果如下：

```
1+3+...+99=2500
```

例3.23　从键盘上输入 m，n，求 sum=m+(m+1)+(m+1)+...+(n-1)+n，分别用 while 循环和 do...while 循环实现，并比较它们的区别。

程序代码如下：

```
/*liti3-23-1.c, do...while 循环 */        /*liti3-23-2.c, while 循环 */
#include<stdio.h>                         #include<stdio.h>
int main()                                int main()
{                                         {
    int m,n,k,sum=0;                          int m,n,k,sum=0;
    scanf("%d%d",&m,&n);                       scanf("%d%d",&m,&n);
    k=m;                                      k=m;
    do                                        while(k<=n)
    {                                         {
        sum+=k;                                   sum+=k;
        k++;                                      k++;
    }while(k<=n);                             }
    printf("m=%d,n=%d,sum=%d",m,            printf("m=%d,n=%d,sum=%d",
    n,sum);                                    m,n,sum);
    return 0;                                 return 0;
}                                         }
```

运行结果如下：　　　　　　　　　　　　运行结果如下：

<u>5 10</u> ↙　　　　　　　　　　　　　　<u>5 10</u> ↙
m=5,n=10,sum=45　　　　　　　　　　　m=5,n=10,sum=45

再运行一次：　　　　　　　　　　　　　再运行一次：

<u>11 10</u> ↙　　　　　　　　　　　　　<u>11 10</u> ↙
m=11,n=10,sum=11　　　　　　　　　　　m=11,n=10,sum=0

从这两个程序的对比中可以看到，当循环条件在第一次判断就为真（非 0）时，while 和 do...while 语句在执行过程中没有什么区别；而当循环条件在第一次判断就为假（0）时，while 的循环语句一次也不执行，do...while 的循环语句则要执行一次。

3.5.3　for 语句

C 语言中的 for 语句使用最为灵活，不仅可以用于循环次数已经确定的情况而且可以用于循环次数不确定而给出循环结束条件的情况，它完全可以代替 while 语句。

for 语句的一般形式为：

for(表达式 1; 表达式 2; 表达式 3)
　　循环体语句 ;

视频 3-10
for 循环语
句及示例

其执行过程如下：

（1）先求解表达式 1。

（2）求解表达式 2，若为真（表达式 2 的值为非 0），则执行 for 语句中指定的内嵌循环体语句，然后执行第（3）步，若为假（表达式 2 的值为 0），转到第（5）步。

（3）求解表达式 3。

（4）返回第（2）步继续执行。

（5）循环结束，执行 for 语句后面的第一条语句。

for 语句执行过程的图解形式如图 3-35 所示。

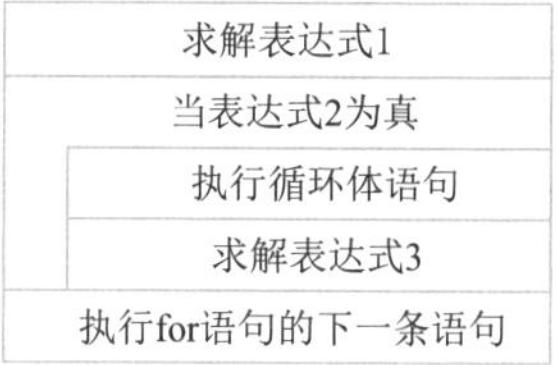

求解表达式1
当表达式2为真
执行循环体语句
求解表达式3
执行for语句的下一条语句

图3-35　for语句的执行图解

例 3.24　求 1000 以内的奇数和。

程序代码如下

```c
/*liti3-24-1.c, for 循环示例 */
#include <stdio.h>
int main()
{
    int i;
    long int sum=0;
    for(i=1;i<1000;i+=2)
        sum+=i;
    printf("sum=%ld\n",sum);
    return 0;
}
```

运行结果如下：

```
sum=250000
```

📖 说明：

（1）for 语句可用如下易理解的形式来描述：

for（循环变量初值；循环条件；循环变量增值）

　　循环体语句；

也即表达式 1 相当于给循环变量赋初值，表达式 2 是一个循环条件表达式，表达式 3 是改变循环变量的值。

（2）for 语句的一般形式中的"表达式 1"可以省略，此时应在 for 语句之前给循环变量赋初值。表达式 1 可省略，但其后的分号不能省略。执行时跳过"求解表达式 1"这一步，其他不变。例 3.24 的程序可改为：

```c
/*liti3-24-2.c, for 循环示例, 表达式 1 缺省 */
#include <stdio.h>
int main()
{
    int i=1;   // 给循环变量赋初值
    long int sum=0;
    for(;i<1000;i+=2)
        sum+=i;
    printf("sum=%ld\n",sum);
    return 0;
}
```

从该例可以看出，若表达式1省略，则在for语句之前要给循环变量赋初值。

（3）"表达式2"也可省略，其后的分号不能省略。此时C语言默认循环条件为真，因此循环体中一定要有一条语句能够跳出循环，否则就是一个死循环。例3.24的程序可改为：

```
/*liti3-24-3.c, for循环示例, 表达式2缺省 */
#include <stdio.h>
int main()
{
    int i;
    long int sum=0;
    for(i=1;;i+=2)
    {
        if(i>=1000)
            break;
        sum+=i;
    }
    printf("sum=%ld\n",sum);
    return 0;
}
```

在该程序中如果没有if(i>=1000) break;语句，则是一个死循环，其作用是若i的值大于等于1 000，则跳出for循环，到for循环的下一条语句执行。

从该例可以看出，若表达式2省略，则表示循环条件为真，此时要在循环体内有条件判断语句来执行break语句结束循环，否则将出现死循环。

（4）"表达式3"也可省略，但前面的分号不能省略，此时应在循环体中要有语句可以改变循环变量的值，否则循环也会变成死循环。例3.24的程序也可改写为：

```
/*liti3-24-4.c, for循环示例, 表达式3缺省 */
#include <stdio.h>
int main()
{
    int i;
    long int sum=0;
    for(i=1;i<1000;)
    {
        sum+=i;
        i+=2;
    }
    printf("sum=%ld\n",sum);
    return 0;
}
```

（5）表达式1、表达式2和表达式3可以省略一个或两个，也可同时全部省略，但分号不能省略。如例3.24的程序也可改写为：

```
/*liti3-24-5.c, for循环示例, 表达式1,2,3都缺省 */
#include <stdio.h>
int main()
{
    int i=1;
```

```
        long int sum=0;
        for(;;)
        {
            if(i>=1000)
                break;
            sum+=i;
            i+=2;
        }
        printf("sum=%ld\n",sum);
        return 0;
    }
```

（6）表达式1、表达式2和表达式3可以是任何类型的表达式，包括逗号表达式，可以是与循环变量有关的表达式，也可以是与循环变量无关的表达式，如：

```
    for(sum=0,i=1;i<1000;i+=2)  sum+=i;
```

又如：

```
    for(;(c=getchar())!='\n';) printf("%c",c);
```

例3.25　从键盘接收字符并显示字符的个数。
程序代码如下：

```
/*liti3-25.c, for 循环的示例 */
#include <stdio.h>
int main()
{
    int i;
    char c;
    for(i=0;(c=getchar())!='\n';i++);    //for 后面加 ; 表示循环体是空语句
    printf("The sum is %d\n",i);
    return 0;
}
```

运行结果如下：

I am a chinese! ↙
The sum is 15

程序分析：该程序中循环体语句为空语句，什么都不做。程序把循环体要做的工作放在了 for 后面的表达式中。for 循环中的表达式1是给统计变量 i 赋值为 0，表达式3是累加统计，表达式2既是给循环变量 c 赋初值，也是循环条件，还是改变循环变量的值。

例3.26　中国剩余定理："有物不知几何，三三数余一，五五数余二，七七数余三，问：物有几何？"。编程求 1000 以内的所有解。

程序设计分析：要把 1000 以内的满足条件的全部解出来，要用穷举法，从 1 到 1000逐个去试，看其是否满足条件，若满足条件，则输出。程序中用 count 统计满足条件的个数，且一行输出 5 个满足条件的数，然后换行。

程序代码如下：

```
/*liti3-26.c, 中国剩余定理 */
#include <stdio.h>
int main()
{
```

```
    int m,count=0;
    for(m=1;m<=1000;m++)
        if(m%3==1&&m%5==2&&m%7==3)          // 判断是否满足条件
        {
            printf("%5d",m);                // 输出满足条件的数
            count++;                        // 统计输出数的个数
            if(count%5==0) printf("\n");    // 如果输出的个数是 5 倍数，换行
        }
    return 0;
}
```

运行结果如下：

```
 52   157   262   367   472
577   682   787   892   997
```

视频 3-11
多重循环语
句及示例

3.5.4　多重循环

在循环语句中又包含另一个循环语句时，称为循环嵌套。在循环嵌套中，处于内部的循环称为内循环，处于外部的循环称为外循环。按循环嵌套的层数，可分别称二重循环、三重循环等。二重以上的循环都称为多重循环。

C 语言规定：内循环必须完全嵌套于外循环中，内、外循环不能交叉，并且内、外循环的循环控制变量不能同名。

例 3.27　打印如图 3-36 所示的"九 - 九"乘法表。

1*1=1	1*2=2	1*3=3	1*4=4	1*5=5	1*6=6	1*7=7	1*8=8	1*9=9
2*1=2	2*2=4	2*3=6	2*4=8	2*5=10	2*6=12	2*7=14	2*8=16	2*9=18
3*1=3	3*2=6	3*3=9	3*4=12	3*5=15	3*6=18	3*7=21	3*8=24	3*9=27
4*1=4	4*2=8	4*3=12	4*4=16	4*5=20	4*6=24	4*7=28	4*8=32	4*9=36
5*1=5	5*2=10	5*3=15	5*4=20	5*5=25	5*6=30	5*7=35	5*8=40	5*9=45
6*1=6	6*2=12	6*3=18	6*4=24	6*5=30	6*6=36	6*7=42	6*8=48	6*9=54
7*1=7	7*2=14	7*3=21	7*4=28	7*5=35	7*6=42	7*7=49	7*8=56	7*9=63
8*1=8	8*2=16	8*3=24	8*4=32	8*5=40	8*6=48	8*7=56	8*8=64	8*9=72
9*1=9	9*2=18	9*3=27	9*4=36	9*5=45	9*6=54	9*7=63	9*8=72	9*9=81

图 3-36　"九 - 九"乘法表

首先分析图 3-36 的格式，可以得出图 3-37 表示的算法。根据算法，编写出的程序如下：

```
/*liti3-27-1.c, "九 - 九"乘法表 */
#include <stdio.h>
int main()
{
    int i,j;
    for(i=1;i<=9;i++)    /* 外循环，控制行 */
    {
        for(j=1;j<=9;j++)    /* 内循环，控制列 */
            printf("%d*%d=%d\t",i,j,i*j);
        printf("\n");
    }
    return 0;
```

图3-37　例3.27的算法N-S图

```
}
```

从程序中可以看出，内循环是控制列的，外循环是控制行的。若上述程序改为：

```
/*liti3-27-2.c,上三角"九-九"乘法表 */
#include <stdio.h>
int main()
{
    int i,j;
    for(i=1;i<=9;i++)
    {
        for(j=1;j<=9;j++)
            if(j<i)              // 每行前面输出（i-1）个制表符，一个制表符占 8 个字符宽度
                printf("\t");
            else
                printf("%d*%d=%d\t",i,j,i*j);   // 从第 i 个制表符位输出乘法等式
        printf("\n");
    }
    return 0;
}
```

则输出上三角的"九-九"乘法表如下：

```
1*1=1  1*2=2  1*3=3  1*4=4  1*5=5  1*6=6  1*7=7  1*8=8  1*9=9
       2*2=4  2*3=6  2*4=8  2*5=10 2*6=12 2*7=14 2*8=16 2*9=18
              3*3=9  3*4=12 3*5=15 3*6=18 3*7=21 3*8=24 3*9=27
                     4*4=16 4*5=20 4*6=24 4*7=28 4*8=32 4*9=36
                            5*5=25 5*6=30 5*7=35 5*8=40 5*9=45
                                   6*6=36 6*7=42 6*8=48 6*9=54
                                          7*7=49 7*8=56 7*9=63
                                                 8*8=64 8*9=72
                                                        9*9=81
```

若要输出下三角的"九-九"乘法表，上述程序应如何修改？请读者思考。

例 3.28　数字 1、2、3、4，能组成多少个互不相同且无重复数字的三位数？都是多少？
程序设计分析：百位、十位、个位的数字都是 1 ～ 4，但不能相同，这是一个排列组合的问题，组成所有的排列后再去掉不满足条件的排列。变量 count 用来控制个数，输出时每行输出 8 个。

程序代码如下：

```
/*liti3-28.c,输出由 1、2、3、4 组成的无重复的三位数 */
#include <stdio.h>
int main()
{
    int i,j,k,count=0;
    for(i=1;i<5;i++)                    /* 以下为三重循环，i 为百位上的数字 */
        for(j=1;j<5;j++)               //j 为十位上的数字
            for(k=1;k<5;k++)           //k 为个位上的数字
            {
                if(i!=k&&i!=j&&j!=k)   /* 确保 i、j、k 三位互不相同 */
                {
```

```
                count++;                    // 统计输出数的个数
                printf("%d    ",i*100+j*10+k);
                if(count%8==0)               // 若为 8 的倍数，输出换行符
                    printf("\n");
            }
        }
    printf("\ncount=%d\n",count);
    return 0;
}
```

运行结果如下：

```
123    124    132    134    142    143    213    214
231    234    241    243    312    314    321    324
341    342    412    413    421    423    431    432
count=24
```

3.5.5 break 语句

break 语句的一般格式为：

```
break;
```

break 语句的作用是从 switch、for、while 或 do...while 语句中跳出，终止这些语句的执行，把控制转到被中断的循环语句或 switch 语句后去执行。通过使用 break 语句，可以不必等到循环或 switch 语句执行结束，而是根据情况，提前结束这些语句的执行。

单独使用 break 语句是没有意义的。一般地，它都与循环语句或 switch 语句连用。break 语句与 switch 语句连用的执行过程如图 3-28 所示。具体例子见前面的例 3.14 和例 3.15。与 while 循环语句连用其格式如下：

```
while(表达式1)
{
    语句1;
    if(表达式2) break;
    语句2;
}
```

break 与 while 连用的图解如图 3-38 所示（与其他循环语句连用的格式和执行流程图类似，请读者自己给出）。

例 3.29 在例 3.26 中介绍了中国剩余定理。中国剩余定理又称韩信点兵，相传汉高祖刘邦问大将军韩信统御兵多少。韩信答：3 人一列剩 1 人，5 人一列剩 2 人，7 人一列剩 4 人，13 人一列剩 6 人。汉高祖刘邦听了茫然不知其数。编程，帮汉高祖算算，御兵至少有多少？

程序代码如下：

```
/*liti3-29.c, 韩信点兵 */
#include <stdio.h>
int main()
{
    int m=1;
    while(1)                // 循环条件为 1，永真循环
```

视频 3-12 break 语句和 continue 语句及示例

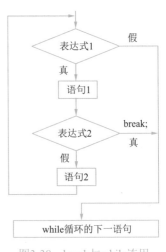

图3-38　break与while连用

```
    {
        if(m%3==1&&m%5==2&&m%7==4&& m%13==6)        // 判断是否满足条件
        {
            printf(" 御兵至少有: %d\n",m);             // 输出满足条件的数
            break;              // 输出第一个满足条件的数后退出循环
        }
        m++;
    }
    return 0;
}
```

运行结果如下：

御兵至少有: 487

如果御兵不超过 10 000 人，请读者修改上述程序，输出最多有多少人。

例 3.30 从键盘输入一个整数 n，判断 n 是否为素数。

素数是指只能被 1 和它本身整除的数。可以根据定义进行判断，但循环次数太多，效率不高，下面介绍一种效率更高的求素数的方法：让 n 被 $2\sim\sqrt{n}$ 的整数除，如果 n 能被 $2\sim\sqrt{n}$ 之中任何一整数整除，则提前结束循环，此时 j 必然小于或等于 $\sqrt{n}$；如果 n 不能被 $2\sim\sqrt{n}$ 之间的任一整数整除，则在完成最后一次循环后，j 还要加 1，此时 j 的值会大于 $\sqrt{n}$，然后才终止循环。在循环之后判断 j 的值是否大于 $\sqrt{n}$，若是，则表明不能被 $2\sim\sqrt{n}$ 之间任一整数整除过，因此输出"是素数"，否则输出"不是素数"。算法如图 3-39 所示。

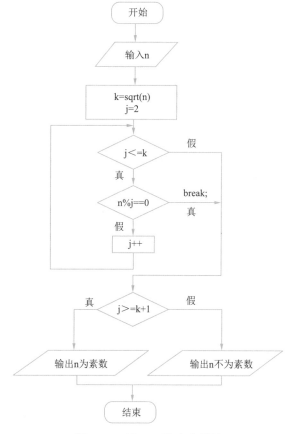

图 3-39 例 3.30 算法流程图

程序代码如下：

```
/*liti3-30.c, 求素数 */
#include <stdio.h>
#include <math.h>
int main()
{
    int n,j,k;
    printf(" 输入一个大于 1 的整数 :");
    scanf("%d",&n);
    k=(int)sqrt(n);
    j=2;
    while(j<=k)
    {
        if(n%j==0)
            break; // 如果 n 能被 j 整除，提前退出 while 循环
        j++;
    }
    if(j>=k+1)
        printf("%d是素数 !\n",n);
    else
        printf("%d不是素数 !\n",n);
    return 0;
}
```

运行结果如下：

输入一个大于 1 的整数 :235 ✓
235 不是素数！

再运行一次：

输入一个大于 1 的整数 :23 ✓
23 是素数！

注意：　break 语句不能用于 switch 和循环语句之外的任何语句中。若 break 用在多重循环的内层循环中，则 break 语句只能跳出本层循环。

例 3.31　从键盘上输入两个正整数 m 和 n，输出 m 和 n 之间的所有素数，要求每行输出 5 个，每个占 8 位宽度。

程序代码如下：

```
/*liti3-31.c, 求某范围内的所有素数 */
#include<stdio.h>
#include<math.h>
int main()
{
    int i,j,m,n,count=0;
    printf(" 输入两个正整数 ( 例如 100 200):");
    scanf("%d%d",&m,&n);
    if(m>n)                    // 若 m 大于 n, 则交换 m,n
    {
        j=m;
        m=n;
        n=j;
```

```
    }
    j=m;
    while(j<=n)                    // 外循环,控制 j 从 m 到 n
    {
        // 内循环,判断 j 是否为素数
        for(i=2;i<=sqrt(j);i++)
            if(j%i==0)
                break;             // 如果 j 能被 i 整除,则退出内层的 for 循环
        if(i>sqrt(j))              // 若 j 为素数,按格式输出
        {
            printf("%8d",j);   // 占 8 位宽度输出
            count++;           // 统计输出的个数
            if(count%5==0)     // 若输出的个数是 5 的倍数,则换行
                printf("\n");
        }
        j++;
    }
    return 0;
}
```

运行结果如下:

输入两个正整数 (例如 100 200):<u>100 200</u> ✓

```
    101     103     107     109     113
    127     131     137     139     149
    151     157     163     167     173
    179     181     191     193     197
    199
```

3.5.6　continue 语句

continue 语句的一般形式如下:

```
continue;
```

其作用是结束本次循环,即跳过循环体中尚未执行的语句,接着进行下一次是否执行循环的判断。其与 while 循环语句连用的格式如下:

```
while( 表达式 1)
{
    语句 1;
    if( 表达式 2) continue;
    语句 2;
}
```

其执行的流程图如图 3-40 所示 (与其他循环语句的使用类似,请读者自己给出格式和执行流程图)。continue 语句如果在 while 或 do...while 循环中,执行到了 continue 语句,结束本次循环,跳到 while 处继续执行循环;continue 语句如果在 for 循环中,执行到了 continue 语句,结束本次循环,跳到表达式 3 处继续执行循环。

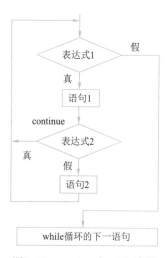

图3-40　continue 与 while 连用

例3.32　从键盘输入整数,计算其中的正整数的

和，若输入的是 0，则退出。

程序代码如下：

```
/*liti3-32.c, continue 示例 */
#include <stdio.h>
int main()
{
    int x,sum=0;
    while(1)
    {
        scanf("%d",&x);
        if(x<0)
            continue;
        if(x==0)
            break;
        sum+=x;
    }
    printf("sum=%d\n",sum);
    return 0;
}
```

运行结果如下：

```
2 ↙
6 ↙
-6 ↙
-8 ↙
6 ↙
-9 ↙
0 ↙
sum=14
```

程序分析：当 x 输入的是负数时，执行 continue 语句，结束本次循环（即跳过后面的 if 语句和 sum+=x；语句，回到 while 处继续执行）；当 x 输入的是 0 时，跳出循环，输出 sum 值；当 x 输入的是正整数时，才执行 sum+=x; 语句。

注意：continue 语句和 break 语句的区别。continue 语句只结束本次循环，而不是终止整个循环的执行；而 break 语句则是结束整个循环过程，不再判断循环的条件是否成立。continue 语句只能用在循环语句中；而 break 语句除了可用在循环语句中，还可用在 switch 语句中。

3.5.7 循环结构程序设计举例

由循环语句构成的程序称为循环程序，设计循环程序的过程称为循环程序设计。下面看几个循环程序设计的实例。

例 3.33 现在很多应用软件在使用时都需要登录，例如手机银行、腾讯 QQ、支付宝等，这些软件为了保护用户账户信息的安全，必须正确输入用户名和密码才允许登录。现编写一个程序，模拟某个软件的登录。假设用户名是 "2201010201"，密码是 "s1234567"。允许三次机会输入正确信息。若三次都输错，则输出提示信息"非法用户，请确认用户名和密码信息！"，否则输出"欢迎使用本软件，现在正在进入，请稍候…"。（提示：用户名和密码是字符串，字符串比较要用到字符串函数 strcmp()，具体可参阅第 5 章中的字符串函数相关章节）

```
/*liti3-33.c, 模拟软件登录 */
#include <stdio.h>
#include <string.h>
int main()
{
    char user[11],password[9];      /* 分别用于存储用户名和密码 */
    int i=1;
    while(i<=3)                 // 测试次数
    {
        printf(" 第 %d 次输入用户名: ",i);
        gets(user);        /* 输入用户名, gets是字符串输入函数, 参阅第五章 */
        printf(" 第 %d 次输入用户密码: ",i);
        gets(password);
        if(strcmp("2201010201",user)==0&&strcmp("s1234567",password)==0)
            break;
        else
            {
                printf(" 用户或密码错误, 请重新输入!  \n");
                i++;
            }
    }
    if(i<=3)
        printf(" 欢迎使用本软件, 现在正在进入, 请稍候…\n");
    else
        printf(" 非法用户, 请确认用户名和密码信息!  \n");
    return 0;
}
```

例 3.34 输入一行字符, 分别统计出其中英文字母、空格、数字和其他字符的个数。

程序设计分析: 利用 while 循环语句, 当输入字符为 "\n" 时结束循环。

程序代码如下:

```
/*liti3-34.c, 统计各种字符的个数 */
#include <stdio.h>
int main()
{
    char c;
    int letters=0,space=0,digit=0,others=0;
    printf("please input some characters:\n");
    while((c=getchar())!='\n')
        if(c>='a'&&c<='z'||c>='A'&&c<='Z') // 是字母字符
            letters++;                          // 统计字母字符的个数
        else if(c==' ')                    // 是空格
                space++;                       // 统计空格的个数
            else if(c>='0'&&c<='9')        // 是数字字符
                    digit++;                   // 统计数字字符的个数
                else
                    others++;              // 统计其他字符的个数
    printf("all in all:char=%d space=%d, digit=%d, others=%d\n",letters,
space,digit,others);
    return 0;
}
```

运行结果如下：

```
please input some characters:
asdas e232s ewwe! sajsad=== --- \==-0- 87sjadjaa yuuyhjaslds ↙
all in all:char=35, space=7, digit=6, others=12
```

例3.35 利用格里高利公式求 π。

计算 π 的公式为：

$$\frac{\pi}{4} = 1 - \frac{1}{3} + \frac{1}{5} - \frac{1}{7} + \cdots$$

直到最后一项的值小于 10^{-6} 为止。

解决该问题的算法流程图如图 3-41 所示。

程序代码如下：

```c
/*liti3-35.c，求圆周率 */
#include <math.h>
#include <stdio.h>
int main()
{
    float k,i;
    double t,pi;
    pi=0;
    t=1.0;
    i=1;
    k=1.0;
    do
    {   pi=pi+t;
        i=i+2;
        k=-k;
        t=k/i;
    }while(fabs(t)>=1e-6);
    pi=pi*4;
    printf("pi=%f\n",pi);
    return 0;
}
```

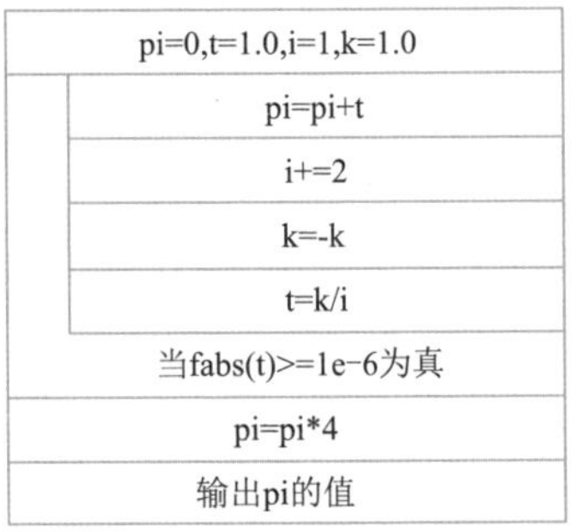

pi=0,t=1.0,i=1,k=1.0
pi=pi+t
i+=2
k=-k
t=k/i
当fabs(t)>=1e-6为真
pi=pi*4
输出pi的值

图3-41 例3.35算法N-S图

运行结果如下：

```
pi=3.141591
```

3.6 常用的编程方法

利用循环结构来解决实际问题，常采用三种方法：迭代法、枚举法、辗转相除法。

1. 迭代法

迭代法也称辗转法，是一种不断用变量的原值递推新值的过程。类似数列中的通项。

迭代算法是用计算机解决问题的一种基本方法，它利用计算机运算速度快、适合做重复性操作的特点，让计算机对一组语句进行重复执行，在每次执行这组语句时，都从变量的原值推出它的一个新值。

视频 3-13
迭代法编程
示例

利用迭代算法解决问题，需要做好三个方面的工作：①确定迭代变量；②建立迭代关系式；③对迭代过程进行控制。

迭代过程的控制通常可分为两种情况：一种是所需的迭代次数是个确定的值，可以计算出来；另一种是所需的迭代次数无法确定。

例3.36 小明最近心情不太好，离高考还有一年零一个星期的时间，可自己的成绩总是在 450 分左右徘徊。小明的梦想是能够进一所"双一流"的高校读书，可小明所在的省份高考成绩要在 640 分左右才能被录取到"双一流"高校。小明感觉梦想与现实距离有点大，所以心情好不起来。这一天，他来到书店，想买套学习辅导资料为自己的梦想再搏一搏，看到书店墙上的几个公式：

（1）$(1+0.01)^{365}=37.8$ 每天进步一点点，一年以后，你将进步很大。

（2）$(1+0)^{365}=1$ 不思进取，原地踏步，一年以后，你还是原来的你。

（3）$(1-0.01)^{365}=0.026$ 每天退步一点点，一年以后，远远被人抛在后面。

小明似乎明白了什么，心情突然好起来了，信心也强起来了。他想自己哪怕每天比自己进步的不是 0.01，而是 0.001，自己离梦想也近了 0.001。于是他买好资料，回家开始发奋读书。

请编写程序帮小明算一算，以目前小明的 450 分的成绩，每天比前一天进步 0.001，多少天后，小明的成绩能够达到 640？小明能实现自己的理想吗？

程序设计分析：假设使用变量 score 表示分数，其初始值为 450，每天比前一天进步 0.001，可以写出迭代关系式：score=score*(1+0.001)，迭代次数也就是题目要求的天数，不能直接计算出来。根据题意，迭代次数可以使用 score 进行控制，只要 score<=640，就要一直迭代下去。程序代码如下：

```
/*liti3-36.c, 迭代法 */
#include<stdio.h>
int main()
{
    int day=0;
    float score=450,r=0.001;
    while (score<=640)        // 迭代控制，事先不知道次数
    {
        day=day+1;
        score=score*(1+r);   /* 迭代关系式 */
    }
    printf("%d days late,score=%.1f",day,score);
    return 0;
}
```

运行结果如下：

```
353 days late,score=640.4
```

运行结果表明，理想状态下，经过 353 天的努力，小明可以达到 640 分的成绩，完全有可能考进理想大学。这也同时说明，人要有自信，有恒心，有毅力，铁棒磨成针！人的成长成才就是一个迭代过程，相信自己，每天进步一点点，一定可以成功的。

例3.37 猴子第一天摘下若干个桃子，当即吃了一半，还不过瘾，又多吃了一个，第二天早上又将剩下的桃子吃掉一半，又多吃了一个。以后每天早上都吃了前一天剩下的一

半零一个。到第 10 天早上想再吃时，见只剩下一个桃子了。求第一天共摘了多少。

程序设计分析：假设当前是第 10 天，只有 x 个桃子，前一天的桃子数是今天桃子数加 1 的两倍，即 $x=(x+1)*2$；根据上述迭代关系式，我们可以依次求出第 9 天，第 8 天，……，直到第一天的桃子数。

程序代码如下：

```
/*liti3-37.c, 猴子吃桃子 */
#include<stdio.h>
int main()
{
    int day,x;
    day=10;
    x=1;
    while(day>=2)     // 迭代控制，次数已知
    {
        day--;
        x=(x+1)*2;    /* 迭代关系式，前一天的桃子数是今天桃子数加 1 后的 2 倍 */
    }
    printf("the total is %d\n",x);
    return 0;
}
```

运行结果如下：

```
The total is 1534
```

2. 枚举法

视频 3-14
枚举法编程
示例

枚举法，又称穷举法，是利用计算机运算速度快、精确度高的特点，对要解决问题的所有可能情况，一个不漏地进行检验，从中找出符合要求的答案，因此枚举法是通过牺牲时间来换取答案的全面性的没有办法的办法。

采用枚举算法解题的基本思路如下：

（1）确定枚举对象、枚举范围和判定条件。

（2）枚举可能的解，验证是否是问题的解。

例 3.38 将 321 称为 123 的反序数（数字排列相反）。如果正整数 n 与它的反序数 m 同为素数，且 $m!=n$，则称 n 和 m 是一对"对称素数"，又称"幻影素数"。编程找出三位数中所有的对称素数，并统计（输出）共有多少对？

程序设计分析：枚举对象是 n，枚举范围是 100 到 999。判断条件是：n 是素数，n 的反序数 m 也是素数，且 $n<m$（因为题目要求 $n!=m$，对称素数是对称的。例如 107 和 701，701 和 107 是一对对称素数，要去掉重复的）。

程序代码如下：

```
/*liti3-38.c, 枚举法 */
#include<stdio.h>
#include<math.h>
int main()
{
    int n,m,a,b,c,k,j=0;
    for(n=100;n<=999;n++)
    {
```

```
        a=n/100;
        b=n%100/10;
        c=n%10;
        m=c*100+b*10+a;              // 求反序数
        if(n>=m)
            continue;     // 若 n>m，不符合要求，回到 for 语句中的 n++，判断下一个 n
        for(k=2;k<=sqrt(n);k++)       // 判断 n 是否是素数
            if(n%k==0)
                break;   // 不是素数，提前退出内循环
        if(k<=sqrt(n))
            continue;     // 若 n 不是素数，回到 for 语句中的 n++，判断下一个 n
        for(k=2;k<=sqrt(m);k++)       // 判断 m 是否是素数
            if(m%k==0)
                break;   // 不是素数，提前退出内循环
        if(k<=sqrt(m))
            continue;     // 若 m 不是素数，回到 for 语句中的 n++，判断下一个 n
        else
        {
            printf("%d and %d    ",n,m);
            j++;          // 统计对称素数的对数
            if(j%4==0) // 每行输出 4 对对称素数
                printf("\n");
        }
    }
    printf("\n 共有 %d 对对称素数 ",j);
    return 0;
}
```

运行结果如下：

```
107 and 701    113 and 311    149 and 941    157 and 751
167 and 761    179 and 971    199 and 991    337 and 733
347 and 743    359 and 953    389 and 983    709 and 907
739 and 937    769 and 967
共有 14 对对称素数
```

例 3.39　谁做的好事？已知 A、B、C 和 D 四位同学中的一位做了好事，但没有留名。当表扬信来了之后，校长问这四位同学好事是谁做的。

A 说："不是我。"

B 说："是 C。"

C 说："是 D"

D 说："C 没有说真话。"

已知四人当中有三个人说的是真话，只有一个人说的是假话。请根据这些信息，编程找出做了好事的人。

程序设计分析：用穷举法来解题，对 A，B，C，D 一一列举，判断他们中的那个同学做了好事。假设用 sum 表示说真话的人数，用 good 表示做好事的人。若某时刻有 sum=3，则表示三个人说的是真话，满足题目的条件，并输出做好事的人。将四个人所说的话表示成关系表达式见表 3-4。

表 3-4　将四个人所说的话表示成关系表达式

说话人	说的话	写成关系表达式
A	"不是我"	good!='A'
B	"是C"	good=='C'
C	"是D"	good=='D'
D	"C没有说真话"	good!='D'

若关系表达式成立，其结果为 1，否则为 0。只要把表 3-4 中 4 个关系表达式相加，若结果为 3，则找出了做好事的人。

程序代码如下：

```
/*liti3-39.c，谁做了好事 */
#include <stdio.h>
int main()
{
    int good,sum;
    for(good='A';good<='D';good++)
    {
        sum=((good!='A')+(good=='C')+(good=='D')+(good!='D'));
        if(sum==3)
            printf(" 做好事者为 %c\n",good);
    }
    return 0;
}
```

运行结果如下：

做好事者为 C

例 3.40　中国古代算书《张丘建算经》中有一道著名的百钱买百鸡问题：公鸡每只值 5 文钱，母鸡每只值 3 文钱，而 3 只小鸡值 1 文钱。用 100 文钱买 100 只鸡，问：这 100 只鸡中，公鸡、母鸡和小鸡各有多少只？

程序设计分析：先抽取它的数学模型，设公鸡的有 i 只，母鸡有 j 只，小鸡有 k 只。可以列出：

$$\begin{cases} i+j+k=100 \\ 5*i+3*j+k/3.0=100\ （也可写成：15*i+9*j+k=300） \end{cases}$$

三个变量只能列出两个方程式，这其实是一个求不定方程式的整数解的问题。从题目中可以发现还隐含了如下条件，即 $i \in [0,20]$，$j \in [0,33]$，$k \in [0,100]$。因此可以通过计算机在 i、j、k 的取值范围内尝试穷举法。这里的枚举对象就是变量 i，j，k；枚举范围就是 $i \in [0,20]$，$j \in [0,33]$，$k \in [0,100]$；判断条件就是上述的两个方程成立。利用循环一个组合一个组合地去穷举，看是否能满足条件。

程序代码如下：

```
/*liti3-40-1.c，枚举法，百元买百鸡的第 1 种写法 */
#include <stdio.h>
int main()
{
    int i,j,k;
```

```
        printf("       Cock    Hen     Chicken\n");
        for(i=0;i<=20;i++)
            for(j=0;j<=33;j++)
                for(k=0;k<=100;k++)
                    if((i+j+k==100)&&(15*i+9*j+k==300))// 验证是否是问题的解
                        printf("%7d%7d%7d\n",i,j,k);
        return 0;
    }
```

运行结果如下：

```
    Cock    Hen     Chicken
    0       25      75
    4       18      78
    8       11      81
    12      4       84
```

上述程序是对公鸡、母鸡和小鸡都进行了枚举，采用的是三重循环来实现的。也可以对其中的两个进行枚举，另一个采用方程求出。例如只对公鸡和母鸡进行枚举，小鸡采用方程 $k=100-i-j$ 求出。这样只需二重循环即可实现，修改后的程序代码如下：

```
/*liti3-40-2.c，枚举法，百元买百鸡的第 2 种写法 */
#include <stdio.h>
int main()
{
    int i,j,k;
    printf("       Cock    Hen     Chicken\n");
    for(i=0;i<=20;i++)
        for(j=0;j<=33;j++)
        {
            k=100-i-j;
            if(15*i+9*j+k==300)        // 验证是否是问题的解
                printf("%7d%7d%7d\n",i,j,k);
        }
    return 0;
}
```

3. 辗转相除法

辗转相除法，又称欧几里得算法，是计算最大公约数和最小公倍数的重要方法，比穷举法效率高。算法主要过程如下：

设两个整数为 m、n：

（1）如果 m 除以 n 的余数为 0，则结束，n 就是两数的最大公约数，否则转到（2）执行。

（2）m 除以 n 得余数 t，令 $m=n$，$n=t$。

（3）转到（1）继续执行。

视频 3-15
辗转相除法
示例

例 3.41　输入两个正整数 m 和 n，用辗转相除法求它们的最大公约数和最小公倍数。

程序设计分析：一般地说，求最小公倍数用两个数的乘积除以最大公约数即可求出，而求最大公约数用辗转相除法。

程序代码如下：

```
/*liti3-41.c，求最大公约数和最小公倍数 */
#include <stdio.h>
int main()
{
    int m,n,t,a,b;
    printf(" 请输入两个正整数（如20 32):");
    scanf("%d%d",&m,&n);
    a=m;
    b=n;
    for(;(t=m % n)!=0;)
    {
        m=n;
        n=t;
    }
    printf("%d 和 %d 的最大公约数是 %d, 最小公倍数是 %d\n",a,b,n,a*b/n);
    return 0;
}
```

运行结果如下：

请输入两个正整数（如20 32):20 32
20 和 32 的最大公约数是 4, 最小公倍数是160

本例给出了用辗转相除法求最大公约数，然后通过最大公约数求出最小公倍数。当然也可以通过枚举法来求最大公约数。假设最大公约数用变量 gcd 表示，则 gcd 的枚举范围从两个整数的较小者开始，直到 1。若两个整数能同时被 gcd 整除，则退出循环，得到的 gcd 便是最大公约数。具体代码请读者自行完成。

习 题

一、单项选择题

1. 算法是指解决一个问题的方法和步骤，它具有五个特性。若一个算法中有 b=0;c=a/b; 等步骤，则该算法违反了算法特性中的（   ）。

    A. 有穷性   B. 确定性   C. 可行性   D. 有一个或多个输出

2. 结构化程序设计中采用了三种基本结构。下面不属于结构化程序设计中的三种基本结构的是（   ）。

    A. 顺序结构   B. 分支结构   C. 框架结构   D. 循环结构

3. 下面选项中能表示"变量 ch 中是一个英文字母"的 C 语言表达式是（   ）。

    A. ch>=a && ch<=z || ch>=A && ch<=Z

    B. ch>='a' && ch<='z' || ch>='A' && ch<='Z'

    C. ch>='A' && ch<='z'

    D. ch>='a' and ch<='z' or ch>='A' && ch<='Z'

4. 下面表达式的结果为 1 的是（   ）。

    A. 5>'0'   B. !0

    C. 5>3 && 5<4   D. 'a'<'B'

5. 在嵌套使用 if 语句时，C 语言规定 else 总是（　　　）。

    A. 和之前与其具有相同缩进位置的 if 配对

    B. 和之前与其最近的 if 配对

    C. 和之前与其最近的且不带 else 的 if 配对

    D. 和之前的第一个 if 配对

6. 下列叙述中正确的是（　　　）。

    A. break 语句只能用于 switch 语句

    B. 在 switch 语句中必须使用 default

    C. break 语句必须与 switch 语句中的 case 配对使用

    D. 在 switch 语句中，不一定使用 break 语句

7. 下面叙述正确的是（　　　）。

    A. for 循环只能用于循环次数已经确定的情况

    B. for 循环同 do...while 语句一样，执行循环体再判断循环条件

    C. 不管哪种循环语句，都可以使用 break 语句从循环体内跳转到循环体外

    D. for 循环体内不可以出现 while 语句

8. 下列程序段：

```
for(k=0,m=4;m;m-=2)
    for(n=1;n<4;n++)
        k++;
```

循环体语句 "k++;" 执行的次数为（　　　）。

    A. 16   B. 12   C. 6   D. 8

9. 关于以下 for 循环语句，（　　　）的说法是正确的。

```
for(x=0,y=0; (y!=123) && (x<4); x++);
```

    A. 是无限次循环   B. 循环次数不定

    C. 执行 4 次循环   D. 执行 3 次循环

二、填空题

1. 结构化程序设计由三种基本结构组成，分别是顺序结构、_____和_____。

2. 流程图中把流程线完全去掉了，全部算法写在一个矩形框内，在框内还可以包含其他框，即由一些基本的框组成一个较大的框。这种流程图称为_____流程图。

3. 用 C 语言表达式表示 "x 是一个大于等于 5 的奇数" 为_____。

4. 逻辑运算符 && 和 || 具有_____的特点，是指当计算了某个表达式的结果后，就能决定整个逻辑表达式的结果，则后面的表达式将不计算。

5. 设有如下程序段：

```
int x=0,y=1;
do
{
    y+=x++;
}while(x<4);
printf("%d\n",y);
```

上述程序段的输出结果是_____。

6. 有如下程序段：

```
x=3;
do
{
    printf("%d",x--);
}while(!x);
```

该程序的输出结果是：＿＿＿＿＿＿。

7. 执行下列程序段后，i 的值是：＿＿＿＿＿＿。

```
#include <stdio.h>
int main()
{   int i,x;
    for(i=1,x=1;i<=20;i++)
    {
        if(x%2==1)
        {   x+=5; continue; }
        if(x>=10) break;
        x-=3;
    }
    printf("%d\n",i);
    return 0;
}
```

8. 以下程序的功能是：输出 a，b，c 三个变量中的最小值，请填空。

```
#include <stdio.h>
int main()
{   int a,b,c,t1,t2;
    scanf("%d%d%d",&a,&b,&c);
    t1=a<b?_____;
    t2=c<t1?_____;
    printf("d\n",t2);
    return 0;
}
```

三、程序分析题

1. 分析下列程序，写出运行输出结果。

```
#include<stdio.h>

int main()
{
    int x=4,y=1,z=0,m,n,k;
    m=x>y || z++;
    printf("%d,%d\n",z,m);
    return 0;
}
```

2. 分析下列程序，写出运行输出结果。

```
#include <stdio.h>
int main()
{
    int a=50,b=20,c=10;
```

```
    int x=5,y=0;
    if(a<b)
        if(b!=10)
            if(!x)
                x=1;
            else
                if(y) x=10;
    x=-9;
    printf("%d",x);
    return 0;
}
```

3. 分析下列程序，写出运行输出结果。

```
#include <stdio.h>
int main()
{
    float c=3.0,d=4.0;
    if(c>d)   c=5.0;
    else
        if(c==d) c=6.0;
        else c=7.0;
    printf("%.1f\n",c);
    return 0;
}
```

4. 分析下列程序，写出运行输出结果。

```
#include <stdio.h>
int main()
{
    int x=10,y=5;
    switch(x)
    {
        case 1: x++;
        default: x+=y;
        case 2: y--;
        case 3: x--;
    }
    printf("x=%d,   y=%d",x,y);
    return 0;
}
```

5. 分析下列程序，写出运行输出结果。

```
#include <stdio.h>
int main()
{
    int i=0,j=9,k=3,s=0;
    for(;;)
    {
        i+=k;
        if(i>j)
            break;
        s+=i;
```

```
    }
    printf("%d",s);
    return 0;
}
```

6. 分析下列程序，写出运行输出结果。

```c
#include <stdio.h>
int main()
{
    int y=10;
    while(y--);
    printf("y=%d\n",y);
    return 0;
}
```

7. 分析下列程序，写出运行输出结果。

```c
#include <stdio.h>
int main()
{
    int a=0,i;
    for(i=1;i<5;i++)
    {
        switch(i)
        {
            case 0:
            case 3: a+=2;
            case 1:
            case 2:a+=3;
            default: a+=5;
        }
    }
    printf("%d\n",a);
    return 0;
}
```

8. 分析下列程序，写出运行输出结果。

```c
#include <stdio.h>
int main()
{
    int n=12345,d;
    while(n!=0)
    {   d=n%10;
        printf("%d",d);
        n/=10;
    }
    return 0;
}
```

四、编程题

1. 编写程序，输入一个整数，打印出它是奇数（odd）还是偶数（even）。

2. 编写程序，根据输入的 x 值，按照下面算式计算 z 的值。

$$z=\begin{cases} \dfrac{1}{6}e^x + sinx & x>1 \\ \sqrt{2x+5} & -1<x\leqslant 1 \\ \dfrac{|x+4|}{x^3-8} & x\leqslant -1 \end{cases}$$

3. 从键盘上输入 3 个整数 a、b 和 c，编写程序将它们按从小到大排序。

4. 输入 3 条边长 a、b 和 c，如果它们能构成三角形就计算该三角形的面积，否则输出"不是三角形"的信息。

5. 已知某公司员工的保底薪水为 5 000，某月所接工程的利润 profit（整数）与利润提成的关系如下（计量单位：元）：

profit ≤ 10 000	没有提成；
10 000 < profit ≤ 20 000	提成 10%；
20 000 < profit ≤ 50 000	提成 15%；
50 000 < profit ≤ 100 000	提成 20%；
100 000 < profit	提成 25%；

要求输入某员工某月的工程利润，输出该员工的实领薪水。

6. 编程求 100 以内所有 3 的倍数的累计和。

7. 编程显示 [100,200] 范围内所有被 7 除余 2 的整数，按每行 5 个的格式显示。

8. 编程求 Fibonacci 数列的前 40 个数。该数列的生成方法为 $F_1=1$，$F_2=1$，$F_n=F_{n-1}+F_{n-2}$（$n \geqslant 3$），即从第 3 个数开始，每个数等于前 2 个数之和。

9. 编程，计算 $sin(x)=x-x^3/3!+x^5/5!-x^7/7!+...$，直到最后一项的绝对值小于 10^{-7} 时，停止计算，x 由键盘输入。（提示：使用迭代法）

10. 相传国际象棋是古印度舍罕王的宰相达依尔发明的。舍罕王十分喜欢象棋，决定让宰相自己选择何种赏赐。这位聪明的宰相指着 8×8 共 64 格的象棋盘说："陛下，请您赏给我一些麦子吧，就在棋盘的第一个格子中放 1 粒，第 2 格中放 2 粒，第 3 格放 4 粒，以后每一格都比前一格增加一倍，依此放完棋盘上的 64 个格子，我就感恩不尽了。"舍罕王让人扛来一袋麦子，他要兑现他的许诺。国王能兑现他的许诺吗？试编程计算舍罕王共要多少麦子赏赐他的宰相，这些麦子合多少 m^3？（已知 $1m^3$ 麦子约 $1.42×e^8$ 粒）（提示：要用双精度数据类型）

11. 编程：输入一个正整数，输出它的各位数字之和。例如输入 1869，则输出 9+6+8+1=24。（提示：正整数的位数不确定）

12. 将一个正整数分解质因数。例如，输入 120，打印出 120=2*2*2*3*5。

13. 求 $e \approx 1+\dfrac{1}{1!}+\dfrac{1}{2!}+\dfrac{1}{3!}+\cdots+\dfrac{1}{n!}$。

（1）直到第 50 项。

（2）直到最后一项小于 10^{-6}。

14. 编程用循环程序实现在屏幕中央输出如下图形。（提示：在 C 语言中，认为每行由 80 列组成，屏幕中央即为 40 列。）

```
                    A
                   ABA
                  ABCBA
                 ABCDCBA
                ABCDEDCBA
               ABCDEFEDCBA
                ABCDEDCBA
                 ABCDCBA
                  ABCBA
                   ABA
                    A
```

15. 编程验证哥德巴赫猜想：任意大于等于 4 的偶数，可以用两个素数之和表示。例如：

4=2+2   6=3+3   8=3+5   98=19+79   32 764=16 073+16 691

用键盘输入一个充分大的偶数，输出该偶数的所有可表示的素数之和，如：

98=19+79   98=31+67   98=37+61

第 4 章 函　　数

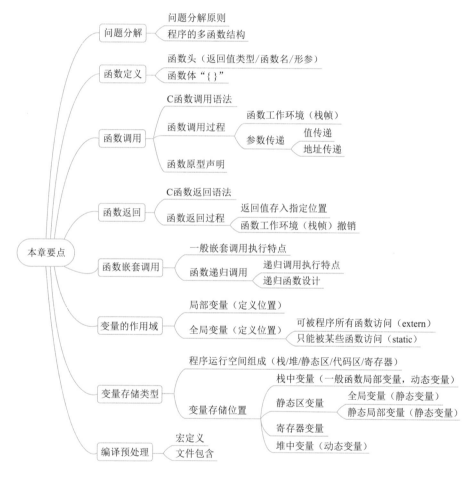

学习目标

◎了解程序的多函数构成特点，理解问题的分解思想。

◎掌握 C 语言函数的定义语法，理解函数原型的作用，掌握函数原型的语法。

◎理解函数调用和返回的功能，掌握 C 语言表示函数调用和返回的语法。

◎了解实参与形参的概念，理解值传递和地址传递的特点和不同。

◎理解嵌套调用和递归调用执行时的异同点，并能用递归方法解决相关问题。

◎理解变量的作用域和存储类型。

◎掌握宏定义和文件包含这两种编译预处理命令的作用和语法。

前一章讲的是算法，侧重如何设计算法。本章要对算法有进一步的认识，即算法就是函数，并且程序往往是由多个算法（函数）构成的，算法（函数）是程序的骨架。在此基础上，会衍生出一系列的问题，如：程序为什么要由多个函数构成？ C 语言是如何定义函数的？多函数构成的程序如何执行？这种执行有何特点？函数和数据之间有何关系？等等。弄清这些问题，不但能提高编程能力，还能促进对计算机工作原理的进一步认识。本章将对这些问题进行具体介绍。

4.1 问题分解

本章讲的是"函数"，此处为何提到"问题分解"？

前面章节涉及的问题大都是较简单的问题，利用相关语句，通过顺序、选择、循环等结构就能直接给出问题的算法，进而写出相应的程序。但若碰到一个复杂的问题，又会如何呢？由于问题较复杂，直接给出一个解决该问题的算法可能比较困难。

在第 3 章的例 3.38，要求编程"输出 [100,999] 以内的所有幻影素数对，即某数 x 与它的反序数 y 同为素数，且 x 不等于 y，如 (157,751)、(389,983) 等"。该问题涉及的细节较多，比如有素数的判断、数的反序等子问题。在第 3 章中我们直接给出相应的算法，初次碰到该问题的读者，可能会感到比较困难。本章中可以采用"问题分解"的方法。为了让大家能更好地理解问题分解的思想，不妨先从一个简单的例子入手。

例4.1 输入圆的半径 r，计算并输出其面积和周长。

该问题非常简单，可轻松写出如下程序：

```
/*liti4-1.c,求圆的面积与周长 */
#include <stdio.h>
int main()
{
    float r;
    printf("请输入圆的半径:");
    scanf("%f",&r);
    printf("该圆的面积是%f,周长是%f.\n",3.14*r*r,2*3.14*r);
    return 0;
}
```

运行结果如下：

请输入圆的半径:3 ↙
该圆的面积是 28.260000, 周长是 18.840000.

上述程序采用的是传统的解决方式，就是将问题的所有需求都由 main() 函数来实现。但这种方式会存在一些弊端，因为一旦需求发生改变，就需要对 main() 函数进行修改。当然，此例本身比较简单，就算有变化，main() 的改动量也不大。但如果是一个较复杂的问题，按上述传统方式写出来的 main() 函数可能就会很长，需求一旦发生改变，main() 中的很多地方可能都要进行修改。如果修改的地方多，程序中就难免存在错误；为了避免出错，就需要去调试、查错。需求是经常会发生变动的，一旦再次发生改变，程序员就要再次去修改和测试，并且花在测试上的时间会更多。长此以往，程序的开发效率就会大大降低！

那么，出现这种情况的根本原因是什么呢？原因就在于 main() 函数把所有的事都干了，导致程序结构很死板，不利于修改和扩展。在现实生活中也是一样的，对于一个简单任务，一个人可以轻松应对。但如果是一个复杂的任务，一个人可能就难以胜任，即使勉强接下，一旦任务出现些许变化，可能就会应接不暇。这样不但会导致任务进展缓慢，甚至还会干砸。俗话说，"术业有专攻"，一个人的能力和特长毕竟是有限的。对于一个复杂的任务，就需要多人分工合作。先将任务按本身的特点进行合理分解，分成不同的子任务。不同的子任务需要具备不同的专业技能，因此就需要交给具备不同特长的人去完成，这样多人分工合作，任务不但能顺利完成，还能灵活应对各种变化。

程序设计或软件开发也是这个道理。如果像以前那样，将任何问题都全部交给 main() 函数来解决，这样的程序就是"铁板一块"，很难进行扩展和测试，开发效率大大降低是必然的后果。对于复杂的问题，也需要按问题特点分成不同的子问题，每个子问题都具有独立、单一、清晰的需求，然后将每个子问题用不同的算法实现，这样实现的子问题又称"函数"。这种以函数为单元的程序结构，可以极大地提高程序开发效率。因为这些从实际问题中分离出来并实现的函数，可以函数库的形式发布出去，实现共享，这样就可以非常方便地让其他程序使用，而不需要进行重新设计。

因此，掌握问题的分解方法，并能按分解后的子问题进行多函数程序设计，对提高程序开发效率，保证程序的正确性，都是非常有意义的。下面对例 4.1 按问题分解的方式实现。

视频 4-1
问题分解与
多函数程序

例 4.2　用问题分解的方式实现计算圆的面积和周长。

显然，可以从原问题中分解出专门计算圆面积（area）和圆周长（circ）的函数，main() 函数只负责半径的输入、相关函数的调用、结果输出等。分解出的三个函数各自功能明确，相互之间的关系如图 4-1 所示。

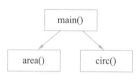

图4-1　例4.1的问题分解

具体程序如下：

```c
/*liti4-2.c,定义函数求圆的面积与周长 */
#include <stdio.h>
float area(float r)
{
    return 3.14*r*r;
}
float circ(float r)
{
    return 2*3.14*r;
}
int main()
{
    float r;
    printf("请输入圆的半径:");
    scanf("%f",&r);
    printf("该圆的面积是%f,周长是%f.\n",area(r),circ(r));
    return 0;
}
```

诚然，对此问题而言，例 4.2 写出的程序比例 4.1 长多了。但此处不是看程序的长短，目的是让读者了解问题分解的思想，并能在以后的学习和应用中，进一步理解问题分解对程序设计所带来的好处。比如，上述设计的 area() 和 circ() 函数，如果能以共享函数的形式发布出去，任何用户想要计算圆的面积或周长，就只要直接调用这两个函数即可。平常在 C 程序中涉及输入、输出、求平方根等问题，只需要调用 scanf()、getchar()、printf()、sqrt() 这些共享函数即可，因为它们都已经实现，程序员不需要再去编写这些代码，这也是提高程序设计效率的很好明证。并且，多函数构成的程序也便于维护。如果哪个函数有问题或要改进，只需要对这个函数进行修改即可，对程序其他地方没有任何影响，这样可以快速定位错误来源，从而大大减少了程序的测试时间。

所以，要想快速、正确地进行程序设计，问题分解是关键。问题分解就是将原问题分解为一系列功能不同的子问题，这些子问题之间存在低耦合的特点，可以灵活组装、协作。问题分析遵循一个重要的原则：每个子问题尽量只做一件事。由此，前面提到的幻影素数对问题，可以分解出若干子问题，如图 4-2 所示。

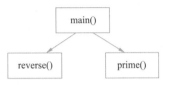

图4-2　幻影素数对的问题分解

reverse() 函数的功能是返回任一给定整数的反序数。prime() 函数的功能是判断任一给定的整数是否为素数，是则返回 1，否则返回 0。main() 函数的功能是负责输入整数范围 n，并对 n 以内的每个整数 x，调用 reverse() 函数得到其反序数 y，再调用 prime() 函数判断 x、y 是否都为素数，若都是素数且 x<y 则输出该组 x、y。读者可根据上述分析，先尝试写出相应的函数，具体程序会在后一节中给出。

有了这个 prime() 函数，一些有关素数的典型问题，就能迎刃而解了。比如，"输出 [1,n] 以内的所有素数""输出 [1,n] 以内的所有孪生素数对（相差为 2 的相邻素数），如 (3,5)、(5,7)、(11,13) 等""验证哥德巴赫猜想：任意一个大于等于 4 的偶数，都可以用两个素数之和表示，并输出其所有的素数对之和"。用户在其他地方若碰到了要求反序数的问题，也可直接利用上述已设计好的 reverse() 函数，不需再次设计。从上可以看出，合理地进行问题分解并进行相关的函数设计，对实现程序快速开发非常重要。

至此，相信读者已明白了问题分解和程序设计之间的关系，这也是在函数这一章的第一节介绍问题分解思想的原因。从多函数设计对提高程序设计效率的角度来看，读者也能领悟到在实际工作中，分工协作、团队合作对提高工作效率的重要性。

4.2　函数的定义

视频 4-2
函数定义

对问题进行分解后，就需要针对分解得到的各子问题进行函数设计（定义）。若子问题是系统已经实现了的，就不需再设计，直接调用即可，如常见的 printf()、scanf()、getchar()、gets()、sin()、sqrt() 等函数，这些函数称为标准函数（也称系统库函数）。若子问题对应的函数系统没有提供，则需要用户自己实现，这样的函数就是用户"自定义函数"。比如前一节中提到的 area()、circ()、reverse()、prime() 等，都要由用户自己设计。

C 语言的函数定义语法：

类型标识符　函数名（[<形式参数表>]）
{
　　函数体
}

📖 说明:

（1）"类型标识符"用来说明函数返回值的类型。当函数的返回值为整型（int）时，可以不加"类型标识符"，这时返回类型默认为整型。为明确起见，当返回值为整型时，建议不要省略 int。当函数没有返回值时，类型标识符指定为 void。

（2）"函数名"是函数的存在标识，函数名可以是任何合法字符的组合，但注意不要与系统关键字同名。如某函数若定义为：float while(int x){...}，则是错误的，因为 while 是 C 语言的关键字。

（3）"< 形式参数表 >"用于指明当该函数被调用时，需从调用者接收几个数据，以及分别以什么类型接收。函数的形参可以有多个，也可以没有。若有多个形参，则相邻形参之间用逗号"，"间隔；若没有形参，则 < 形式参数表 > 为空，即"函数名"后写上一对空括弧"( )"，也可用"(void)"表示无形参。

（4）定义在 < 形式参数表 > 中的每个形参都必须进行类型声明，格式为："类型名 1 形参 1，类型名 2 形参 2，……，类型名 n 形参 n"。若某函数形参定义为：func(int x,int y,int z){…}，但不可将其简化为：func(int x, y, z){...}，这种错误在初次编写函数时经常出现。

（5）"函数体"就是函数的定义主体，包括变量声明、程序语句等。函数一般都是有返回值的，因此函数体中往往都有"return 返回值;"语句，当该语句执行时，函数执行结束，并将返回值返回给调用者。

下面通过一个简单例子来具体了解函数的定义格式。

例 4.3　设计一个求两个整数最小值的函数 min()。

```c
/*liti4-3.c,定义函数求最小值 */
int min(int x,int y)
{
    int z;
    z = x<y ? x : y;
    return z;
}
```

"int min(int x,int y)"中的第一个 int 说明函数的返回值为整型；后面一对小括号中说明函数有两个形参，类型都为整型。注意"int min(int x,int y)"不能写为"int min(int x,y)"。函数体用一对大括号 {} 表示，在里面实现函数的功能。

例 4.4　设计实现幻影素数对问题中的 reverse() 和 prime() 函数。

reverse() 函数用于得到指定整数 x 的反序数，可以采用从右往左依次获得整数 x 的各个位来实现；prime() 函数用于判断指定整数 x 是否为素数，素数的判断方法在前面章节中已有介绍。两个函数的实现代码如下：

```c
/*liti4-4.c,分别定义函数求反序数和素数 */
int reverse(int x)
{
    int y=0;
    while(x!=0)              /* 通过不断求余，从右往左依次得到 x 的每个位来求其反序数 */
    {
        y=y*10+x%10;        /* 对 y 不断迭代来逐步得到反序数 */
```

```
            x=x/10;
        }
        return y;                /*返回x的反序数y*/
    }
    int prime(int x)
    {
        int i;
        for(i=2;i<=x-1;i++)
            if(x%i==0)
                return 0;   /*一旦x被[2,x-1]中的某个数整除，则x不是素数，返回0*/
        return 1;           /*x不能被[2,x-1]中的所有数整除，则x是素数，返回1*/
    }
```

上述 min()、reverse()、prime() 等函数功能单一、明确，符合一个函数只做一件事的原则，这样的函数便于共享，能很好地提高程序设计效率。上述函数都有返回值和相应的形参，但有时函数也可以没有返回值或形参，可以存在多种情况，如：函数没有返回值但有形参，有返回值但无形参，既无返回值也无形参，等等。进一步的说明可见下一节。

4.3　函数的调用与返回

函数定义好之后，只有被调用进行执行才是有意义的，一个不被调用的函数是没有任何作用的；并且，函数被调用后一般都要返回到调用者。通过函数之间的调用和返回，函数之间就可以相互协作，从而共同完成用户的需求。下面先了解函数的调用。

4.3.1　函数的调用

函数调用的语法为：

函数名（[<实际参数表>]）

也称为"函数调用表达式"。"函数名"用于指明将要调用的函数。这里要注意的是，小括号中的是 <实际参数表>，不是前面定义函数时的 <形式参数表>。函数调用发生在调用方，调用者（又称主调函数）通过实参向被调用者（又称被调函数）传递数据；被调用者通过形参接收调用者传来的数据。当数据传输完毕，程序流程将会转入被调用函数中执行，这就是函数调用表达式的作用。"实参"和"形参"是两个非常重要的概念，它们关乎能否正确地进行函数调用，此处读者只需有个大概的了解即可，对它们进一步的介绍将放在下一节中说明。

视频 4-3
函数调用

例 4.5　对例 4.3 中实现的 min() 函数进行调用。

```
/*liti4-5.c, 定义函数min()，并调用输出最小值 */
#include <stdio.h>
int min(int x,int y)
{
    int z;
    z = x<y ? x : y;
    return(z);
}
int main( )
{
    int a,b,c;
```

```
scanf("%d,%d",&a,&b);
c = min(a,b);        /* 函数调用 */
printf("The minimal is %d.\n",c);
return 0;
}
```

运行结果如下：

6,9 ↙

The minimal is 6.

上述例子中，main() 是调用者，min() 是被调用者。函数调用表达式"min(a,b)"提供了两个实参 a、b，min() 函数通过形参 x、y 接收这两个实参数据。

函数调用表达式的语法可以灵活组织，比如有这样一个问题：如何求 a、b、c 三个数中的最小数？感兴趣的读者可以思考下。

例 4.6　利用例 4.4 中设计的 reverse() 和 prime() 函数，实现求 [1,n] 以内的所有幻影素数对。

由于关键的 reverse() 和 prime() 函数已实现，剩下只要将 main() 函数实现即可。main() 函数的功能是主要是负责输入整数范围 n，然后调用 reverse() 和 prime() 函数找到 n 以内的所有幻影素数对。完整程序如下：

```
/*liti4-6.c,定义函数 reverse 和 prime 求反序数和素数，并编写主函数调用它们求出 [1,n]
内的幻影素数对 */
#include <stdio.h>
int prime(int x)
{
    int i;
    for(i=2;i<=x-1;i++)
        if(x%i==0)
            return 0;
    return 1;
}
int reverse(int x)
{
    int y=0;
    while(x!=0)
    {
        y=y*10+x%10;
        x=x/10;
    }
    return y;
}
int main()
{
    int n,x,y;
    printf("n=");
    scanf("%d",&n);
    for(x=1;x<=n;x++)
    {
        y=reverse(x);                    /* 调用 reverse() 得到反序数 */
        if(x<y && prime(x) && prime(y))  /* 调用 prime() 判断是否为素数 */
```

```
          printf("%d %d\n",x,y);
    }
    return 0;
}
```

运行结果如下：

```
n=120 ↙
13 31
17 71
37 73
79 97
107 701
113 311
```

上述程序输出了 120 以内的所有幻影素数对。main() 函数 "if(x<y && prime(x) && prime(y))" 中的 "x<y" 是为了避免输出 "107 701" 和 "701 107" 这样的重复幻影素数对。上述程序中各个函数各司其职，相互配合，灵活、高效地实现了用户需求。

理论上判断一个数 x 是否为素数，需要将该数除以 [2, x-1] 中的每个数，都不整除才是素数。如果某个素数很大，则需要循环测试很多次，执行速度就会降低。但实际上，验证一个数是否为素数，测试范围只需是 [2,(int)sqrt(x)] 即可，具体数学思想读者可自行了解。这样循环测试次数就会大大降低，函数执行速度则相应大大提升。而程序修改只需将 prime() 函数中的 for 循环控制语句中的 "i<=x-1" 改为 "i<=(int)sqrt(x)" 即可。这样的改动只需在 prime() 函数中进行，不会涉及其他函数。因此，从本例中，读者可再次认识到多函数构成的程序结构清晰、易于理解、便于维护等各种优点。

4.3.2 函数的返回

通过函数调用进入指定函数执行，函数执行完毕，执行流一般要重新回到调用者，以恢复调用者的执行。返回的方式有两种：有返回值、没有返回值。对应的语法格式分别如下：

```
# 格式1
return 表达式; 或 return (表达式);
# 格式2
return;
```

视频 4-4
函数返回

格式 1 的返回语句不仅将执行流从被调函数返回到调用者，还将一个值返回给调用者。

格式 2 的返回语句仅将执行流从被调函数返回到调用者，返回时无返回值。

由于 C 语言定义函数的语法比较灵活，因此要认清定义的函数有没有返回值。有的话，返回的是什么类型的值。

例4.7 认清函数的返回值。

```
/*liti4-7.c, 理解函数的返回值 */
#include <stdio.h>
float sum1(float x , float y)        /* 函数返回值类型为 float*/
{
    return x+y;                      /*x+y 的类型也为 float，返回值类型为 float*/
}
int sum2(float x , float y)          /* 函数返回值类型为 int*/
{
```

```
        return x+y;  /*x+y 的类型为 float，与函数类型不一致，自动转换为 int 型 */
}
sum3(float x , float y)   /* 没有指明返回值类型，则默认为 int*/
{
        return x+y;              /* 把将 x+y 的结果转换为 int，再返回 */
}
sum4(float x , float y)   /* 没有指明返回值类型，则默认为 int*/
{
        float z;
        z=x+y;               /* 没有返回语句，则编译器自动加上一个返回一个随机整数的返回语句 */
}
int main()
{
        printf("sum1 is %f\n", sum1(1.5,3.2));
        printf("sum2 is %d\n", sum2(1.5,3.2));
        printf("sum3 is %d\n", sum3(1.5,3.2));
        printf("sum4 is %d\n", sum4(1.5,3.2));
        return 0;
}
```

运行结果如下：

```
sum1 is 4.700000
sum2 is 4
sum3 is 4
sum4 is 1069547520
```

程序分析：程序中定义了 sum1()、sum2()、sum3()、sum4() 四个函数。sum1() 函数返回值类型为实型，sum2() 函数返回值类型为整型，sum3() 和 sum4() 函数没有指定返回值类型，则默认为整型，这在 4.2 节中已说明。

sum1() 函数的返回值是 4.700000 很好理解。sum2() 和 sum3() 本质是相同的函数，它们的形参都是实型，则 x+y 的结果也是实型，但由于它们的返回值都是整型，所以 "return x+y" 会先将实型转换为整型后再返回。所以程序前三个输出结果不难理解。sum4() 函数的返回值也是整型，但为何没有返回 4，却返回一个奇怪的数？因为虽然 sum4() 函数的返回值是整型，但该函数中却没有返回语句，则编译器会在函数尾部自动加上一个 return 语句，随机返回一个整数。

　　思考：如果将上述程序输出语句中的格式符 "%d" 都改成 "%f"，输出结果会怎样？先设想下，再运行检验，并思考其中的原因。

例 4.8　void 关键字的作用。

```
/*liti4-8.c, 理解函数的返回类型 void*/
#include <stdio.h>
void fun1()       /* 指明函数的类型为 void*/
{
    printf("Hello , World!\n");
}
fun2()            /* 没有指明函数的类型，则默认类型为 int*/
{
    printf("Hello , China!\n");
}
```

```
int main()
{
    int i,j;
    i = fun1();
    j = fun2();
    return 0;
}
```

程序分析：程序若这样写，编译时会报错，出错语句为"i = fun1()"。因为 fun1() 函数在定义时已声明为无返回值（void），而 main() 函数中语句"i = fun1()"则是要将 fun1() 函数的返回值赋给 i，这显然自相矛盾。将"i = fun1()"改为"fun1()"，再编译，就没有错误了。

"j = fun2()"语句为何就没有错误呢？原因和前例中的 sum4() 函数一样。fun2() 函数的默认返回值是整型，虽然 fun2() 函数中没有 return 语句，但系统会在 fun2() 函数的最后自动加上一个返回语句，返回一个随机数。所以，此处将"j = fun2()"改为"fun2()"也是对的。所以，如果某函数无须有返回值的话，最好在定义函数时加上 void 关键字，以示明确。由程序可看出，fun2() 函数与 fun1() 函数的功能一样，仅仅是输出一行字符串，也无须有返回值，所以，fun2() 函数名前也应加上 void 关键字。经过上述说明，该程序的合理写法见例 4.9。

例 4.9 例 4.8 的合理写法。

```
/*liti4-9.c，理解函数的返回类型 void*/
#include <stdio.h>
void fun1()
{
    printf("Hello, World!\n");
}
void fun2()
{
    printf("Hello, China!\n");
}
int main()
{
    fun1();
    fun2();
    return 0;
}
```

运行结果如下：

```
Hello, World!
Hello, China!
```

例 4.10 函数有多条返回语句时的执行方式。

```
/*liti4-10.c，多条返回语句 */
#include <stdio.h>
int sgn(float x)
{
    if(x>0) return 1;
    if(x<0) return -1;
    return 0;
```

```
}
int main()
{
    float x ;
    int i;
    for (i=0;i<=2;i++)
    {   printf("x=");
        scanf("%f", &x);
        printf("sgn(%2.2f)= %2d\n", x, sgn(x));
    }
    return 0;
}
```

运行结果如下：

```
x = 1.2 ↙
sgn(1.20)=  1
x = 0 ↙
sgn(0.00)=  0
x = -1.5 ↙
sgn(-1.50)=  -1
```

从上述多个有关函数返回的例子中可以看出：

（1）函数有返回值，则在定义函数时务必指出返回值的类型，不要认为返回值是整型而忽略类型说明。

（2）函数没有返回值，则必须给函数加上类型声明符"void"，这样就能保证函数没有返回值。

（3）如果函数中没有返回语句，则执行完函数体的最后一条语句后自动返回，因为编译器会在函数的末尾加上一个 return 语句。没有返回值的函数，则只在最后加上一个"return;"，有返回值的函数，编译器会在末尾加上"return（随机数）;"。

（4）函数中可以有多条 return 语句，无论执行到哪一个 return，都会结束函数的执行而返回到调用者。

4.3.3　函数原型声明

一个函数要获得对另一个函数的调用成功，除了参数传递要正确外，还要注意对被调函数进行"原型声明"。实际上 stdio.h、math.h 等头文件中就包含了各种系统库函数的原型声明。函数原型声明的作用是把函数的返回值类型、函数的名称、形参的个数、类型和顺序告诉给编译系统，以便在对相关函数进行调用时，能对函数调用表达式的各方面进行检查，以保证调用的正确性。

对例 4.2，若将 area() 和 circ() 函数写在 main() 函数的后面，则编译时会报错。

例 4.11　被调函数位于调用者的后面会出现什么问题。

```
/*liti4-11.c，主调函数与被调函数的定义顺序 */
int main()
{
    float r;
    printf("请输入圆的半径：");
    scanf("%f",&r);
    printf("该圆的面积是 %f, 周长是 %f.\n",area(r),circ(r));
```

```
    return 0;
}
float area(float r)
{
    return 3.14*r*r;
}
float circ(float r)
{
    return 2*3.14*r;
}
```

因为编译器是从上往下扫描的，在 main() 函数的 printf(" 该圆的面积是 %f, 周长是 %f.\n",area(r),circ(r)) 语句中发现了对这两个函数的调用，但在此之前却没有发现有这两个函数的定义，编译器无法检查和保证这两个函数调用的正确性，因此报错。为了避免错误的出现，C 程序必须保证在对任何函数调用前都要先进行原型声明。上述程序可以书写如下：

例 4.12 如何对函数进行原型声明。

```
/*liti4-12.c, 原型声明 */
#include <stdio.h>
float area(float r);    /* 对被调函数 area() 的原型声明 */
float circ(float r);    /* 对被调函数 sum() 的原型声明 */
int main()
{
    float r;
    printf(" 请输入圆的半径 :");
    scanf("%f",&r);
    printf(" 该圆的面积是 %f, 周长是 %f.\n",area(r),circ(r));
    return 0;
}
float area(float r)
{
    return 3.14*r*r;
}
float circ(float r)
{
    return 2*3.14*r;
}
```

函数原型声明可以放在程序的任何地方，只要位于调用位置之前即可，但一般建议放在程序的头部。只需简单地复制已定义函数的首部，末尾再加上一个分号"；"，就构成了函数的"原型声明"。

说明：

（1）如果被调函数的定义出现在调用者之前，则不需进行原型声明。

（2）为避免出错，无论被调函数的定义出现在调用者之前或之后，都建议将所有被调函数原型声明放在程序的头部。

（3）若程序中的函数原型较多，为方便起见，可以事先将多个函数原型声明放在一个扩展名为".h"的头文件中，然后在程序头部用"#include <头文件 >"嵌入所需的函数声明。

（4）函数的原型声明中也可以不写形参名，而只写形参类型。如："float area(float);" "int min(int,int);" 等。

因此函数原型有两种写法：

```
# 写法 1
类型标识符 函数名 ( 参数类型 1, 参数类型 2,...);
# 写法 2
类型标识符 函数名 ( 参数类型 1　参数名 1, 参数类型 2　参数名 2,...);
```

4.4　函数的参数传递方式

函数调用所实现的一个重要功能就是参数传递。参数传递的方式有两种：值传递和地址传递。无论是值传递还是地址传递，参数传递中实参与形参的关系如图 4-3 所示。

图4-3　参数传递中实参与形参的关系

下面对参数传递方式分别进行详细介绍。

4.4.1　值传递方式

前面介绍的例子中，参数的传递方式都是值传递方式。值传递是指将整数、实数、字符等基本类型的实参数据传递给对应的形参。实参在表示形式上可以是常量、变量、表达式等，表达式可以是算术、关系、逻辑、函数调用等各种类型的表达式，将它们的结果算出后，再分别传给对应的形参。

值传递方式的特点是：将实参的值传给形参后，实参与形参互不影响，在函数内部对形参所做的任何改变不会影响到实参，二者之间有一条明显的分界线。当实参将它的值传给形参后，它们之间就没有任何关系了。下面通过例 4.13 来具体了解。

例 4.13　该例说明值传递方式的特点。

```
/*liti4-13.c, 值传递 */
#include <stdio.h>
void f(int x, int y)      /* 将形参声明为值传递方式 */
{
    ++x;
    --y;
    printf("x=%d, y=%d\n", x, y);
}
int main()
{
    int a, b ;
    a=b=10;
    printf("a=%d, b=%d\n", a, b);
```

```
    f(a,b);                          /* 调用函数 f(), 参数是值传递方式 */
    printf("a=%d, b=%d\n",a, b);
    return 0;
}
```

运行结果如下：
```
a=10,b=10
x=11,y=9
a=10,b=10
```

程序分析：函数 f() 中的形参 x，y 在接受了实参 a，b 的值后，经过相应语句的处理发生了变化，但实参 a，b 在函数 f() 调用前后没有发生改变。这说明在参数的值传递方式中，实参不会受到函数的影响，因为实参和形参是不同的实体。

现将上例改为如下形式：

例 4.14 实参与形参同名的情况。
```
/*liti4-14.c, 实参与形参同名演示 */
#include <stdio.h>
void f(int a, int b)  /* 注意此处的形参为 int a, int b, 不是 int x, int y*/
{
    ++a;
    --b;
    printf("a=%d, b=%d\n",a,b);
}
int main()
{
    int a, b;
    a=b=10;
    printf("a=%d, b=%d\n",a,b);
    f(a,b);                     /* 调用函数 f(), 参数是值传递方式 */
    printf("a=%d, b=%d\n",a,b);
    return 0;
}
```

运行结果如下：
```
a=10,b=10
a=11,b=9
a=10,b=10
```

程序分析：有读者可能会认为程序运行结果为
```
a=10,b=10
a=11,b=9
a=11,b=9
```

理由可能是：因为函数 f() 中的语句 "++a ; --b ;" 对变量 a，b 做了修改，所以函数返回后，main() 函数中的 a，b 值也相应的发生了变化，也应为 11 和 9。但实际上 main() 函数中的 a、b 值在调用前后仍没有发生变化。为什么会这样呢？因为虽然 main() 函数和 f() 函数中都定义了名为 a、b 的变量，但它们仍然是不同的实体，它们仅仅是名称相同而已，就好比有两个文件，名称均为 file.txt，但一个位于 C: 盘，而另一个位于 D: 盘一样。所以，main() 函数中的 a、b 是属于 main() 函数的变量，f() 函数中的 a、b 是属于 f() 函数的变量，它们是定义在不同函数内的局部变量，它们之间互不影响。有关概念可参见本章的 4.6 一节。

问题思考：若将例 4.13 中的函数调用语句"f(a, b)"分别改为"f(a+b, a-b)、f(a++，b--)、f(abs(a), abs(b))"等形式，则程序运行结果如何？请读者自己思考。

4.4.2　地址传递方式

何谓参数的"地址传递方式"？我们知道"值传递方式"的特点是将实参的"值"传给形参。倘若形参接收的不是"值"，而是"地址"，则这种参数的传递方式就是"地址传递方式"。

参数的地址传递方式涉及到"地址""指针"等概念，若在此之前没有了解有关概念，则参数的地址传递方式将难以理解，所以本小节先将有关预备知识做简单介绍，详细内容可参见第 5 章有关内容。

要理解"地址传递方式"，首先要分清"值"和"地址"这两个概念。前面讲过，"值"是某个常量、变量、表达式的值，结果主要是整数、实数、字符等类型的数据。那什么是"地址"呢？

程序运行时，任何数据都要占据一定大小的内存单元，如在 16 位的系统中，一个 char 型数据占 1 个字节，一个 int 型数据占 2 个字节，一个 float 型数据占 4 个字节，一个 double 型数据占 8 个字节等，这是通常基于 16 位环境的说法。但在 32 位的系统中却有所不同，其中 int 型数据占 4 个字节，其他的均与 16 位环境下一样。这些类型的数据所占据的内存单元在内存空间中的位置称为"地址"。若无特殊说明，本章内所说地址均是指 32 位的。要获得某个变量的内存地址，C 语言提供了一个地址运算符"&"，只要将该运算符与某个变量连接起来，就能求出该变量的"地址"。若程序中定义了一整型变量 a，则表达式"&a"的计算结果就是变量 a 所分配内存单元的地址。一般来说，地址是一个 32 位的二进制值，为了表示方便，常常用十六进制表示，如 0012FFD8、00126A5C 等，其中的每一位代表 4 个二进制位。比如下面这个程序用于输出一个整型变量的地址。

例 4.15　该例展示地址的概念。

```
/*liti4-15.c, 地址 */
#include <stdio.h>
int main()
{
    int a;
    printf("The address of a is %p\n" , &a);   /* 输出整型变量 a 的地址 */
    return 0;
}
```

运行结果如下：

```
The address of a is 0012FF7C
```

表达式"&a"用于计算 a 的地址，格式符"%p"用于指定将该地址值以十六进制格式输出。程序运行时，变量的地址是临时分配的，所以变量地址以实际运行为准。

在对地址的使用中，往往是将地址放入某变量中，然后再使用，这种变量称为"指针变量"，也可简称为"指针"。"指针变量"的定义不同于以往的变量定义，它的定义格式为"类型符 * 变量名"，关键之处是定义时多了一个 * 号。那么，"int *a"和"int b"有什么不同呢？"int *a"定义了一个整型指针变量，该变量只能存放整型数据的地址，所以此处类型符的作用是说明变量 a 应存放何种类型数据的地址。"int b"仅仅是定义了一个普通的整型变量。既然如此，赋值语句"a = &b"就是合法的，意为将 b 的地址存入整型指针 a 中。同理，若有定义 "float *c"，则只能在指针 c 中存放任意实型数据的地址，因为 c 是实型指针。那 "char *d;" 呢？请读者自己考虑。看下面这个例子：

例 4.16 该例展示指针的概念。

```
/*liti4-16.c, 指针与地址 */
#include <stdio.h>
int main()
{
    int *a, b;              /* 定义整型指针变量a和整型变量b*/
    a = &b;                 /* 将整型变量b的地址赋给整型指针a*/
    /* 输出b的地址，注意输出项中不能写成 &a，想想为什么？ */
    printf("The address of b is %p\n" , a);
    return 0;
}
```

运行结果如下：

```
The address of b is 0012FF78
```

具体地址以实际运行为准。整型指针 a 中存放的是 b 的地址。图 4-4 清楚地说明了 a 和 b 的关系。

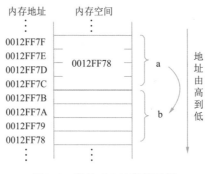

图4-4　变量a和b的存储示例

要注意的一点是，变量的地址是用分配给它的若干连续字节中的低端字节的地址来表示。从图 4-4 可以看出，a 和 b 各占 4 个字节，a 中存放的是变量 b 的地址 0012FF78，因为有赋值语句 a = &b，所以 a 指向了 b，这就是指针的含义。但指针 a 本身的地址是 0012FF7C，不是 0012FF78。0012FF78 是 b 的地址，这里很容易混淆，要注意区分。b 的值没有确定，因为程序中没有对 b 进行初始化或赋值的语句。

本例说明了如何定义指针，以及如何对指针赋值。难道定义出一个指针，仅仅是用来存放某个变量的地址吗？这当然不是最终目的。从图中可以看到，当指针 a 被赋以 b 的地址后，就意味着它指向了 b（图中的箭头形象地说明了这点），因此我们可以通过指针 a 来访问 b，这才是我们的最终目的，"指针" 对应的英文单词是 "pointer"。

如何通过指针 a 来访问 b 呢？这就要用到运算符 "*"，注意这里的 "*" 不同于在定义指针时用到的 "*"，虽然是同一个符号，但在不同的情况下有着不同的含义，"*" 还可用作乘法运算符。C 语言中类似的情况有不少，比如符号 "&" 既可以用作地址运算符，又可以用作位运算符。读者可以自己总结这些 "一号多用" 的情况。通过指针 a 访问 b 的语法为 "*a"，这意味着要通过指针来访问所指向的对象，只需在指针前加 "*" 即可。所以，要对 b 赋值，也可以用语句 "*a = 100;" 来实现，这与语句 "b = 100;" 等价。下面的例子简单地说明了指针的用法。

例4.17　该例说明指针的作用。

```
#include <stdio.h>
int main()
{
    int *a, b;                        /* 定义整型指针变量a和整型变量b*/
    a = &b;                           /* 将整型变量b的地址赋给整型指针a*/
    *a = 100;                         /* 这实际是在对b赋值 */
    printf("The value of b is %d\n" , b);  /* 输出b的值 */
    return 0;
}
```

运行结果如下：

```
The value of b is 100
```

若将上述程序中的"printf("The value of b is %d\n" , b);"改为"printf("The value of b is %d\n" , *a);"，运行结果是一样的。

前面三个例子都向读者解释了地址与指针等概念。本书第 5 章将更具体地介绍指针的概念，感兴趣的读者可先行了解。

"地址传递方式"是将某个实参的地址传递给函数的某个形参。形参接收的不是值，而是对应实参的地址，因此形参就指向了实参。这样在函数中就可以通过存放在形参中的地址去访问实参，从而达到对实参的修改，这在"值传递方式"中是做不到的。

所以，"地址传递方式"与"值传递方式"的最大区别就是：前者能通过存放在形参中的地址来访问实参，后者则不能。

例 4.13 中，主函数 main() 以"值传递方式"调用函数 f()，调用语句为"f(a, b)"。若要以"地址传递方式"调用函数 f()，则调用语句应改为"f(&a , &b)"（&a , &b 分别表示变量 a, b 的地址），但是否这样就可以了呢？

仅仅做这样的修改是不行的。原因是：在例 4.13 中，函数 f() 的首部定义为"void f(int x, int y)"，这种定义方式已将函数的参数传递方式规定为"值传递"，因此仅仅对函数调用进行改变是不够的，还必须对函数的定义进行修改，关键是要将函数的形参定义成"地址传递方式"。要做到这一点，必须将形参定义为"指针"，因为只有"指针"才能存放地址。为实现这一步，例 4.13 应做如下改变：

例4.18　该例说明参数的地址传递方式。

```
/*liti4-18.c,地址传递 */
#include <stdio.h>
void f(int *x, int *y)   /* 将形参x、y定义为指针，在调用时需获得对应的地址 */
{
    ++*x;   /* 等价于 *x=*x+1, *x 实际引用的是main中的a, 此语句是对a的值加1*/
    --*y;   /* 等价于 *y=*y-1, *y 实际引用的是main中的b, 此语句是对b的值减1*/
    printf("x=%d, y=%d\n",*x,*y);   /* 实际输出的是main中a、b的值 */
}
int main()
{
    int a, b;
    a=b=10;
```

```
    printf("a=%d, b=%d\n", a, b);
    f(&a,&b);        /*调用函数 f，将实参 a、b 的地址传递给对应的形参 */
    printf("a=%d, b=%d\n", a, b);
    return 0;
}
```

运行结果如下：

```
a=10, b=10
x=11, y=9
a=11, b=9
```

可以看到，实参 a，b 在调用函数 f() 前后，值发生了改变。为什么会这样呢？图 4-5 对此进行了解释。

视频 4-5 参数传递总结

从图中可以看到，在地址传递方式中，由于形参都是指针，所以能通过指针实现对实参的访问（地址指向如图中虚线所示），因此对上面程序运行的结果，读者应能够理解。

本节的主要内容就是应掌握函数调用时两种不同的参数传递方式，以及对应的不同 C 语言函数定义语法。

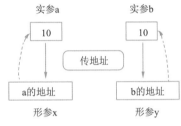

图4-5 例4.18的参数传递示例

4.5 函数的嵌套调用与递归调用

程序由若干函数构成，则程序的执行呈现出在各函数之间来回跳跃执行的特点，这种执行特点主要表现出两种方式：嵌套调用和递归调用。下面分别介绍这两种情况。

4.5.1 函数的嵌套调用

所谓"嵌套调用"，就是一个被调函数，在它执行还未结束之前又去调用另一个函数，这种调用关系可以嵌套多层，理论上嵌套层数不受限制。嵌套调用执行方式如图 4-6 所示。

视频 4-6 函数嵌套调用

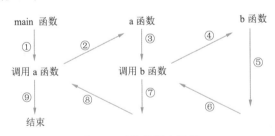

图4-6 函数的嵌套调用

图 4-6 所示的嵌套调用只有两层，即 main() 函数调用 a() 函数，a() 函数调用 b() 函数，执行顺序如图中数字所示。总的原则是：要先执行完被调函数，才能返回到调用函数调用点后继续执行。比如上图中，要先执行完 b() 函数，才能返回到 a() 函数；执行完 a() 函数，才能返回到 main() 函数；main() 函数执行完了，程序结束。下面通过一个例子来介绍。

例4.19 该例介绍函数的嵌套调用。

```
/*liti4-19.c，函数嵌套示例 */
#include <stdio.h>
```

```
int fun2(int a,int b)
{    int c;
     c = a*b%3;
     return c;
}
int fun1 (int a, int b)
{    int c;
     a += a; b += b;
     c = fun2(a,b);
     return c*c;
}
int main()
{
     int x=2,y=7;
     printf("The result is : %d \n",fun1(x,y));
     return 0;
}
```

运行结果如下：

```
The result is : 4
```

程序分析：函数的嵌套调用伴随着函数调用、参数传递、函数返回等步骤。从上述程序可以看出，首先 main() 函数调用 fun1() 函数，实参 x，y 在调用时将值分别传给了 fun1() 函数的形参 a 和 b，然后在执行语句 "a += a; b += b;" 之后，a 等于 4，b 等于 14（注意实参 x，y 的值没变），然后执行语句 "c = fun2(a,b);"，调用 fun2() 函数，此时，fun1() 函数中的 a，b 是实参，将值传给了 fun2() 函数中对应的形参 a，b；然后进入 fun2() 函数内执行，执行完语句 "c = a*b%3;" 后 c 等于 2，再执行 "return c;"，fun2() 函数要返回，返回值是 2，返回到哪去呢？返回到调用点，也就是 fun1() 函数中的 "c = fun2(a,b);" 处。此时，我们已知道 fun2(a,b) 的返回值是 2，接着就是将 2 赋给了变量 c（注意此处的 c 是 fun1 中的，而不是 fun2() 函数中的那个 c 变量），接着继续往下执行语句 "return c*c;"，fun1 返回，返回值是 4，返回到哪里呢？返回到调用点，即 main() 函数中的 "printf（"The result is：%d \n"，fun1(x，y));" 处，此时由于 fun1(x，y) 的返回值是 4，所以 printf 函数的输出结果是 "The result is : 4"。

这个例子说得简单些，就是 main() 函数调用 fun1() 函数，fun1() 函数调用 fun2() 函数，执行完 fun2() 函数，返回到 fun1() 函数，执行完 fun1() 函数，返回到 main() 函数，执行完 main() 函数，程序结束，执行流程类似图 4-6。从这个例子，读者可以具体了解函数嵌套调用的情况。对于初学者，则要重点关注嵌套调用时函数的逐层进入和依次返回的过程。

4.5.2 函数的递归调用

函数的嵌套调用是指不同函数之间的逐层调用方式；如果函数在执行当中，出现了不断调用自身的情况，则这种调用方式称为 "递归调用"。函数的递归调用形式如图 4-7 所示。

函数执行时不断地自己调用自己，这种执行方式有什么意义呢？初学者很容易产生这样的疑问。其实，递归是一种非常巧妙地解决问题的方式，本质也是采用了 "分而治之" 的思想。只不过用递归方法分解出来的各个子问题都是功能一样的类似的子问题，因此，就不需要针对每个子问题单独编写函数，只需编写一个共同的

图4-7　函数的递归调用

函数即可，该函数就是"递归函数"。

递归函数的执行特征是不断地自己调用自己，形成一种类似循环的反复调用，但这种调用不能无限制地进行下去。在进行有限次的调用后，递归要结束，调用也要逐层返回，最终实现问题的求解。无限制地进行递归调用是不允许的，也是不能解决问题的。

下面用一个例子来说明递归的使用。

例 4.20 用递归方法求阶乘 $k!$。

我们知道 $k!=k*(k-1)!$，即任一数的阶乘都可转化为先求低一阶的阶乘来算出。比如要计算 $k!$，可以先求出 $(k-1)!$，然后用 k 乘以 $(k-1)!$ 来求出 $k!$；而要计算 $(k-1)!$，则又可转化为先求 $(k-2)!$，然后用 $(k-1)$ 乘以 $(k-2)!$ 求出 $(k-1)!$，……。

视频 4-7 递归函数设计

可以看到，该问题可分解为求 $k!$、$(k-1)!$、$(k-2)!$、……、$2!$、$1!$ 这些功能类似的子问题，这就是递归的思想：将某个问题的解决依赖于与这个问题类似，但规模或计算量较小的一个或若干个子问题，若这个（些）子问题仍不够简单，则继续转化。当然，这种依赖转化不能无限制地进行下去，一定要有结束的条件。在本例中，当转化到求 $1!$ 时，就不必再转化了，这就是本例判定递归终止的条件。根据这一思想，可构造出求 $k!$ 的递归函数。

```c
/*liti4-20.c,递归函数 */
#include <stdio.h>
float fac(int k)                    /* 用递归方法求阶乘 k!*/
{
    if(k==1)
        return 1;                   /* 当求 1! 时，递归终止 */
    else
        return k*fac(k-1);          /* 若不是求 1!,则继续转化为求阶乘 (k-1)!*/
}
int main()
{
    int m;
    printf("m = ");
    scanf("%d",&m);
    printf("%d! = %f\n",m,fac(m));   /* 调用函数 fac(m) 求阶乘 m!*/
    return 0;
}
```

运行结果如下：

```
m = 4 ↙
4! = 24.000000
```

上述程序递归调用的执行和返回情况，可以借助图 4-8 来说明。

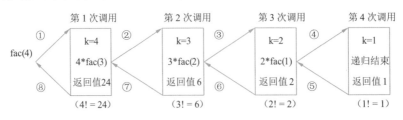

图4-8　例4.20的递归函数调用过程

从图 4-8 可以看出,对 fac() 函数进行了 4 次调用,因此递归实际是一种特殊的嵌套调用,特殊在每次嵌套调用的是同一个函数.但每次调用时,给出的参数 k 不一样,好像是同一个函数在做不同的事情。比如,第一次调用的形参是 k=4,第二次调用的形参为 k=3,……。虽然每次调用的是同一个函数,但处理的数据不一样。另外要注意的是递归的返回,类似于函数的嵌套调用,也是逐层返回。图中的数字序号表明了该例递归调用的进入和返回次序。当然,递归的次数是动态的,如果求解的是 5! 或更大,则递归的次数就更多。

以往求阶乘都是采用循环的方法(实际用的是递推方法),即最初从 1 的阶乘开始,然后求出 2 的阶乘,再求出 3 的阶乘,……,如此递推下去。而递归则首先摆出一步到位的架式,好像要立即求出 k 的阶乘,通过 k*fac(k-1) 建立起这种求解关系。但实际上是不可能一步就求出 k! 的,最终还是要通过对 fac() 函数的递归调用来实现,直到达到不能递归调用的条件时,再逐层返回,返回到最上层,问题也就解决了。

所以,一个问题能否用递归来解决是有条件限制的,一般要符合两个条件:一是要存在一个递归的关系,即可以将一个问题转化为一个或若干个与之类似,但复杂度要小的其他子问题;二是要有一个结束递归的条件,即这种转化不能无限制地进行下去。设计递归函数的框架相对固定,其一般形式可以描述如下:

```
if(是问题的最简单情况)
    以非递归方式处理并返回;
else
{
    将问题转化为性质相同但较简单的子问题;
    以递归方式求解子问题;
}
```

可以看到,递归是一种优雅简洁的问题解决方式,但这种"美"是一种表面看起来的美。实际上递归解决问题的效率是比较低的,因为它往往需要进行大量的函数调用和返回。并且递归不能无限制地进行下去,否则问题不能得到解决,因此不管做什么都要把握好一个度,要有底线思维,否则"过犹不及,物极必反"。下面再来看个递归的例子。

例 4.21 汉诺塔问题:古代有一个梵塔,塔内有三个座 A、B、C。A 座上有 64 个盘子,盘子大小不等,大的在下,小的在上。有一个和尚想把这 64 个盘子从 A 座移到 B 座,但每次只能允许移动一个盘子,并且在移动过程中,三个座上的盘子始终保持大盘在下,小盘在上。要求输出移动的步骤。为简单起见,本例先从三个盘子开始,如图 4-9 所示。

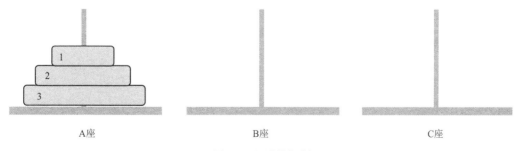

图4-9 汉诺塔问题

程序设计分析:该问题可用递归方法求解。首先要分解出有依赖关系的子问题。本例中,第一个问题是"A 座上的三个盘子移到 B 座",其解决依赖于两个类似的子问题——将盘 1、盘2移到C座，将盘3移到B座后，再将C座上的盘1、盘2移到B座，这样移动就完成了。这里的关键是要理解所依赖的两个类似子问题分别是将盘1、盘2先后移到两个不同的座上；在移动盘1、盘2到某座时，该子问题又可转化为两个类似的子问题，即先后移动盘1到两个不同的座上。类似的，若A座上有n个盘子要移到B座，则应先移动上面$n-1$个盘子到C座，将第n个盘子移到B座后，再将C座上的$n-1$个盘子移到B座；后面依赖的两个子问题还需再转化；若某次移动只有一个盘子时，就直接将该盘移到目的地，不需再转化。以上就是该问题的递归解法。由于这些问题及依赖的子问题功能一致，所以只需编写一个函数即可。该函数就是"递归函数"。根据以上分析，可设计该问题的递归函数如下：

```c
/*liti4-21.c,将n个盘子从sour移到dest,借助tran*/
void hanoi(int n,char sour,char dest,char tran)
{
    if(n == 1)
    {   /* 直接将第n个盘子由sour移到dest*/
        printf("move plate %d: from %c to %c\n",n,sour,dest);
    }
    else
    {   /* 将前n-1个盘子由sour移到tran, 借助dest*/
        hanoi(n-1, sour, tran, dest);
        /* 直接将第n个盘子由sour移到dest*/
        printf("move plate %d: from %c to %c\n",n,sour,dest);
        /* 将前n-1个盘子由tran移到dest*/
        hanoi(n-1, tran, dest, sour);
    }
}
int main()
{
    int n;
    printf("Input the number of plates:");
    scanf("%d",&n);
    hanoi(n, 'A', 'B', 'C');
    return 0;
}
```

运行结果如下：

```
Input the number of plates: 3 ↙
move plate 1: from A to B
move plate 2: from A to C
move plate 1: from B to C
move plate 3: from A to B
move plate 1: from C to A
move plate 2: from C to B
move plate 1: from A to B
```

若输入的n为4，则移动次数为15；n个盘子的移动次数是2^n-1。所以，若有64个盘子，则移动次数是$2^{64}-1=18\ 446\ 744\ 073\ 709\ 551\ 615$。若每秒移动一次，就算这和尚能长生不老，不吃不喝，到地球毁灭的时候也移不完！

递归在解决某些问题时是一种十分有用的方法，它可以使某些看起来不易解决的问题变得容易解决，写出的程序也很简洁。事实上，有许多成功使用递归方法的经典例子，有兴趣的读者可进一步参阅有关资料。但递归也有不足之处，看起来简洁的程序，执行起来速度却较慢。因为递归会产生非常频繁的函数调用和返回，这会花费较多的机器时间和占用较多的内存空间，这就是递归程序效率不高的原因。

4.6　变量的作用域

"变量的作用域"实际说的是函数与变量之间的访问关系。如果某变量只能被某函数访问，则该变量就是该函数的"局部变量"；如果某变量能被程序中的所有函数访问，则该变量为"全局变量"。

4.6.1　局部变量

局部变量是指只能被某函数访问的变量。该函数就是该变量的作用域。从 C 语言的语法来看，在函数体内定义的变量就是局部变量，包括定义的形参。局部变量只能被拥有它的函数访问，其他函数不能直接访问。图 4-10 很好地说明了函数的局部变量的作用域。

```
char s1(int a)
{    int m , c;              ⎫
     ...                      ⎬ 局部变量a、m、c的作用域
}                            ⎭

float s2(int x,char y)
{    int m,n;                ⎫
     ...                      ⎬ 局部变量x、y、m、n的作用域
}                            ⎭

int main()
{    int i, j;               ⎫
     ...                      ⎬ 局部变量i、j的作用域
}                            ⎭
```

图4-10　局部变量的作用域

关于局部变量，有以下几点说明：

（1）函数中定义的变量是局部变量，其他函数不能直接访问。如图 4-10 中的 main() 函数中定义的变量 i、j 只在主函数中有效，其他函数不能直接访问；同样，主函数也不能访问函数 s1()、s2() 中定义的变量。

（2）不同函数中可以定义名字相同的变量，它们代表不同的对象，互不影响。如图 4-10 中的 s1() 和 s2() 函数中均定义了名为 m 的变量，但它们位于不同的函数体内，互不相干。

（3）形参也是局部变量。例如 s1() 函数中的形参 a，s2() 函数中的形参 x 和 y 等，都只能在各自定义的函数内被访问，其他函数不能直接访问。

（4）函数被调用而执行时，系统会为当前要执行的函数创建一个"工作环境"，函数的局部变量就存放在该工作环境中。该环境在"栈"中分配，"栈"是内存中的一个区域，是系统为正在执行的程序分配的。每次调用一个函数，系统都会为该函数在栈中创建一个工作环境。当函数执行完毕，该工作环境从栈中撤销，所以工作环境是临时性的。

前面的例 4.13 和例 4.14 不仅介绍了参数的值传递方式，同时也可以作为局部变量的例子，读者可以自行阅读，关键是了解 main() 和 f() 函数中各有哪些局部变量。

4.6.2　全局变量

能被所有函数访问的变量就是全局变量。从 C 语言的语法来看，在函数之外定义的变量就是全局变量，它的作用域为从定义变量开始的位置到程序的结束之处。具体如图 4-11 所示。

```
float u = 1.5, v = 3.2    /* 全局变量 */
char s1(int a)
{    float m, c;
     ...
}
int p, q;    /* 全局变量 */
float s2(int x, char y)
{    int m, n;
     ...
}
int main()
{
     int s, r;
     ...
}
```

全局变量
p、q 的作用域

全局变量
u、v 的作用域

图 4-11　全局变量的作用域

从上图可以看到，u，v 和 p，q 都是定义在函数之外的全局变量，但是它们的作用域是不同的。全局变量的作用域为：从定义变量开始的位置到程序的结束之处。所以，u，v 变量在整个程序中都能访问到，而 p，q 只能在 s2() 函数和 main() 函数中被访问到，s1() 函数却访问不到。若要改变 p，q 的作用域，使得它们与 u，v 等价，只需将 p，q 的定义位置也放在程序的开始处即可。

例 4.22　一个使用全局变量的例子。

```
/*liti4-22.c, 全局变量 */
#include <stdio.h>
int x;
void fun(int a, int b)
{
    int t;
    t=a; a=b; b=t;
    x=a/b;
    printf("the result is : %d\n",x);
}
int main()
{
    int a=5, b=12;
    fun(a,b);
    printf("a=%d, b=%d, x=%d\n",a,b,x);
    return 0;
}
```

运行结果如下：

```
the result is : 2
a=5 , b=12 , x=2
```

程序分析：此例定义了一个全局变量 x 。main() 函数中定义了两个局部变量 a、b，分别赋值为 5、12，它们在调用 fu() 函数 n 时作为实参，而 fun() 函数也有两个同名的形参 a、b，实参与形参同名，但它们是属于不同函数的局部变量，这在前面已介绍了。所以调用时，main() 函数中的 a、b 将值传给了 fun() 函数中的 a、b，然后进入 fun() 函数执行，执行时，"t=a；a=b；b=t；"的作用是将 a、b 的值互换，此时要注意，互换的只是 fun() 函数内的 a、b，而不是 main() 函数内的 a、b，然后执行 "x=a/b；"语句，将全局变量 x 的值赋值为 2，再执行输出语句，显示 x 的值。这时，fun() 函数已执行完，返回到 main() 函数，继续执行调用点之后的语句，即 "printf（"a=%d，b=%d，x=%d\n"，a，b，x)；"，这里要注意的是，输出语句中要显示的变量 a、b 不是 fun() 函数中的 a、b，而是 main() 函数中的 a、b，由前面分析得知，main() 函数中 a、b 的值在 fun() 函数调用后没有发生变化，所以，输出的还是 5、12。x 是全局变量，fun() 函数中已赋值为 2，所以在 main() 函数中显示时，仍然为 2。以上就是对该例的分析。

例 4.23 该例说明如何处理全局变量与局部变量同名的情况。

```c
/*liti4-23.c，全局变量与局部变量同名 */
#include <stdio.h>
int y = 5;
int main()
{
    int y = 3;
    printf("y = %d\n",y);
    return 0;
}
```

运行结果如下：

```
y = 3
```

程序分析：此例中定义了两个 y：一个是全局变量 y，定义时被初始化为 5；一个是定义在 main() 函数中的局部变量 y。这两个 y 也只是名称相同的两个不同实体。C 语言有这样的规定：当某函数内定义有与全局变量同名的局部变量时，则局部变量起作用，同名的全局变量被屏蔽。所以，输出的应是 "y = 3"。再看下一例。

例 4.24 全局变量与局部变量同名的另一个例子。

```c
/*liti4-24.c，全局变量与局部变量 */
#include <stdio.h>
int y = 5;
void f1()
{
    y = 8;                /* 此处是对全局变量 y 赋值，f1() 函数中没定义任何变量 */
    printf("y = %d\n", y);
}
int main()
{
    int y;
    y=3;
```

```
    f1();
    printf("y = %d\n",y);        /* 输出的是 main() 函数中定义的局部变量 y 的值 */
    return 0;
}
```

运行结果如下：

```
y = 8
y = 3
```

程序分析：可能有人会说，运行结果应该是两个 y = 8，因为调用 f1() 函数时将 y 赋值为 8 了。要注意的是，f1() 函数中没有定义任何变量，所以 f1() 函数中的语句"y = 8"访问的就是全局变量 y，所以其后执行的输出语句输出的也是全局变量 y 的值。返回到 main() 函数，继续执行调用点的下一条语句，也是输出 y 的值，由于 main() 函数也中定义了一个同名的局部变量 y，根据 C 语言的规定"当某函数内定义有与全局变量同名的局部变量时，则局部变量起作用，同名的全局变量被屏蔽"，所以，输出的应是"y = 3"。

4.6.3 外部变量

一个 C 程序可由多个源文件组成（但只允许在一个文件中包含 main() 函数），如果在某个文件中定义了一个全局变量，要让其他文件中的程序也能访问到，该怎么办呢？难道要在每个文件中都定义一个同名的全局变量？一个程序中有多个同名的全局变量显然是不允许的。这时就要用到 extern 关键字。extern 能将定义在某个文件中的全局变量的作用域扩展到其他源程序文件中。

视频 4-8
变量作用域
总结

extern 的声明语法为：

```
extern 类型名 变量表;
```

例 4.25 下面的程序由多个源文件构成，该例说明如何将全局变量的作用域扩展到其他源文件中。

```
/*liti4-25-1.c */
#include <stdio.h>
float A=2.5;
int main()
{
    sub();
    printf("A=%f",A);
    return 0;
}

/*liti4-25-2.c*/
extern float A;
void sub()
{
    A = A * A;
}
```

运行结果如下：

```
A=6.250000
```

从此例可以看到，本来全局变量 A 的作用域只是在源文件 liti4-25-1.c 中，但 liti4-25-2.c 中用 extern 将 A 的作用域扩展到本文件中，这样 liti4-25-2.c 中的 sub() 函数也能对外部的全局变量 A 进行访问了。因此，如果程序的源文件有多个，在一个源文件中定义了一个全局变量，其他文件中的程序也想访问这个全局变量，则都必须在文件中加上对该全局变量 A 的外部声明。

4.7 变量的存储类型

上一节从作用域的角度将变量分为局部变量和全局变量两种,本节从变量的"存储类型"角度对变量做进一步介绍。对于变量的存储类型，主要是了解变量的存储空间在哪里分配，以及变量的生存期（即变量的存在时间）等问题。系统会为正在运行的程序分配所需的存储空间。程序运行空间主要包括栈、堆、静态区、代码区、寄存器等，具体如图 4-12 所示。

程序运行的时候，各种变量根据需要在上述不同的区域中进行存放，下面按变量的存储区域对变量进行分别介绍。

图4-12　程序运行空间组成

4.7.1　动态变量

所谓"动态变量"，是指需要的时候临时创建，不需要了则可以自动或随时撤销。动态变量可以在堆中或栈中分配。在堆中分配的变量，一般由程序员利用 malloc() 和 free() 这两个 C 标准函数在程序中进行显式地分配和释放。限于篇幅，堆中的动态变量不在此介绍，感兴趣的读者可自行去了解。本小节中所讲的动态变量是指在栈中分配的变量,即在函数中定义的变量、形参等局部变量。栈的概念在局部变量一节中已有介绍。要特别注意的是：栈中的变量其分配和释放是由系统自动进行的。即进行函数调用时，系统为局部变量在栈中自动分配空间；函数执行完毕返回时，系统自动回收局部变量的栈空间。这种变量的分配和释放由系统负责，既方便又安全，因此这种动态变量也称为"自动变量"。

函数中定义的变量一般就是这种自动变量，只不过省略了关键字"auto"。声明自动变量的完整格式如下：

[auto] *类型名 变量表；*

关键字 auto 可省略，若省略则默认为自动变量。

例4.26　该例说明自动局部变量的性质。

```
/*liti4-26.c，自动变量的定义 */
#include <stdio.h>
void sub(int x)
{
    auto int y=3;              /* 显式声明 y 为自动局部变量 */
    y = y + x;
    printf("y = %d\n",y);
}
int main()
{
    int x =2, y = 2;          /* 隐式声明 x、y 为自动局部变量 */
    sub(x);
    printf("y = %d\n",y);
```

```
        return 0;
    }
```

运行结果如下：

```
y = 5
y = 2
```

程序分析：函数 sub() 和 main() 中都有定义的 x、y，都是不同的实体，只是名称相同。形参也是自动变量，所以 sub() 和 main() 函数中各自定义的局部变量 x、y 都是在函数调用时在栈中创建。当函数返回时，全都自动撤销。

4.7.2 静态变量

如上所述，动态变量一般是指在栈中分配的自动变量，它们是函数的局部变量，其生存期只是存在于函数执行的那一段时间。本节要介绍的"静态变量"存储在程序的静态区中，其生存期与整个正在执行的程序同步，即在程序没有执行完并退出之前，静态变量一直存在。

前面介绍的全局变量实际就是一种静态变量，它位于程序的静态存储区中，程序中的任何函数都可以对其访问。前面还提到，C 程序可以由多个文件构成，在某文件中定义的全局变量，可以用 extern 关键字将其作用域扩展到其他程序文件中。但有时可能需要将全局变量的作用域仅局限于定义它的文件中，即禁止将其作用域扩展到其他文件，此时可将该全局变量定义为"静态全局变量"即可。具体语法如下：

static 类型名 变量表；

例 4.27 下面的程序由多个源文件构成，该例说明静态全局变量的作用域。

```
/*liti4-27-1.c*/
#include <stdio.h>
static float A=2.5;      /* 定义静态全局变量 */
int main()
{
    sub();
    printf("A=%f",A);
    return 0;
}


/*liti4-27-2.c*/
extern float A;          /* 对静态全局变量作用域的扩展无效 */
void sub()
{
    A = A * A;           /* 报错 */
}
```

上述程序在编译时，会在 sub() 函数的"A = A * A"语句处报错。因为 liti4-27-1.c 中将全局变量 A 用 static 关键字声明为静态全局变量，则 A 的作用域只能局限于 liti4-27-1.c 中，即使在 liti4-27-2.c 中用"extern float A"进行了作用域的扩展，但扩展无效，liti4-27-2.c 中的函数仍然不能访问在 liti4-27-1.c 中定义的全局变量 A。

在"4.7.1 动态变量"一节中，提到函数中的变量都是动态变量，但有时根据需要也可把函数中的变量定义为静态变量，定义的语法和定义静态全局变量一样，但定义的位置要位于函数中，这样的变量称为"静态局部变量"。

函数的"静态局部变量"与函数的"自动局部变量"有什么区别呢？

相同点：二者的作用域相同。它们都是定义在函数内的局部变量，所以它们的作用域都是在函数内，其他函数不能对它们直接访问。

不同点：二者的生存期不同。自动局部变量是函数执行时在栈中临时创建，执行完了自动撤销，是动态的。而静态局部变量存储于程序的静态区中，在函数执行之前就存在，生存期与整个程序同步，这一点和全局变量一样。

因此，在函数中声明的静态局部变量不论其所在的函数是否被调用，它一直存在。如果在函数执行期间修改了静态局部变量的值，则在函数执行完后，该值仍存在，并将作为下一次调用该函数的初值。那么，自动变量的初值在每次调用函数时会是什么呢？请读者思考。

例4.28 该例说明静态变量的性质和作用。

```
/*liti4-28.c,静态变量的定义及性质 */
#include <stdio.h>
int sub()
{
    static int i = 1;          /* 声明静态局部变量i,并置初值为1*/
    i = 2*i;
    return(i);
}
int main()
{
    int i;
    for(i = 1; i <= 4; i++)
        printf("result = %d\n",sub());
    return 0;
}
```

运行结果如下：
```
result = 2
result = 4
result = 8
result = 16
```

对这个例子，要注意区分 main() 函数中定义的 i 与 sub() 函数中定义的 i 之间的不同。sub() 函数中定义的 i 是位于 sub() 函数中的静态局部变量，其寿命与程序同步；main() 函数中的 i 是 main() 函数中定义的自动局部变量，它没有全局寿命。这里有个问题，若将 sub() 函数中定义 i 于前的关键字 static 去掉，则程序的运行结果又会如何呢？请读者思考。

4.7.3　寄存器变量

一般情况下，程序运行时各变量是分配在内存中的，要对某变量进行访问，由 CPU 将该变量的值从内存读入运算器中进行运算。为了提高变量的存取速度，C 语言允许将变量直接放在 CPU 的寄存器中。这样由于无须到内存中去访问，存取速度就更快，这样的变量又称为"寄存器变量"。C 语言中提供了关键字 register 来声明寄存器变量，声明语法如下：

`register 类型名 变量表；`

例如：register int i;

📖说明:

（1）只有局部变量和函数形参可以定义为寄存器变量，全局变量不可以。

（2）由于CPU中的寄存器数量有限，不要定义过多的寄存器变量，多出的变量自动作为自动变量处理。

（3）C语言中，寄存器变量仅限于int、char和指针型数据。

除非在特别追求速度的情况下，一般程序中用不到寄存器变量，因此此处不对寄存器变量进行举例，读者只需了解即可。

本节介绍了各种存储类型的变量。下面通过一个具体的例子更加全面地阐述不同存储类型的变量在运行中的变化特点。

例4.29 该例说明程序运行过程中变量的存储空间变化。

```c
/*liti4-29.c，变量的存储空间变化 */
#include <stdio.h>
int z=1;                 /* 定义全局变量z*/
void sub(int x)
{
    auto int y=3;        /* 显式定义自动局部变量y*/
    y = y + x;
    z = 2 * y;
    printf("y=%d\n",y);
}
int main()
{
    int x=2,y=2;         /* 隐式定义自动局部变量x、y*/
    sub(x);
    y = y + z;
    printf("y=%d\n",y);
    return 0;
}
```

运行结果如下:

```
y=5
y=12
```

程序分析：此例的主要目的是阐述程序的空间组成，以及程序运行过程中全局变量和局部变量存储空间的分配和变化。

首先，全局变量z在静态区中分配，初始值为1；程序运行先调用 main() 函数，并在栈中为 main() 函数的局部变量x、y分配空间，此空间也称为"栈帧"；main() 函数在执行中调用 sub() 函数，系统也会为 sub() 函数的形参x和局部变量y在栈中分配相应的栈帧空间。main()、sub() 函数形成嵌套调用，在 sub() 函数被调用还未返回时，程序的空间状态如图 4-13 所示。

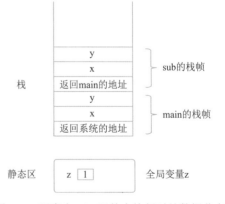

图4-13　程序在sub()函数中执行时的数据分布

栈帧就是函数在执行时由系统分配的工作环境，用于存放函数的局部变量。由于此时 main() 和 sub() 函数的调用都没返回，因此栈中按调用顺序先后存放了这两个函数的栈帧。栈帧中还要存放调用者的返回地址，因为被调用者执行完后要通过这个地址返回到调用者。

随着程序的执行，当 sub() 函数执行完，返回到 main() 函数时，程序的空间状态如图 4-14 所示。

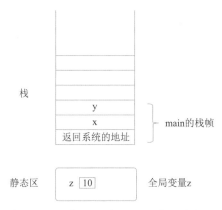

图4-14　程序从sub()函数返回到main()函数中执行时的数据分布

sub() 函数返回后，其在栈中分配的工作栈帧被收回，其所有的动态局部变量被撤销，栈中只剩下 main() 函数的栈帧。另外，全局变量 z 的值被 sub() 函数改为 10。程序流程回到 main() 函数继续执行。当 main() 函数执行完毕，返回到系统调用者时，程序的空间状态如图 4-15 所示。

图4-15　程序从main函数返回时的数据分布

可以看到，当所有的函数调用都返回了，栈就成为了一个空栈，但静态区中的数据还存在。当然，当整个程序全部执行完毕，程序的所有空间（栈、堆、静态区、代码区等）都会被系统回收。

至此，相信读者对变量的作用域、存储类型等概念有了个较全面的认识。图 4-16 对程序空间的构成进行了具体说明。

视频 4-9
变量存储类
型总结

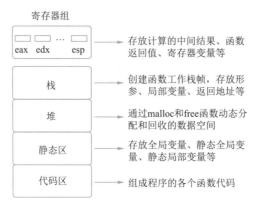

图4-16　程序运行空间详细说明

从上面两节可以看到，变量既有全局和局部之分，也有动态和静态之分。从程序中也可看到，事物的存在都是辩证统一的，善于把握事物的对立面，以及认清对立事物各自的优缺点，对解决各种实际问题具有重要的指导作用。

4.8　编译预处理命令

在书中的众多例子中，在程序的开头都有一个"#include <stdio.h>"的命令。这个命令就是一个"预处理命令"。那么，什么是预处理命令？它有什么作用呢？

预处理命令用来告诉编译程序在对源程序进行编译之前应作些什么。这些命令在行首以#开头。要注意的是，预处理命令不是C语言的一部分，它的作用是为指导编译程序服务的。C的预处理功能主要有三种：宏定义、文件包含和条件编译。本节我们介绍前两种，有兴趣的读者可以查阅相关书籍了解条件编译。

4.8.1　宏定义

视频 4-10
宏定义

宏定义(#define)能有效地提高程序的编程效率，增强程序的可读性、可修改性。C语言的宏定义分为"不带参的宏定义"和"带参的宏定义"两种。

1. 不带参数的宏定义

格式：

#define　宏名　宏体

宏定义是为宏名指定宏体。在对源程序进行预处理时，将程序中出现宏名的地方均由宏体替换，这一过程也称为"宏展开"。

📖 说明：

（1）宏名应为一合法标识符，一般用大写字母表示，但并非硬性规定，也可用小写字母表示。

（2）宏体可以是数值常量、算术表达式、字符串、语句等。

（3）宏定义可以出现在程序中的任何位置，但必须位于引用宏名之前。

（4）在进行宏定义时，可以引用之前已定义的宏名，即可层层替换。

例 4.30　该例说明如何在程序中使用宏定义。

```c
/*liti4-30.c, 宏定义与宏展开 */
#include <stdio.h>
#define PI 3.1415926
#define R 4
#define L 2*PI*R
#define S PI*R*R
#define MSG "This is a macro-define example.\n"
int main()
{
    printf(MSG);
    printf("L = %f , S = %f \n",L,S);
    return 0;
}
```

运行结果如下：

```
This is a macro-define example.
L = 25.132741 , S = 50.265482
```

程序分析： 该例中既有宏定义，更有宏定义的多重替换。程序中的语句 "printf(MSG);" 实际上展开为 "printf(This is a macro-define example.);"。语句 "printf("L = %f , S = %f ", L , S);" 实际上展开为 "printf("L = %f , S = %f \n" , 2*3.1415926*4 , 3.1415926*4*4);"。这样读者应不难理解程序的输出结果为何如此了。

2.　带参数的宏定义

格式：

#define　宏名（形参表）　宏体

定义带参数的宏。在对源程序进行预处理时，将程序中凡是出现宏名的地方均用宏体替换，并用实参代替宏体中的形参。

> 📖 **说明：** 基本与"不带参数的宏定义"使用说明相同。但要注意的是使用时要用实参代替形参。

例 4.31　该例说明带参数的宏的使用。

```c
/*liti4-31.c, 带参数的宏定义与宏展开 */
#include <stdio.h>
#define PI 3.1415926
#define L(r) 2*PI*r
int main()
{
    float circle, a;
    printf("a = ");
    scanf("%f",&a);
    circle = L(a);
    printf("circle = %f\n", circle);
    return 0;
}
```

运行结果如下：

```
a = 2.5 ✓
```

```
circle = 15.707963
```

程序分析：

程序中的语句"circle = L(a);"实际上展开为"circle = 2*3.1415926*2.5 ;"。

例 4.32 该例说明宏替换时应注意的问题。

```
/*liti4-32.c, 宏展开的注意事项 */
#include <stdio.h>
#define PRT(k) printf("%d\n",k)
#define result(x,y)  (x)*(y)
int main()
{
    int a=3,b=5,m;
    m = result(a+b,a-b);
    PRT(m);
    return 0;
}
```

运行结果如下：

```
-16
```

程序分析：根据宏定义，"result(a+b,a-b)"宏替换后变为"(a+b)*(a-b)"，结果为 -16 不难理解。但若将宏定义"#define result(x,y) (x)*(y)"改为"#define result(x,y) x*y"，程序运行的结果是否一样呢？从表面上看，将 (x)*(y) 改成 x*y，似乎没有什么差别，但实际上有很大的不同。此时"result(a+b,a-b)"宏替换后变为"a+b*a-b"，表达式的结果为 13，不是 -16。原因就在于，宏定义中的 x、y 可以表示常量、变量、函数、表达式等任意对象，在实际替换时，应当根据替换后的表达式去计算，而不是想当然。

读者可能会发现带参数的宏定义与函数在使用上有相似之处，但二者是截然不同的。区别在于：宏定义在编译时，要预先将宏体在各调用处展开，即宏体的程序代码要插在各调用处，然后再编译；而每个函数，编译时只生成一块代码，调用时，转到相应的函数代码上去执行，执行完返回到调用处，即不将函数代码插在调用处。

4.8.2 文件包含

C 语言中提供了许多系统函数、宏定义、结构体类型定义、全局变量定义等，它们的声明都分门别类地放在不同的"头文件"中（扩展名为 .h）。例如，前面很多例子中，都有一个"# include <stdio.h>"命令。因为这些程序中要用到 printf()、scanf() 等输入 / 输出库函数，而头文件"stdio.h"中有这些输入 / 输出函数的原型声明，这样，通过命令"# include <stdio.h>"将"stdio.h"文件的内容插入当前文件中，编译的时候就能检查到这些函数原型的存在。stdio.h 可称为"标准输入输出函数头文件"。

C 语言中已准备了许多的头文件，如"math.h"（常用数学函数头文件）、"string.h"（字符串函数头文件）、"time.h"（系统时间函数头文件）、"dir.h"（目录操作函数头文件）、"alloc.h"（动态地址分配函数头文件）、"graphics.h"（图形函数头文件）等。要用到某类函数，就应当在程序头部嵌入该类函数所在的头文件。当然，这些只是众多 C 头文件中的一部分，若读者感兴趣，可进一步参考有关 C 语言书籍。

下面说明文件包含命令的用法。

　　格式：

```
#include <头文件>
```

将该字右缩进，与上下对齐

```
#include "头文件"
```

　　"文件包含"也称"文件嵌入"，其目的是将一个源文件的所有内容插入本命令所在的源文件中。

> 📖 说明：
>
> 　　（1）一个 #include 命令只能指定一个头文件，若要嵌入 n 个头文件，则要用 n 个 #include 命令。
>
> 　　（2）使用一对尖括号是通知预处理程序在设定的系统目录中查找指定头文件；使用双引号是通知预处理程序先在源程序所在目录中查找指定头文件，若找不到，再在 C 的系统目录中查找指定头文件。
>
> 　　（3）如果没有搜索到指定头文件，系统将给出错误提示并停止编译。

　　当然，用户可以编写自己的头文件，然后用 "#include" 将其嵌入所需源文件中。

　　🅰 4.33　该例说明用户如何定义自己的头文件并在程序中引用。

　　创建一个用户定义的名为 userdef.h 的头文件，其内容为：

```
#define PRT printf
#define PI 3.14
```

　　再编写一程序，其内容如下：

```
#include "userdef.h"
int main()
{
    float s;
    int r;
    PRT("r = ");
    scanf("%d",&r);
    s = PI*r*r;
    PRT("s = %.2f\n",s);
    return 0;
}
```

　　运行结果如下：

```
r = 4 ↙
s = 50.24
```

　　在此程序中，没有嵌入系统头文件，而是包含了一个用户自定义头文件 userdef.h。此头文件中包括了两个宏定义。当对该源程序进行编译时，系统会查询 PRT 和 PI 的出处，结果会在 userdef.h 中发现；若没有在源文件中用 #include 命令嵌入 userdef.h，则编译时会出错，因为系统不能确认 PRT 和 PI 的来源。

　　当然，用户自定义的头文件中包含的内容并不仅局限于宏定义，根据需要，还可以包含函数原型、类型声明等。用户自定义头文件与系统头文件本质上是一样的，都是为编译器提供必要的信息来源，保证编译的正常进行。

习　　题

一、单项选择题

1. 下列函数头部定义语法正确的是（　　　）。

　　A. int foo(int x,y);　　　B. void fun(x , y)　　　C. float foo(int x,y); D. fun(int x,int y)

2. 下面关于参数的说法错误的是（　　　）。

　　A. 参数分为实参和形参

　　B. 实参和形参都可以是常量、变量、表达式等形式

　　C. 函数调用的一个重要步骤就是实现参数传递

　　D. 地址传递方式的形参必须是指针类型的

3. 下列说法正确的是（　　　）。

　　A. 没有 return 语句的函数也可以有返回值

　　B. 没有 return 语句的函数是不能返回的

　　C. 函数中不能存在多条 return 语句

　　D. 函数若没有返回值，则函数的返回类型标识符可以省略

4. 以下说法正确的是（　　　）。

　　A. 全局变量能被程序中的任何函数访问

　　B. 局部变量都是动态的，函数返回时会全部自动撤销

　　C. 全局变量在程序的堆中分配存储空间

　　D. 自动变量的空间在栈中临时分配

5. 关于 C 语言程序，以下说法错误的是（　　　）。

　　A. 函数的定义不可以嵌套，但调用可以嵌套

　　B. 递归调用本质是一种特殊的嵌套调用

　　C. 相互调用的函数必须位于同一个源文件中

　　D. 递归函数在执行时，对自身的调用不能是无限次的

6. 关于 C 语言程序，以下说法正确的是（　　　）。

　　A. 用户自定义函数在调用前都必须先声明

　　B. 程序总是从 main() 函数开始执行的

　　C. main() 函数是主函数，必须写在最前面

　　D. 对 C 语言标准库中的函数进行调用，无须进行声明

7. 下列说法正确的是（　　　）。

　　A. 局部变量可以与函数外的变量同名

　　B. 若局部变量与全局变量同名，则在局部变量范围内，局部变量不起作用

　　C. 局部变量在默认情况下是静态变量

　　D. 局部静态变量在范围外也能被直接访问

8. 以下会影响变量作用域的关键字是（　　　）。

　　A. global　　　　　　　　B. static　　　　　　　C. extern　　　　　　　D. auto

9. 以下程序的输出结果是（　　　　）。

```c
#include <stdio.h>
int fun(int x,int y,int z)
{   z=x*y;   }
int main()
{   int z;
    fun(3,4,z);
    printf("%d\n",z);   }
```

A. 0　　　　　　　　　B. 7　　　　　　　　　C. 12　　　　　　　　D. 不能确定

10. 对以下定义的 sub() 函数，sub(5) 函数调用的返回值是（　　　　）。

```c
int sub(int n)
{
    int a;
    if(n==1) return 1;
    a=n+sub(n-1);
    return (a);
}
```

A. 16　　　　　　　　　B. 15　　　　　　　　C. 14　　　　　　　　D. 13

二、程序分析题

1. 分析下列程序，写出运行输出结果。

```c
#include <stdio.h>
int x1=30, x2=40;
void sub(int x, int y)
{ x1=x; x=y; y=x1; }
int main()
{
    int x3=10, x4=20;
    sub(x3, x4);
    sub(x2, x1);
    printf("%d, %d, %d, %d\n", x3, x4, x1, x2);
    return 0;
}
```

2. 分析下列程序，写出运行输出结果。

```c
#include <stdio.h>
int myfunction(unsigned number)
{   int k=1;
    do
    {
        k=number % 10;
        number/=10;
    }while(number);
    return k;
}
int main()
{
    int n=26;
    printf("myfunction result is:%d\n", myfunction(n));
```

```
        return 0;
    }
```

3. 分析下列程序，写出运行输出结果。

```
#include <stdio.h>
void myfun()
{   static int m=0;
    m+=2;
    printf("%d",m);
}
int main()
{
    int a;
    for(a=1; a<=4; a++) myfun();
    printf("\n");
    return 0;
}
```

4. 分析下列程序，写出运行输出结果。

```
#include <stdio.h>
int myfun2(int a, int b)
{   int c;
    c=a*b%3;
    return c;
}
int myfun1(int a,int b)
{
    int c;
    a+=a; b+=b;
    c=myfun2(a, b);
    return c*c;
}
int main()
{
    int x=5, y=12;
    printf("The result is : %d\n", myfun1(x, y));
    return 0;
}
```

5. 分析下列程序，写出运行输出结果。

```
#include <stdio.h>
void f(int *x, int *y)
{
    int t;
    t = *x;
    *x = *y;
    *y = t;
}
int main()
{
    int x, y;
    x=5; y=10;
```

```
        printf("x=%d, y=%d\n", x , y);
        f(&x, &y);
        printf("x=%d, y=%d\n", x , y);
        return 0;
    }
```

三、程序填空题

1. 以下程序的功能是求三个数的最小公倍数，补足所缺语句。

```
#include <stdio.h>
int fun(int x, int y, int z)
{
    if(x>y && x>z) return (x);
    else if(_____①_____) return (y);
        else return (z);
}
int main()
{
    int x1, x2, x3, i=1, j, x0;
    printf("input 3 integer:");
    scanf("%d,%d,%d", &x1, &x2, &x3);
    x0 = fun(x1, x2, x3);
    while(1)
    {
        j=x0*i;
        if(_____②_____) break;
        i=i+1;
    }
    printf("Result is %d\n",j);
    return 0;
}
```

2. 下面函数的功能是根据以下公式返回满足精度 ε 要求的 π 值。根据算法要求，补足所缺语句（代表乘法）。

$$\pi/2 = 1 + (1/3) + (1/3)\cdot(2/5) + (1/3)\cdot(2/5)\cdot(3/7) + (1/3)\cdot(2/5)\cdot(3/7)\cdot(4/9) + ...$$

```
double fun(double e)
{
    double m=0.0, t=1.0;
    int n;
    for(_____①_____; t>e; n++)
    {
        m+=t;
        t = t * n / (2*n+1);
    }
    return (2.0*_____②_____);
}
```

3. 以下程序的功能是计算 $s = \sum\limits_{k=0}^{n} k!$，补足所缺语句。

```
#include <stdio.h>
long fun(int n)
{
```

```
        int i; long m;
        m=_____①_____;
        for(i=1; i<=n; i++) m=_____②_____;
        return m;
    }
    int main()
    {
        long m;
        int k, n;
        scanf("%d",&n);
        m=_____③_____;
        for(k=0; k<=n; k++) m=m+_____④_____;
        printf("%ld \n",m);
        return 0;
    }
```

4. 有以下程序段：

```
s=1.0;
for(k=1;k<=n;k++)
s=s+1.0/(k*(k+1));
printf("%f\n",s);
```

填空完成下述程序，使之与上述程序的功能完全相同。

```
s=0.0;
_____①_____;
k=0;
do
{   s=s+d;
    _____②_____;
    d=1.0/(k*(k+1));
}while(_____③_____);
printf("%f\n",s);
```

5. 下面程序能够统计主函数调用 count() 函数的次数（用字符"#"作为结束输入的标志），补足所缺语句，以完成程序功能。

```
    #include <stdio.h>
    void count(char c);
    int main()
    {
        char ch;
        while(_____①_____)
        {
            scanf("%1s",&ch);
            count(_____②_____);
            if(_____③_____) break;
        }
        return 0;
    }
    void count(char c)
    {
        static int i=0;
```

```
        i++;
        if(_____④_____)
            printf("count = %d \n", i);
    }
```

四、编程题

1. 编写程序求三个数中的最大数，要求定义一个求任意三个数中最大数的函数来实现。

2. 任意输入两个整数 m、n，求组合数 C_m^n。要求采用问题分解的方式，程序中要包含一个求组合数的函数和一个求阶乘的函数。

3. 任意输入某年、月、日，计算是该年的第几天。对问题进行合理分解，程序中要求有判断闰年的函数、判断输入的日期有效性的函数以及计算天数的函数。

4. 用辗转相除法求两个整数最大公约数的有效方法，请将该方法用递归的方式实现。

5. Fibonacci 数列的生成方法为：$F_1=1$，$F_2=1$，...，$F_n=F_{n-1}+F_{n-2}$（$n \geqslant 3$），即从第三个数开始，每个数等于前两个数之和。用递归的方法求 Fibonacci 数列的第 n 项 F_n。

6. 定义一个带参数的宏，使两个参数的值互换，并写出程序，输入两个数作为使用宏时的实参，输出已交换后的两个值。

7. 定义一个宏，用来判断任一给定的年份是否为闰年。规定宏的定义格式如下：

#define LEAP_YEAR(y)

第5章　数组类型与指针类型

本章要点思维导图

本章要点

一维数组
- 定义：常量大小，不同的初值值个数问题，初值个数代替数组大小，初值可以是表达式，顺序存储与下标越界问题
- 基本编程：输入/输出，随机数生成，比较赋值，移位操作，最值求和求平均计数
- 函数编程：可重用项目设计
- 特色应用：顺序、二分查找、三种排序，计算日期对应的天数，筛选素数

字符串
- 定义：串首地址与结束标志的作用，字符串变量的定义，下标运算，求串长的方法
- 基本编程：输入/输出，大小写字母转换，拼接，倒序
- 函数编程：标准函数库，比较赋值，计算子串的个数
- 特色应用：压缩重复字符或特定字符，子串的替换，字符串数组排序

二维数组
- 定义：行列下标的常量大小，行优先存储，不同的初值个数问题，初值个数代替数组的行大小，单下标运算得到一行一维数组元素
- 基本编程：输入/输出，赋值比较
- 函数编程：可重用项目设计
- 特色应用：矩形转置，求最大行和、列和，找鞍点，判断九宫格，计算杨辉三角

指针
- 定义：变量取址与赋值运算，通用指针类型与空指针，一维数组变量的指针，二级指针，函数指针
- 基本运算：输出格式%p，加减整数运算，自增自减运算，同类型指针相间，[]与*两种间接访问运算
- 特色应用：指针数组类型的命令行参数，使用指针变量管理动态内存空间
- 与函数的关系：支持函数参数的地址传递方式
- 与一维数组的关系：一维数组名是第1元素变量的地址，属于基类型指针常量
- 与字符串的关系：字符串常量是串首字符的地址，属于字符指针常量
- 与二维数据的关系：二维数组名是第1行的一维数组元素的地址，属于一维数组的指针常量，单下标运算得到一维数组元素，双下标运算得到二维数组的元素变量

📖 **学习目标**

◎ 理解一维数组、二维数组的变量、类型定义，掌握数组的输入、输出、检索、排序、转置、移位、求和求平均等编程方法，掌握数组的项目编程技术。

◎ 理解字符数组存储字符串的方法，掌握字符串的求串长、倒序、大小写转换、拼接、复制等的编程方法，掌握使用标准串函数查找子串。

◎ 理解指针的直接访问和间接访问运算，掌握指针访问字符串、一维数组、二维数组、动态空间的编程方法。

前面介绍过的数据类型属于基本数据类型。以基本数据类型为基础可以构造出更复杂的类型。数组与指针类型属于构造类型，同属构造类型的还有结构、联合。数组类型可以将同类型的数据排成序列、成批处理，可利用循环机制设计出简单有效的处理算法，在数据处理领域得到广泛的应用。数学中一些复杂数据结构也常用数组表示，如线性表、二维矩阵、堆栈、队列、字符串等。指针类型是 C 语言的重要特色，被广泛融入函数参数与调用、数组、字符串、动态内存管理中。与其他语言相比，C 语言定义了丰富的指针运算，可以直接也可间接使用指针，弥补了高级语言无法进行底层设备管理的缺陷。C 语言中数组与字符串联系紧密，一维字符数组变量可以看成是字符串变量，本章会介绍字符串变量的处理方法。

⚙️ **5.1　一维数组**

5.1.1　一维数组的定义

很多时候，程序中需要定义大量的变量，并且对这些变量的处理希望用循环结构来完成，因此数组应运而生。数组是一批同类型变量构成的序列，序列中成员变量及保存的数据也称为数组元素变量和数据，数组元素的个数称为数组大小，序列中的每个元素变量按顺序编号，第 1 个元素变量起始编号为 0，后面的元素变量编号按顺序加 1，这种元素变量编号称为数组下标或元素下标。定义一个数组变量就

视频 5-1 一维数组的定义

能一次性的产生一批带下标的元素变量。

```
int x[10];
```

这条数据说明语句定义了一个数组变量 x，它是由 10 个 int 型的元素变量组成。使用这些元素变量必须提供下标编号 0..9 来区分，元素变量名为 x[0]..x[9]。这些元素变量可以像单个变量一样来使用，例如：

```
x[0]=25;
x[9]=x[0]+25;
i=3;
scanf("%d",&x[i]);        //x 数组变量的下标是变量 i，即访问数组元素 x[3]
i=i-3;
printf("%d",x[i]);        // 访问数组元素 x[0]
```

上例中的变量 i 是 int 型，可以作为数组 x 的下标来为数组的元素变量 x[3] 输入值，当 i 减 3 变为 0 后，可以显示数组的元素变量 x[0] 的值。数组下标能够使用变量来表示以后，就可以使用循环成批处理数组中的元素变量。

例 5.1 编写一个程序，输入 10 个数据，然后根据输入的序号（1 ～ 10）打印出对应位置上的数据。

```
/*liti5-1.c, 使用数组下标访问元素 */
#include <stdio.h>
int main()
{
    int x[10],i;        // 数组变量 x 中定义了 10 个 int 型元素变量
    for(i=0;i<=9;i++) scanf("%d",&x[i]);   // 循环输入数组 x 中的 10 个元素
    printf(" 第几个数 :");
    scanf("%d",&i);
    printf(" 第 %d 个数是: %d",i,x[i-1]);            // 序号 i 对应的数组下标是 i-1
    return 0;
}
```

运行结果如下：

<u>1 2 3 4 5 6 7 8 9 10</u>↙
第几个数: 10↙
第 10 个数是: 10

上面示例中的变量 x 的定义：int x[10];，需要符合一维数组变量的定义格式。C 语言中，一维数组变量的定义格式如下：

基类型 数组变量名 [常量表达式]={ 初值表 };

📖 说明：

（1）基类型是数组的元素变量的类型。如果是 int 型就称为整型数组，如果是 char 型就称为字符数组。

（2）常量表达式是由常量和运算符构成的表达式，表达式的值必须是正整数，定义了数组的大小。

（3）初值表用于对数组变量初始化，也就是将逗号分开的多个表达式，按顺序赋值给每个元素变量。初值表中初值的个数最少 1 个，可以省略初值表。省略时数组元素变量中不存放初始值。初值的个数不能超过数组的大小，但可以少于数组大小，超出的数组元素变量也会被初始化为 0。

（4）数组的大小可以在有初值表时不写，使用初值表中初值的个数表示数组大小。

例如：

```
int n, s1[n];           // 错误: 变量 n 不能作为数组 s1 的大小
int m=3,s2[3]={m};      // 数组 s2 的大小为 3, 初值 3 赋值给 s2[0]、s2[1]、s2[2] 初值为 0
int s3[3]={1,2,3,4};    // 错误: 初值表中初值的个数不能超过数组的大小
int data[]={0,1,2,3};   // 有初值表可以不写数组大小, 初值的个数 4 作为数组的大小
data[4]=5;              // 错误: 下标为 4 的数组元素变量是第 5 个, 超出了数组大小 4
```

最后 1 个示例中，数组变量名后的方括号是 C 语言的一种运算符，称为下标运算符，用于指定数组中的一个元素变量，与数组变量定义时表达数组大小的方括号的含义不同。下标值可以是变量，也可以是表达式，但必须是整型。最后示例的错误原因是数组下标越界。前面定义的数组变量 data 有 4 个元素变量，下标值可以从 0 ～ 3，使用负数下标或大于 3 的下标属于越界错误。

　　数组变量存储时会分配连续的一块内存空间，按下标顺序将内存分配给所有的元素变量。例如 int x[10]; 中，10 个 int 型元素变量 x[0]..x[9] 会按顺序分配在一块连续的内存中，每个 int 型的元素变量占用 4 个字节的内存，共计 40 个字节。通过数组变量名 x 可以获得这块内存的开始地址，通过"下标值 *4"可以计算出下标指定的元素变量在这块内存中的偏移字节量，两者相加就是该元素的内存地址，如图 5-1 所示。

数组名表示的地址	元素变量名及值	分配的内存地址（16进制）
x	x[0]: 1	0028FEF8
x+1	x[1]: 2	0028FEFC
x+2	x[2]: 3	0028FF00
x+3	x[3]: 4	0028FF04
x+4	x[4]: 5	0028FF08
x+5	x[5]: 6	0028FF0C
x+6	x[6]: 7	0028FF10
x+7	x[7]: 8	0028FF14
x+8	x[8]: 9	0028FF18
x+9	x[9]: 10	0028FF1C
⋮	⋮	0028FF20

图5-1　一维数组变量的内存分配

> 📖 说明:
>
> 　　Code::Blocks 的编译器分为 32 位和 64 位两种，32 位编译器编译的程序的内存地址是 4 个字节，显示 8 位 16 进制数，64 位编译器编译的程序的内存地址是 8 个字节，显示 16 位 16 进制数。本书内存地址是按 32 位编译器的显示结果。

　　例5.2　编写一个程序，显示数组 x 的开始地址和下标偏移的字节量。

```
/*liti5-2.c，查看数组 x 的地址 */
#include <stdio.h>
int main()
{
    int x[10]={1,2,3,4,5,6,7,8,9 ,10};
    printf("%p\n",x);       //%p 显示地址，x 是数组的开始地址，也就是下标为 0 的元素变量地址
    printf("%p\n",x+2);         //显示数组下标为 2 的元素变量地址，与开始地址的偏移量为 8
    printf("%p\n",x+9);         //显示数组下标为 9 的元素变量地址，与开始地址的偏移量为 36
    return 0;
}
```

运行结果如下（地址是系统自动分配的，结果可能会不同，但偏移量是不变的）：

```
0028FEF8
0028FF00
0028FF1C
```

　　当下标值越界时，访问的地址就会超出所分配的内存区域，使用了别的变量或程序的内存空间，从而产生运行时的错误。

　　一维数组类型的定义可以使用 typedef 命令，通过定义好的类型名来定义数组变量会简

单很多。使用 typedef 的方法是在定义基本数据类型或构造类型的变量格式前加上保留字 typedef，这时定义的不再是变量名，而是新的类型名。

例如：

```
typedef int mytype[10];        //mytype 是 10 个元素的 int 型数组类型
mytype x={0};         //x 是 mytype 类型的数组变量，有 10 个 int 型元素，均初始化为 0
typedef int Age;   //Age 是以 int 型为基础构造出的表示年龄的类型
Age my=20;        //my 是 Age 类型的变量，可以像 int 型变量一样初始化和使用
```

5.1.2　一维数组的基本运算

1.　一维数组变量的赋值与比较运算

一维数组变量的赋值是指为每个数组元素变量提供数据值。通过初值表赋值是一种比较简单的方式，也可以在定义数组变量后通过循环结构来赋值，这种方式可以只赋值一部分数组元素变量，需要标记出实际赋值了的元素个数。要注意的是，不能使用赋值运算符直接对数组变量名赋值。例如：

```
int x[10], y[10]={0}, n, i;    // 数组 y 的 10 个元素变量赋值为初值 0
scanf("%d",&n);                //n 用于标记待赋值的数组元素变量个数
for(i=0;i<n;i++) scanf("%d",&x[i]); //x[0]..x[n-1] 这 n 个元素变量键盘赋值
y=x;                     // 错误：不能使用赋值运算符直接赋值
for(i=0;i<n;i++) y[i]=x[i];    // 通过循环结构将 x 数组变量中 n 个数据赋值给 y 数组变量
```

一维数组变量的比较是判断两个数组变量是否相等，只有对应位置上的每个数组元素变量都相等才会认为两个数组变量相等，必须使用循环结构来比较每个元素，不能使用比较运算符（==）直接比较两个数组变量名。比较运算应该只对已赋值的部分数组元素变量进行，要求两个数组变量的实际元素个数相等，并且对应位置的元素变量数据也相等时，两个数组变量相等。例如：

```
for(i=0;i<n;i++)
    if(x[i]!=y[i]) break;     // 有一个元素不等则两个数组变量不等，所以不再循环
if(i==n) printf(" 数组变量x和y相等 \n");  //i==n 表示两个数组变量 0..n-1 元素均相等
else printf(" 数组变量x和y在 %d 处不相等 \n",i);
```

例5.3　编写一个程序，将 1 ~ 100 之间的 n 个随机整数输入一个数组中并显示，赋值到另一个数组中后再显示，判断两个数组是否相等并显示判断结果。

```
/*liti5-3.c,实现数组的赋值和比较运算 */
#include <stdio.h>
#include <stdlib.h>    // 包含 srand、rand 函数
#include <time.h>      // 包含 time 函数
int main()
{
    typedef int Int10[10];    // 定义数组类型 Int10
    Int10 x, y;               // 定义 Int10 类型的数组变量x,y
    int n, i;
    printf(" 产生几个随机数: ");
    scanf("%d",&n);           //n 标记数组实际大小
    srand(time(0));           // 产生一个随机数序列
    for(i=0;i<n;i++) x[i]=rand()%100+1;    // 将 1..100 以内的随机整数赋值数组 x
    for(i=0;i<n;i++) printf("%4d",x[i]);   // 显示数组 x 的 n 个元素
    for(i=0;i<n;i++) y[i]=x[i];            // 将数组变量 x 赋值给数组变量 y
    printf("\n 赋值得到的数组: \n");
```

```
    for(i=0;i<n;i++) printf("%4d",y[i]);      // 显示数组 y 的 n 个元素
    printf("\n 比较两个数组: \n");
    for(i=0;i<n;i++)
        if(x[i]!=y[i]) break;             // 存在不相等的数组元素, 提前结束循环
    if(i==n) printf(" 两个数组相等 \n");         // 数组 x 的 n 个元素均与数组 y 的相等
    else printf(" 两个数组不相等 \n");
    return 0;
}
```

运行结果如下:

产生几个随机数: <u>5</u>✓

　55　18　23　35 100

赋值得到的数组:

　55　18　23　35 100

比较两个数组:

两个数组相等

随机数的创建需要使用 stdlib.h 头文件中声明的两个函数: srand() 和 rand()。srand() 函数根据不确定的时间值作为种子参数, 产生一个随机整数序列, 这个时间使用 time.h 头文件中的 time() 函数来获得。rand() 函数顺序从 srand() 函数产生的随机整数序列中取一个数, 如果不使用 srand() 函数或使用同一种子的 srand() 函数来获取随机整型, 每次运行程序只能获得同一序列的随机整数。获取的随机整数范围在 0 ~ 32 767 之间, 通过 "%100" 求余得到 0 ~ 99 范围内的整数, 再加 1 得到 1 ~ 100 范围内的数。

如果想要获得 m ~ n 范围内的随机整数, 可使用计算公式: rand()%(n-m+1)+m。例如, 产生 100 ~ 1 000 之间的随机数可使用公式: rand()%901+100。

2. 一维数组的插入、删除数据操作

数组变量的大小空间是固定不变的, 但其中存放的数据允许插入和删除。例如, 数组 x 中有 5 个数据, 存放在数组元素变量 x[0]..x[4] 中, 删除第 1 个数据, 即元素变量 x[0] 中的数据, 会使其余 4 个数据重新存放到元素变量 x[0]..x[3] 中。在第 4 个数据之前插入 1 个数据, 需要先将 x[3] 中的数据调整存放到 x[4] 中。

视频 5-2
一维数组元素
的移动

例5.4 编写一个程序, 在数组的 n 个元素变量中删除一个数据, 然后插入一个数据。

```
/*liti5-4.c, 数组插入删除操作 */
#include <stdio.h>
int main()
{
    int x[10]={2,1,3,4,5}, n=5, i, d;
    d=x[1];                 //d 中存放数组中的第 2 个数据 1
    for(i=2;i<=n-1;i++) x[i-1]=x[i];// 删除第 2 个数据 1, 将下标 2..n-1 的数据前移
    n--;                    // 数组中实际数据个数减少 1 个
    for(i=n-1;i>=0;i--)
        x[i+1]=x[i];        // 插入数据到第 1 个位置前, 将下标 0..n-1 数据后移
    x[0]=d;                 // 将 d 中数据插入第 1 个位置
    n++;                    // 数组中实际数据个数增加 1 个
    for(i=0;i<n;i++) printf("%3d",x[i]);    // 显示数组中下标 0..n-1 的所有数据
    return 0;
}
```

运行结果如下：

```
1 2 3 4 5
```

3. 一维数组的下标运算

数组的下标运算是一对方括号，中间为要访问的元素变量的下标。下标值必须是整型，形态可以是常量、变量，也可以是表达式。访问数组元素变量前必须先要计算出下标表达式的值。例如：

```
int a[2];
a[0]=1; a[1]=0;  //①
a[a[0]]=1;       //②
a[a[1]]=0;       //③
```

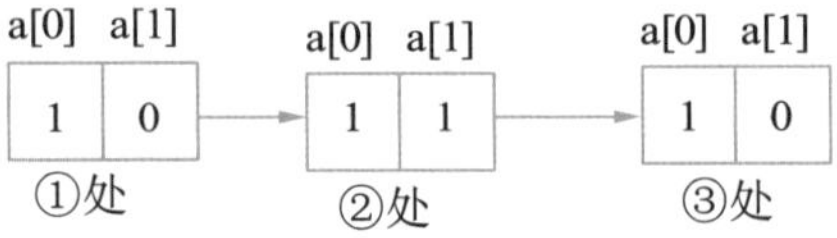

图5-2　数组a中元素的变化过程

这三行程序执行时，数组a的变化过程如图5-2所示。

5.1.3　一维数组的函数编程

1. 一维数组作为函数的参数

一维数组作为函数参数采用地址传递方式。一维数组名作为调用函数的实参，实际上只是提供了数组的开始地址，并没有将数组中的全体元素数据传递到函数。函数的数组形参通过传入的数组地址，可以使用下标运算修改数组的所有元素变量。一维数组作为参数时，不仅要提供数组名实参，还要提供数组实际数据个数。例如：

```
#include <stdio.h>
void output(int a[10],int n)  //n标记了数组a中的实际数据个数
{
    int i;
    for(i=0;i<n;i++) printf("%d ",a[i]);
    printf("\n");
}
int main()
{
    int x[10]={1,2,3,4,5};
    output(x,5); // 数组名x作为函数实参，只传递了数组的开始地址给形参a
    return 0;
}
```

函数 output 的形参变量 a 看上去像是一个数组，其实只是得到了实参组 x 传入的开始地址，并没有另外建立数组 a 的 10 个元素变量。函数 output 对数组 a 的修改就是对实参数组 x 的修改，因此，C 语言允许形参 a 后省略数组大小，作用和写数组大小是一样的。例如，下面三种函数声明作用没有区别：

```
void output(int a[10],int n);
void output(int a[3],int n);
void output(int a[],int n);
```

例5.5　编写一个函数，能将一维数组的内容颠倒顺序。例如，数组 a 中内容原为1,2,3,4,5，颠倒后为 5,4,3,2,1。

```
/*liti5-5.c, 将数组颠倒顺序 */
#include<stdio.h>
/*swap() 函数：交换数组a中下标p和下标q两个元素变量的值 */
void swap(int a[], int p, int q)
```

```
{
    int t;
    t=a[p]; a[p]=a[q]; a[q]=t;
}
/*reverse() 函数：颠倒数组 a 中 n 个数据的顺序 */
void reverse(int a[], int n)
{
    int i;
    for(i=0;i<n/2;i++) swap(a, i, n-1-i);
}
/*output() 函数：显示数组 a 中的 n 个数据 */
void output(int a[],int n)
{
    int i;
    for(i=0;i<n;i++) printf("%d ",a[i]);
    printf("\n");
}
int main()
{
    int s[10]={1,2,3,4,5}, n=5;
    reverse(s,n);           // 调用函数 reverse 对数组 s 中 n 个数据颠倒顺序
    output(s,n);            // 调用函数 output 显示颠倒顺序后的数组 s 的 n 个数据
    return 0;
}
```

运行结果如下：

```
5 4 3 2 1
```

2. 创建可重用的一维数组函数库

相对于单文件程序，项目（Project）管理的程序可以由多个文件构成，将程序中可以重用的部分和其他部分分开为不同文件，就可以避免一些重复性的工作。

一维数组的输入、输出、相等比较属于数组的基本运算，编写一维数组程序时都会需要使用，可以将它们做成单独的函数库文件，通过项目将程序的其他部分组合在一起，节省编程的工作量。

例5.6　通过函数 randinput()、kbdinput()、output()、isequal() 等实现一维数组的 100 以内随机数输入、键盘输入、显示输出、相等比较等操作。这些函数编写成独立的库文件 arraylib.c，并为函数库建立头文件 arraylib.h，使用函数库来设计比较两个一维数组的程序。

程序设计分析：首先要建立一个项目，对应会产生一个新的文件夹存放所有的程序文件，然后在项目中创建三个程序文件：arraylib.c 包含可重用的程序部分，即处理一维数组的 4 个函数；arraylib.h 包含 4 个函数的头部；main.c 包含其他非重用的程序部分，该文件中需要使用 #include "arraylib.h" 宏命令来引入可重用程序部分。当另一个新的项目需要这个项目的可重用程序部分时，不用创建 arraylib.h 和 arraylib.h 文件，只需要将这个项目文件夹中的这两个文件复制到新的项目文件夹中，然后将这两个文件添加到新项目中，再创建不可重用的程序文件 main.c 即可。

```
/*liti5-6.c，项目的文件 1: arraylib.c 库文件，包含可重用的程序部分 */
#include <stdio.h>
```

```c
#include <stdlib.h>
#include <time.h>
/*kbdinput()函数：键盘输入数组a的n个整型元素值*/
void kbdinput(int a[],int n)
{
    int i;
    for(i=0;i<n;i++) scanf("%d",&a[i]);
}
/*randinput()函数：产生100以内的随机整数赋值给数组a的n个元素*/
void randinput(int a[],int n)
{
    int i;
    srand(time(0));                         // 产生随机整数序列
    for(i=0;i<n;i++) a[i]=rand()%100;       // 将0..99以内的随机整数赋值数组a
}
/*output()函数：一行显示数组a的n个整数元素*/
void output(int a[],int n)
{
    int i;
    for(i=0;i<n;i++) printf("%d ",a[i]);
    printf("\n");
}
/*isequal()函数：比较整型数组a和b的n个元素数据是否相等 是则返回1，否则返回0*/
int isequal(int a[],int b[],int n)
{
    int i;
    for(i=0;i<n;i++)
        if(a[i]!=b[i]) return 0;    // 有1个元素数据不等，则不相等返回0
    return 1;     // 相等返回1，函数只返回结果0或1，由主程序决定如何显示结果文字
}


/*liti5-6.c，项目的文件2：Arraylib.h头文件，包含可重用的程序部分的函数声明*/
/*键盘输入n个数到数组a中*/
void kbdinput(int a[],int n);
/*随机产生n个0～100的整数到数组a中*/
void randinput(int a[],int n);
/*显示数组a中的n个元素*/
void output(int a[],int n);
/*比较数组a和数组b的n个元素是否相等*/
int isequal(int a[],int b[],int n);


/*liti5-6.c，项目的文件3：main.c文件，包含不可重用的其他程序部分*/
#include <stdio.h>
#include "arraylib.h"  // 引入自建的可重用库arraylib.c的头文件
int main()
{
    int s1[10], s2[5], n=5;
    randinput(s1,n);
    printf("随机产生的数组：\n"); output(s1,n);
    printf("键盘输入%d个数：\n",n); kbdinput(s2,n);
    printf("判断两个数组是否相同：\n");
    if(isequal(s1,s2,n)) printf("相等\n");   //isequal返回的值为1时显示
```

```
    else printf(" 不相等 ");
    return 0;
}
```

运行结果如下：

```
随机产生的数组：
29 37 97 81 9
键盘输入 5 个数：
29 37 97 81 9↙
判断两个数组是否相同：
相等
```

Code::Blocks 建立项目的操作步骤如下：

（1）在 CB 界面中选择 "File" → "New" → "Project" 选项，选择 "Console Application" 选项，单击 "Go" 按钮。进入下一步，选择 "C" 选项，单击 "Next" 按钮。

（2）在 "Project title" 文本框中输入项目名 liti5-6，下面的文本框会自动填充，会自动创建一个项目文件夹 liti5-6，单击 "Next" 按钮。最后一步，单击 "Finish" 按钮。

（3）CB 界面中选择 "File" → "New" → "Empty file" 选项，再单击 "是 (Y)" 按钮，重复这个步骤三次，分别建立 arraylib.h、arraylib.c 和 main.c 三个文件。

（4）在 CB 界面中选择执行 "Build" → "Compile current file" 选项，分别编译三个创建好的程序文件，若编译均无错，则选择执行 "Build" → "Build and run" 选项运行程序。

（5）若以后有其他项目需要重用 arraylib.c 和 arraylib.h，可以先将它们复制到新项目的项目文件夹中，在 CB 左侧 "Manager" 工作区中选择 "Projects" 选项卡，在项目名上右击，在弹出的快捷菜单中选择 "Add Files…" 选项，在对话框中选择并添加 arraylib.c 和 arraylib.h 程序文件。

5.1.4　应用示例

一维数组可以用来解决许多实际问题，本章选择了一些有启发性的问题作为示例，希望举一反三，熟悉一维数组的使用技巧。

例 5.7　从键盘输入一个日期，判断这一天是这一年中的第几天。

程序设计分析：将日期之前每个月的日数相加，再加上当月的日数可以得到日期在这一年中的天数。闰年的 2 月份有 29 天。判断日期所在的年份是否闰年的方法是：年份是不是 400 的倍数，或者是 4 的倍数同时又不是 100 的倍数。

```c
/*liti5-7.c, 计算日期是一年中第几天 */
#include <stdio.h>
/*leapyear() 函数：判断年份 y 是不是闰年，是则返回 1, 否则返回 0*/
int leapyear(int y)
{
    if(y%400==0||(y%4==0&&y%100!=0)) return 1;
    else return 0;
}
int main()
{
    int days[12]={31,28,31,30,31,30,31,31,30,31,30,31};//数组days保存了每月的天数
    int day,month,year,sum,i;
    printf("\n请输入日期的年月日, 以英文逗号分隔: ");
    scanf("%d,%d,%d",&year,&month,&day);
```

```
    sum=day;            //sum 存入当月的天数
    for(i=0;i<month-1;i++)       //sum 加入 month 之前 month-1 个月的天数
        sum=sum+days[i];
    if(month>2) sum=sum+leapyear(year);   // 当前月是 2 月之后，闰年时 sum 多加 1 天
    printf(" 这是在一年中的第 %d 天。\n",sum);
    return 0;
}
```

运行结果如下：

请输入日期的年月日，以英文逗号分隔：<u>2022,7,17</u>↙
这是在一年中的第 198 天。

例 5.8 编写一个检索函数，能够判断一个整数是否在数组中存在。如果数组中的数看成是一个集合，该操作就是集合的属于（∈）运算。

程序设计分析：必须将整数与数组中的每个元素都比较一遍才能判断是否存在。

```
/*liti5-8.c，项目的文件 1: main.c ，检索数组元素 */
/*liti5-8.c，项目的另两个文件是例 5.6 中的 arraylib.c 和 arraylib.h 文件，需要复制到
项目文件夹中 */
#include <stdio.h>
#include "arraylib.h"            // 没有复制例 5.6 中的两个文件，这里会出错
/*search() 函数：查找 a 数组中的 n 个元素是否包含整数 x，包含则返回 1，否则返回 0*/
int search(int a[], int n, int x)
{
    int i ;
    for(i=0;i<n;i++)
        if(a[i]==x) return 1;
    return 0;
}
int main()
{
    int s[10],x;
    printf(" 输入 10 个整数: \n");   kbdinput(s,10);
    printf(" 输入待查找的整数: \n");   scanf("%d",&x);
    if(search(s, 10, x)) printf("%d 属于数组。\n",x); //search 返回 1 则属于数组
    else printf("%d 不属于数组。\n",x);
    return 0;
}
```

运行结果如下：

输入 10 个整数:
<u>1 2 3 4 5 6 7 8 9 10</u>↙
输入待查找的整数:
<u>5</u>↙
　　　5 属于数组。

视频 5-4 一
维数组的排序

例 5.9 给定一个随机数组，请对数组中的数据按由小到大顺序进行排序。

程序设计分析：排序分为升序和降序两种，本题是升序。数组排序可以有多种方法：

（1）选择法排序方法：从数组中选择最小的数据元素交换到数组的最左边，这样该元素不用继续排序，只需要对剩余的数据元素继续上面的选择交换操作，经

过 n-1 次选择交换，数组成为有序。

例如，有五个整数如下：

```
5 3 4 1 2        // 原始数据，最左边位置上是 5，最小元素是 1，交换
1 3 4 5 2        // 交换 1 次后，最左边位置上是 3，最小元素是 2，交换
1 2 4 5 3        // 交换 2 次后，最左边位置上是 4，最小元素是 3，交换
1 2 3 5 4        // 交换 3 次后，最左边位置上是 5，最小元素是 4，交换
1 2 3 4 5        // 交换 4 次后，得到结果数据
```

原始数据经过 4 次选择交换操作得到了有序数据。

（2）插入法排序方法：将数组的第一个数据和其他数据分成两部分，将第 2 部分最左边的数据插入第 1 部分中，保证插入后第 1 部分是有序的，这种第 2 部分插入第 1 部分的过程经过 $n-1$ 次，第 2 部分所有数据都被插入第 1 部分，数组成为有序。每次插入时，从第 1 部分的最右边向左比较每个数据，如果该数据大于第 2 部分要插入的数据则右移该数据，否则将要插入的数据直接插入在该数据之后。

例如，有五个整数如下：

```
5 3 4 1 2        // 原始数据，要插入的数据是 3
3 5 4 1 2        // 经过 1 次插入后，要插入的数据是 4
3 4 5 1 2        // 经过 2 次插入后，要插入的数据是 1
1 3 4 5 2        // 经过 3 次插入后，要插入的数据是 2
1 2 3 4 5        // 经过 4 次插入后，得到结果数据
```

原始数据经过 4 次插入操作得到了有序数据。

（3）交换法排序思想：从左向右对数组中相邻的两个数据进行两两比较，如果左边的大于右边的则相互交换，当一趟比较结束，数组中最大的数据会被交换到最右边，称为一趟冒泡。不考虑已就位的最右边数据，对剩余数据进行下一趟相邻比较交换，可以让下一个数据就位。这样，经过 $n-1$ 趟冒泡，数组可以成为有序，这种交换排序也称为冒泡排序（Bubble Sort）。例如，有 5 个整数如下：

```
5 3 4 1 2        // 原始数据，从 5 开始到 2 结束进行第 1 趟冒泡
3 4 1 2 5        // 经过第 1 趟冒泡，5 到最右边，从 3 开始到 2 结束进行第 2 趟冒泡
3 1 2 4 5        // 经过第 2 趟冒泡，4 到最右边，从 3 开始到 2 结束进行第 3 趟冒泡
1 2 3 4 5        // 经过第 3 趟冒泡，3 到最右边，从 1 开始到 2 结束进行第 4 趟冒泡
1 2 3 4 5        // 经过第 4 趟冒泡，2 到最右边，只剩 1 个元素不用冒泡，得到结果数据
```

原始数据经过 4 趟相邻比较交换（冒泡）操作得到了有序数据。

下面给出三种排序方法的函数编程：

```c
/*select_sort() 函数：对数组 a 中的 n 个整数进行选择法升序排序 */
void select_sort(int a[], int n)
{
    int i,j,p,t ;
    for(i=0;i<n-1;i++)                   // 每次循环，下标 i..n-1 是参与选择的范围
    {   p=i;                             //p 标记了选择范围内最小数据的下标，初始假定为 i 下标
        for(j=i+1;j<n;j++)               // 将下标 p 的数据与下标 i+1..n-1 的数据比较
        if(a[j]<a[p]) p=j;               //i+1..n-1 中 j 下标数据更小，p 变为 j
        t=a[p]; a[p]=a[i]; a[i]=t;       // 最小数据 a[p] 与最左边数据 a[i] 交换数据
    }
}
/*insert_sort() 函数：对数组 a 中的 n 个整数进行插入法升序排序 */
void insert_sort(int a[], int n)
{
```

```
    int i,j,t;
    for(i=1;i<=n-1;i++) // 每次循环时，下标 0..i-1 是已排序的部分，下标 i 是要插入数据
    {   t=a[i];                    //t 保存要插入的数据，空出 a[i] 元素变量
        for(j=i-1;j>=0;j--)     // 从右向左找下标 i-1..0 范围中可插入的位置
            if(a[j]>t) a[j+1]=a[j];          //a[j] 比 t 大，需要右移
            else break;          // 找到了 a[j] 之后的位置 a[j+1] 可插入，结束循环
        a[j+1]=t;   // 当 j>=0 不满足时 j=-1，下标 i-1..0 的数据均右移，插入 a[0] 位置
    }
}
/*bubble_sort() 函数：对数组 a 中的 n 个整数进行交换法升序排序 */
void bubble_sort(int a[], int n)
{
    int i,j,t ;
    for(i=n-1;i>=1;i--)          // 每次循环，下标 0..i 是一趟冒泡的数据范围
    {
        for(j=0;j<i;j++)         // 下标 0..i-1 中的每个数据与后面的相邻数据比较
        if(a[j]>a[j+1])          //a[j]>a[j+1] 时，需要交换 a[j] 与 a[j+1] 的数据
        {
            t=a[j]; a[j]=a[j+1]; a[j+1]=t;
        }
    }
}
```

使用选择法函数求解例 5.9 的程序如下：

```
/*liti5-9.c, 项目的文件 1: main.c, 使用选择法排序 */
/*liti5-9.c, 项目的另两个文件是例 5.6 中 arraylib.c 和 arraylib.h 文件，需要复制到项
目文件夹中 */
#include <stdio.h>
#include "arraylib.h"               // 没有复制例 5.6 中的两个文件，这里会出错
/*select_sort() 函数：对数组 a 中的 n 个整数进行选择法升序排序 */
void select_sort(int a[], int n)
{
    int i,j,p,t;
    for(i=0;i<n-1;i++)
    {   p=i;
        for(j=i+1;j<n;j++)
        if(a[j]<a[p]) p=j;
        if(p!=i) {t=a[p]; a[p]=a[i]; a[i]=t;} // 加 p!=i 的条件优化需要交换的次数
    }
}
int main()
{
    int s[6];
    randinput(s,6);
    printf(" 排序前的数据：\n");output(s,6);
    select_sort(s,6);
    printf(" 排序后的数据：\n");output(s,6);
    return 0;
}
```

运行结果如下：

排序前的数据：

```
3 10 79 50 34 95
排序后的数据:
3 10 34 50 79 95
```

　　思考: 如果排序方向是从大到小(降序),该如何修改 select_sort 函数?

　　对有序的数据序列有快速的检索方法,称为二分查找法。二分查找法速度非常快,平均来说,10 000 个数据用顺序查找要执行 5 000 次比较才能完成,而二分查找只需要 13 次。

　　二分查找法的设计思想是:比较的元素从数组的中间开始,如果中间元素不是要查找的数据,则中间元素的左边部分或右边部分只需要二选一来继续查找,所以一次比较就能减少一半的查找量。如果查找的范围内没有数据了,则表示数组中不存在要查找的数据。10 000 个数据每次减半,最多经过 13 次二分就能查找完。例如,有如下 10 个有序数,要查找的数 x 是 10:

```
1 2 3 4 5 6 7 8 9 10    // 第 1 次查找的范围是下标 0..9,中间元素是 5<x,继续找右部
1 2 3 4 5 6 7 8 9 10    // 第 2 次查找的范围是下标 5..9,中间元素是 8<x,继续找右部
1 2 3 4 5 6 7 8 9 10    // 第 3 次查找的范围是下标 8..9,中间元素是 9<x,继续找右部
1 2 3 4 5 6 7 8 9 10    // 第 4 次查找的范围是下标 9..9,中间元素是 10=x,结束查找
10 个数据经过了 4 次比较成功找到,顺序查找需要 10 次比较。
```

　　查找 n 个元素的数组 a 中是否存在数据 x 的二分查找算法如图 5-3 所示。left 和 right 变量保存查找范围的左右边界的下标,middle 保存中间元素的下标,这个问题作为习题请读者编写程序。

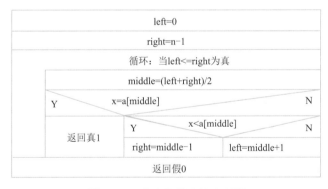

图5-3　二分查找算法的流程图

　　例 5.10 用筛选法求 100 之内的素数。

　　筛选法求素数的思想是:将 2 ~ 100 放到一个序列中,从小到大取序列中的每一个数,将序列中除该数自身以外的所有倍数全部删除,最后,序列中剩下的所有数只能被 1 和它自身整除,都是素数。

　　程序设计分析:利用数组的下标来表示序列中的数,设计数组的大小为 101 个元素,下标范围为 0..100。数组中的元素变量保存的值为 0 或 1。1 表示该数组元素的下标数在序列中;0 表示该下标数已经被删除、不在序列中。开始时,除下标 0 和 1 的元素变量保存 0 外,其他元素变量都保存 1。然后,将以 2 ~ 100 的 2 倍以上的数为下标的数组元素赋值为 0。最后,所有数组元素中值为 1 的那些元素,它们的下标值均是素数。

```
/*liti5-10.c,筛选法找素数 */
#include<stdio.h>
int main()
```

```
{
    int i,j,num,a[101]={0};           // 数组 a 的所有元素初值为 0
    for(i=2;i<=100;i++) a[i]=1;       // 数组 a 下标 2..100 的元素赋值为 1
    for(i=2;i<=100;i++)               // 每次循环，删除 i 的 2 倍以上的数
        if(a[i]==1)                   // 若下标 i 仍然在序列中，删除其 2 倍以上的数
            for(j=2;i*j<=100;j++)     // 每次循环，找出 i 的 j 倍数 i*j，最大不能超过 100
                a[i*j]=0;             // 删除 i 的 j 倍数
    num=0;                            //num 控制每行打印 10 个数
    for(i=0;i<=100;i++)
    {   if(a[i]==1)  { printf("%5d", i);  num++;} // 若 i 是素数，则打印并统计
        if(num==10)  { printf("\n");  num=0;} // 若打印了 10 个，则换行并重新统计
    }
    return 0;
}
```

运行结果如下：

```
   2       3       5       7      11      13      17      19      23      29
  31      37      41      43      47      53      59      61      67      71
  73      79      83      89      97
```

例 5.11 有 n 个整数，使其前面各数顺序向后移 m 个位置，最后 m 个数变成最前面的 m 个数。

程序设计分析：向后移动 m 个位置可以通过循环 m 次，每次后移 1 个位置来完成。1 个位置的后移方法是，最后 1 个位置即下标 $n-1$ 的元素变量先要空出来，然后从右向左逐个后移下标 $n-2..0$ 的元素数据，最后，将原来最后位置上的数赋值给下标 0 的元素变量。

```
/*liti5-11，项目的文件 1: main.c，循环右移 n 个数据 m 个位置 */
/*liti5-11.c，项目的另两个文件是例 5.6 中 arraylib.c 和 arraylib.h 文件，需要复制到
项目文件夹中 */
#include <stdio.h>
#include "arraylib.h"   // 没有复制例 5.6 中的两个文件，这里会出错
/*move() 函数：将数组 array 中的 n 个数循环右移 m 个位置 */
void move(int array[],int n,int m)
{
    int p,array_end;
    for(;m>0;m--)   // 每次循环，array 循环右移 1 个位置，共计 m 次循环
    {   array_end=array[n-1];         //array_end 保存最后位置上的数
        for(p=n-2;p>=0;p--) array[p+1]= array[p]; // 下标 n-2..0 的数右移 1 位
        array[0]=array_end;          // 原来最后位置的数赋值到下标 0 的位置
    }
}
int main()
{
    int number[20],n,m;
    printf(" 有几个数据（<=20）: "); scanf("%d",&n);
    printf(" 右移几位: "); scanf("%d",&m);
    randinput(number,n);
    printf(" 移动前: \n"); output(number,n);
    move(number,n,m);
    printf(" 移动后: \n"); output(number,n);
    return 0;
}
```

运行结果如下：

有几个数据（<=20）：10↙

右移几位：3↙

移动前：

18 14 9 4 13 1 75 45 21 87

移动后：

45 21 87 18 14 9 4 13 1 75

例 5.12　已知 10 个数，计算其标准差。

程序设计分析：标准差计算公式为

$$s = \sqrt{\dfrac{\displaystyle\sum_{i=1}^{n}(x_i - \overline{x})^2}{n}}.$$

数组 x 有 n 个元素数据，$\overline{x}$ 是 n 个元素数据的平均值。所以，程序的计算顺序是先求数组 x 的平均值，再求 x 的方差，然后将方差除以 n 再开方。

```c
/*liti5-12.c，计算 10 个数的标准差 */
#include <stdio.h>
#include <math.h>
/*average() 函数：计算数组 a 的 n 个元素的平均值并返回 */
double average(int a[],int n)    /* 计算 a 的平均值并作为返回值 */
{
    double sum=0;
    int i;
    for(i=0;i<n;i++) sum=sum+a[i];   //sum 循环累加 a[i] 求和
    return sum /n;   // 除以 n 得平均值并返回
}
/*stdev() 函数：计算数组 a 的 n 个元素的标准差并返回 */
double stdev(int a[],int n)
{
    double avg,sum;
    int i;
    avg=average(a,n);   //avg 保存了数组的平均值
    sum=0;
    for(i=0;i<n;i++) sum=sum+(a[i]-avg)*(a[i]-avg); //sum 用于统计数组的方差
    return sqrt(sum/n);
}
int main()
{
    int s[10]={15,-20,30,70,-60,88,90,17,-10,46};
    printf("10 个数据的标准差是：%6.2f\n",stdev(s,10));
    return 0;
}
```

运行结果如下：

10 个数据的标准差是：46.15

5.2　字 符 串

5.2.1　字符串的概述

视频 5-5 字符
串的概述

C语言中不仅有字符型常量，还有字符串型常量.两者的外在区别是分界符.字符型常量使用单引号界定，而字符串常量使用双引号界定。例如，'a' 和 "a" 是不同类型的。

两者在内部实现时也有区别.字符串常量的保存是采用连续的字符后跟一个结束标识零（即字符 '\0'）的方法，这样，一个字符串常量只需提供该串的串首地址即可访问串中的每一个字符。如"C Language"在内存保存的情况如图 5-4 所示。

| 'C' | '\x20' | 'L' | 'a' | 'n' | 'g' | 'u' | 'a' | 'g' | 'e' | '\0' |

串首位置　　　　　　　　　　　　　　　　　　　　　　　　结束标识

图5-4　字符串的在内存的存储

字符串常量直接使用时，得到的是串首地址。例如：printf("%d","abcdefg");，显示的结果是字符串常量 "abcdefg" 存储在内存中的串首地址。

字符数组是字符串的变量形态，可以用来存储字符串常量。例如：char s[10]="abcdefg";，字符数组 s 可以看成是字符串变量，其中存放了字符串常量 "abcdefg"。存储时数组实际使用的元素个数是 8 个，除了 7 个字符以外还包括了最后的结束标识"\0"。

使用 typedef 命令可以定义字符串类型。例如，typedef char string[10];定义了 string 类型，使用 string 类型定义字符串变量会变得直观、易理解，string s="abcdefg";定义了一个字符串变量 s，初值为 "abcdefg"。

字符数组 s 不写数组大小时，会使用字符串常量的存储大小作为数组的大小。例如：char s[]="C Language";，字符数组 s 存储字符串常量需要 11 个字节，所以数组 s 的大小就是 11。

字符串中字符的个数称为串长，"C Language" 的串长是 10，等于字符数组 s 的实际元素个数 -1，可以用这种方法来计算字符数组 s 的串长 n：n=sizeof(s) -1。sizeof("C Language") 的结果是字符串常量所占用的字节数，也可以用于计算字符串的串长。

这个公式只适合不写字符数组大小的情况，定义时写了数组大小的字符数组变量不适合。例如，char s[20]="abcdefg";，字符数组 s 的 sizeof(s) 是 20，定长的字符数组变量中的字符串的串长需要用数组实际数据个数 8 减 1 得到，sizeof(s) -1=19 不是串长。s 中存储结束标志的元素变量的下标值是 7，表示到结束标志为止存储字符串用了 8 个元素变量，所以，数组中串结束标志的下标值等于串长，找到结束标志的下标值就可得到串长。

例5.13 计算字符串变量的串长。

```
/*liti5-13.c, 计算串长 */
#include <stdio.h>
int main()
{
    int n;
    typedef char string1[20];        //string1是定长的字符数组类型
    typedef char string2[];          //string2是不定长的字符数组类型
    string1 s1= "C Language";
    string2 s2= "C Language";
    printf("sizeof(s1)-1的结果是: %d\n",sizeof(s1)-1);  // 显示s1的数组大小 -1
    printf("sizeof(s2)-1的结果是: %d\n",sizeof(s2)-1);  // 显示s2的串长
    printf("sizeof(\"C Language\")-1的结果是: %d\n",sizeof("C Language")-1);
                                    // 显示字符串常量的串长
    for(n=0; s1[n]!='\0'; n++);  // 循环查找串变量s1中的结束标志，其元素下标就是串长
        printf("s1的串长是: %d\n",n);
```

```
        return 0;
}
```

运行结果如下：

```
sizeof(s1)-1 的结果是：19
sizeof(s2)-1 的结果是：10
sizeof("C Language")-1 的结果是：10
s1 的串长是：10
```

5.2.2　字符串的基本运算

字符串变量可以在定义时提供初值，也可以通过在第 2 章介绍的字符串的输入语句提供值。Scanf() 函数使用格式符 %s 可以给字符数组变量 str 输入一个字符串，即 scanf("%s",str);。gets() 函数也可以输入字符串，像这样 gets(str);。gets() 函数不同于 scanf() 函数，它可以将包含空格、制表符等空白符的整行字符串赋值给 str，到回车符结束，scanf() 函数会跳过空白符然后输入字符串，直到下一个空白符为止，所以无法输入空白符自身。printf() 函数使用格式符 %s 可以显示字符串常量或字符数组变量中的字符串，例如，printf("%s",str);。puts() 函数也可以输出字符串，例如，puts(str);，其功能与 printf() 函数功能相似。

字符串常量和字符数组变量一样，可以使用下标运算（[ ]）来访问串中的字符。例如，"C Language"[0] 得到元素字符 'C'。保存该字符串的数组变量 str，通过 str[2] 可以访问元素变量数据 'L'。getchar() 函数配合下标运算同样可以为字符数组变量输入一个字符串，如下例。

例 5.14 输入一行字符到字符数组中并显示。

```
/*liti5-14.c, getchar 函数输入串 */
#include <stdio.h>
int main()
{
        char ch,str[20];
        int i;
        i=0;
        while((ch=getchar())!='\n')   // 输入一行字符，逐个赋值给 ch，类似 gets() 函数
            str[i++]=ch;
        str[i]='\0';          //str 数组中的字符串必须在最后位置添加结束标志
        printf(" 输入串长为 %d 的字符串：\n%s\n",i,str);
        return 0;
}
```

运行结果如下：

```
C Language↙
输入串长为 10 的字符串：
C Language
```

5.2.3　字符串的函数编程

处理字符串的操作有许多，除了输入、输出、下标运算以外，其他操作，如求串长、更改大小写、倒序、串连接、串复制、子串的查找与替换、统计子串个数等，都很常用。将这些操作编写成函数是重复使用它们的重要方法。这些函数可以自定义，也可以使用 C 语言 string.h 函数库中的标准串函数。

1. 自定义串函数

视频 5-6 字符串的基本操作

虽然 C 语言提供了标准的串函数，但对有些库中没有需要补充的操作，就需要学会自定义串函数。自定义串函数的参数使用字符数组形式来接收字符串，例如，int length(char s[]);，该函数可以接收一个字符串，返回一个整数，它的功能可以设计为求串长。字符数组形参 s 是地址传递方式，函数 length() 可以修改变量 s 中的内容，如果不允许修改参数 s 的串，可以在字符数组参数 s 前加上修饰符 const，这样可以限制 length() 函数对数组变量 s 的串的修改，例如：

```c
int length(const char s[])
{
    int i;
    for(i=0;s[i]!='\0';i++) s[i]++;   // 错误：s 所有元素均不允许被修改
    return i;
};
```

例 5.15 编写一函数，将字符数组中的英文字母转换大小写。

```c
/*liti5-15.c, 大小写转换 */
#include <stdio.h>
void change(char s[])
{
    int i;
    for(i=0;s[i]!='\0';i++)    // 从串首到结束标志，循环处理每个字符
    {
        if(s[i]>='A' && s[i]<='Z') s[i]=s[i]+32;   // 大写字母 +32 变小写
        else
            if(s[i]>='a' && s[i]<='z') s[i]=s[i]-32;   // 小写字母 –32 变大写
    }
}
int main()
{
    char ch,str[]="JiangXi Normal University";
    int i,n;
    printf(" 原始串: \n%s\n",str);
    change(str);   // 只需要字符数组名 str，不需要数组实际元素个数
    printf(" 结果串: \n%s\n",str);
    return 0;
}
```

运行结果如下：

```
原始串:
JiangXi Normal University
结果串:
jIANGxI nORMAL uNIVERSITY
```

例 5.16 编写函数，连接字符串 "Learn" 和 "C Language" 为一个字符串。

```c
/*liti5-16.c, 连接字符串的函数 */
#include <stdio.h>
/*concat() 函数：将数组 s2 中的字符串添加到数组 s1 中的原有字符串之后 */
void concat(char s1[], const char s2[])
{
```

```
    int p,q;
    p=0;
    while(s1[p]!='\0') p++;    // 循环让 p 保存数组 s1 的结束标志的下标
    for(q=0;s2[q]!='\0';q++) s1[p++]=s2[q];    // 将 s2 的每个字符复制到 s1 之后
    s1[p]='\0';    // 在连接后的 s1 串的最后位置添加上结束标志
}
int main()
{
    char s[20]="Learn ";
    concat(s,"C Language");    // 将 "C Language" 添加到数组 s 中原有字符串之后
    printf(" 两串连接后的结果是: \n%s\n",s);
    return 0;
}
```

运行结果如下：

两串连接后的结果是:
Learn C Language

例 5.17 编写函数，将字符数组中的字符串顺序颠倒。

```
/*liti5-17.c, 字符串的倒序函数 */
#include <stdio.h>
/*reverse() 函数：将数组 s 中的字符串颠倒顺序 */
void reverse(char s[])
{
    int i,n;
    char t;
    for(n=0; s[n]!='\0'; n++);    //n 保存数组 s 中字符串的串长
    for(i=0; i<n/2; i++)    // 下标 0..n/2-1 范围内的字符与对称位置字符一一交换
    { t=s[i]; s[i]=s[n-1-i]; s[n-1-i]=t; } // 交换 s[i] 与 s[n-1-i] 的字符
}
int main()
{
    char str[]="The quick brown fox jumps over the lazy dog.";
    reverse(str);
    printf(" 颠倒顺序后的字符串: \n%s\n",str);
    return 0;
}
```

运行结果如下：

颠倒顺序后的字符串:
.god yzal eht revo spmuj xof nworb kciuq ehT

提示：中文采用双字节存储的编码，字符串中包含中文时，需要将连续两个元素变量作为一个整体来处理。例如，(sizeof(" 学习 ")-1)/2 才是中文的串长 2。

2. 标准串函数

C 语言的 string.h 标准库包含许多串处理函数，这里介绍常用的 7 个串函数，这些函数原型中有些地方用到了字符指针，此处只给出简单的说明，详细的关于指针的内容请看后面的章节。

1）strlen() 函数

函数原型：

```
int strlen(const char * s);
```

函数功能：char *s 定义了一个指针变量，用来接收传递过来的字符串首地址，与 char s[] 的作用一样。返回的结果是字符串 s 的串长。

函数示例：printf("%d",strlen("abcdefg")); 的显示结果是 7。

2）strlwr() 函数

函数原型：

```
char *strlwr(char * s);
```

函数功能：将字符串 s 中所有大写字母变成小写字母，字符指针 s 接收的必须是字符数组的首地址，不能是字符串常量地址。返回的结果是 s 的首地址。

函数示例：char str[]="Abc";

printf("%s",strlwr(str)); 的显示结果是 abc。

3）strupr() 函数

函数原型：

```
char *strupr(char *s);
```

函数功能：将字符串 s 中所有的小写字母变成大写字母，字符指针 s 接收的必须是字符数组的首地址，不能是字符串常量地址。返回的结果是 s 的首地址。

4）strcmp() 函数

函数原型：

```
int strcmp(const char *s1,const char *s2);
```

函数功能：比较字符串 s1 和 s2，如果两串的串长相等且对应字符均相同，则函数返回 0，否则返回 1 或 -1。比较结果如下：

① 返回值 =0，表示 s1 串与 s2 串相等。

② 返回值 =1，表示 s1 串大于 s2 串。

③ 返回值 =-1，表示 s1 串小于 s2 串。

函数示例：printf("%d",strcmp("abcd","abc")); 的显示结果是 1。

5）strcpy() 函数

函数原型：

```
char *strcpy(char *dest,const char *src);
```

函数功能：将字符串 src 复制到 dest 字符数组中，返回的结果是字符数组 dest 的首地址。

函数示例：char str1[]="Abc",str2[10];

printf("%s",strcpy(str2,str1)); 的显示结果是字符数组 str2 中的串 Abc。

6）strcat() 函数

函数原型：

```
char *strcat(char *dest,const char *src);
```

函数功能：将字符串 src 追加到字符数组 dest 中的字符串的后面，返回的结果是字符数组 dest 的首地址。

函数示例：char str1[]="Abc",str2[10]="123";

printf("%s",strcat(str2,str1)); 的显示结果是字符数组 str2 中连接后的串 123Abc。

7) strstr() 函数

函数原型:

```
char *strstr(const char *s1,const char *s2);
```

函数功能:查找字符串 s1 中是否出现了字符串 s2,如果出现了,则 s2 称为 s1 的子串,所以该函数也称为查找子串函数。如果字符串 s1 中出现了字符串 s2,则返回 s2 在 s1 中出现位置的地址,否则返回 NULL 空地址,空地址 NULL 是数值 0 的一种地址表示。

函数示例:char str1[10]="Abc123",str2[]="123";

printf("%d %d",str1,strstr(str1,str2)); 的显示结果是:2686742 2686745,第 1 个是 str1 的串首地址,第 2 个是 str1 中字符 '1' 的位置地址,两者相差 3 个字符位置。

有了这些标准串函数后,原来一些复杂的字符串处理问题可以比较容易完成。

例5.18 查找一个字符串在另一个字符串中出现的次数。例如,查找 "abbbbbb" 中出现了多少次 "bb",统计结果是 3 次。

程序设计分析:查找 s2 串在 s1 串中出现的次数可以借助 strstr 查找子串函数来完成。如图 5-5 所示,p 是字符指针变量,开始时用来保存串 s1 的开始地址,从位置 p 开始查找出现串 s2 的地址,并将该地址保存到 p 中,若找到了则变量 n 加 1,调整 p 到下一次开始查找的位置地址 p+strlen(s2),然后继续查找,若没找到则结束查找,n 中保存了串 s2 出现的次数。

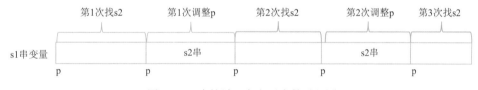

图5-5 s1串统计s2串出现次数过程图

```c
/*liti5-18.c,查找子串出现的次数 */
#include <stdio.h>
#include <string.h>
/*count() 函数:统计 s1 数组的字符串中出现 s2 字符串的次数并返回 */
int count(char s1[],char s2[])
{
    char *p;   //p是字符指针变量,用来保存串中的地址
    int n=0;   //n用于统计出现 s2 的次数
    p=s1;      //p是 s1 串的开始位置
    while((p=strstr(p,s2))!=NULL)  // 从 s1 的 p 位置开始查找 s2,找到了则进入循环
    {
        n++;
        p=p+strlen(s2);  // 将 s1 中出现 s2 的 p 位置加上 s2 串长,得到下一次查找的位置
    }
    return n;
}
int main()
{
    char s1[]="abbbbbb", s2[]="bb";
    printf("%s 出现 %s 的次数是: %d",s1,s2,count(s1,s2));
```

```
        return 0;
}
```

运行结果如下：

```
abbbbbb 出现 bb 的次数是：3
```

5.2.4 应用示例

例5.19 编写一个程序，将字符串中的连续重复字符压缩。例如，将 "aaabccc" 压缩后结果为 "abc"。

程序设计分析：如图 5-6 所示，首先让下标 i 循环访问原始串 s1 的每个字符，当出现与前面字符相同的字符则跳过，当出现不与前面字符相同字符时，将该字符复制到目标串 s2 的当前空白位置，即下标 j 的位置，复制后 j 加 1 指向下一个位置。压缩结束后在 s2 的下标 j 位置添加上结束标志。可以采用就地压缩方式，即 s1 和 s2 串是同一个串，不会影响压缩过程。

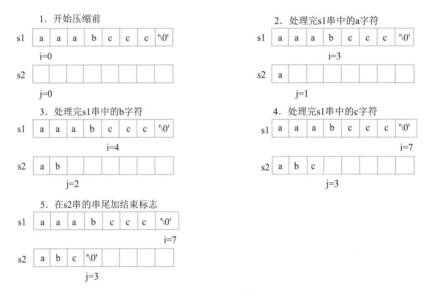

图5-6 压缩连续重复字符的过程图

```
/*liti5-19.c，字符串的连续重复字符压缩 */
#include <stdio.h>
/*compress() 函数：将数组 s 中的字符串的连续重复字符压缩 */
void compress(char s[])
{
    int i,j;
    j=0;                    //j 存放结果位置的下标
    for(i=0; s[i]!='\0';)   //i 循环访问数组 s 中字符串的每个字符
    {
        s[j++]=s[i++]; // 下标 i 的字符与前面字符不相同时，复制到结束位置 j
        while(s[i-1]==s[i]) i++;   // 下标 i 的字符与前面字符相同时，直接跳过
    }
    s[j]='\0';                    // 下标 j 是压缩后的最后位置，添加结束标志
}
int main()
```

```
{
    char str[20];
    printf(" 输入有连续重复符号的字符串: \n");
    gets(str);                      //str 数组中的原始字符串
    compress(str);
    printf(" 压缩后的字符串: \n%s\n",str);
    return 0;
}
```

运行结果如下:

输入有连续重复符号的字符串:

aaabccc ✓

压缩后的字符串:

abc

例 5.20 将 "北京" "上海" "乌鲁木齐" "石家庄" "南昌" 按拼音顺序升序排列显示。

程序设计分析: 字符数组为元素构成的数组称为二维字符数组, 可以作为字符串数组, 用来保存一批字符串, 数组变量提供 1 个下标时可以得到 1 个字符数组变量。例如, 示例中的 s[i]、s[j]、s[min] 都是字符数组变量。这里只是简单使用二维数组, 具体内容后面介绍。

```
/*liti5-20.c, 对字符串数组进行升序排序 */
#include <stdio.h>
#include <string.h>
int main()
{
    char s[][10]={" 北京 "," 上海 "," 乌鲁木齐 "," 石家庄 "," 南昌 "};  // 定义字符串数组
    int n=5, i, j, min;
    char temp[10];
    for(i=0;i<=n-2;i++)  // 选择最小值的范围是下标 i..n-1
    {
        min=i;   //min 保存最小的串的行下标
        for(j=i+1;j<=n-1;j++) // 使下标 min 的元素与下标 i+1..n-1 的元素比较
            if(strcmp(s[min],s[j])>0) min=j;  //min 保持为最小元素的下标
        if(min!=i)   // 下标 i 不是最小元素, 与下标 min 元素交换
        {
            strcpy(temp,s[i]);  //s[i] 与 s[min] 交换串
            strcpy(s[i],s[min]);
            strcpy(s[min],temp);
        }
    }
    printf(" 排序的结果: \n");
    for(i=0;i<=n-1;i++) printf("%s\n",s[i]);
    return 0;
}
```

运行结果如下:

排序的结果:

北京

南昌

上海

石家庄

乌鲁木齐

5.3 二维数组

5.3.1 二维数组的定义

视频 5-7 二维数组的定义

一维数组只有 1 个下标，通过下标可以前后顺序编号元素变量。二维数组有两个下标，通过下标可以按行列顺序编号元素变量。例如，int a[3][4]; 定义了二维数组变量 a，第 1 维下标的大小是 3，称为 3 行，第 2 维下标的大小是 4，称为 4 列。二维数组的双下标均从 0 开始编号，a 的元素变量包括 a[0][0]、a[0][1]、a[0,2]、a[0][3]、a[1][0]、...、a[2][3]，共计有 12 个元素变量。这 12 个元素变量也是按这种顺序存储的，行标小的元素先存，称为行优先存储，如图 5-7 所示。

双下标	0列	1列	2列	3列
0行	a[0][0]	a[0][1]	a[0][2]	a[0][3]
1行	a[1][0]	a[1][1]	a[1][2]	a[1][3]
2行	a[2][0]	a[2][1]	a[2][2]	a[2][3]

图5-7　二维数组元素的行优先存储

二维数组可以看成是由一维数组作为元素构成的一维数组，提供两个下标才能指定一个元素变量，只提供第一个下标则可以找到一个一维数组。例如，int a[3][4]; 定义的二维数组变量 a，可以看成是由 3 个一维数组元素构成，这 3 个一维数组元素的名称可以使用 a[0]，a[1]，a[2] 这样的单下标表示方式。由于这 3 个一维数组是按行优先顺序连续存储的，所以它们的存储空间地址相差 4 个 int 型数据大小，即 16 个字节，如图 5-8 所示。

二维数组名表示的地址	一维数组元素名	元素变量名	分配的内存地址（16进制）
a →	a[0] →	a[0][0]	0028FEEC
		a[0][1]	0028FEF0
		a[0][2]	0028FEF4
		a[0][3]	0028FEF8
a+1 →	a[1] →	a[1][0]	0028FEFC
		a[1][1]	0028FF00
		a[1][2]	0028FF04
		a[1][3]	0028FF08
a+2 →	a[2] →	a[2][0]	0028FF0C
		a[2][1]	0028FF10
		a[2][2]	0028FF14
		a[2][3]	0028FF18
⋮	⋮		

图5-8　二维数组变量的内存分配

例 5.21 二维数组的单下标访问。

```c
/*liti5-21.c, 二维数组的单下标访问 */
#include <stdio.h>
int main()
{
```

```
int a[3][4], i;
for(i=0;i<=2;i++)   // 二维数组 a 的行下标 i 从 0 到 2
    printf("a[%d]=%p\n",i,a[i]);   // 显示三个一维数组的开始地址，相差 16 个字节
return 0;
}
```

运行结果如下（地址是系统自动分配的，结果可能会不同，但偏移量是不变的）：

```
a[0]=0028FEEC
a[1]=0028FEFC
a[2]=0028FF0C
```

n 维数组是指有 n 个下标的数组，如果看成是一维数组，则其中每个元素变量均为 $n-1$ 维数组。C 语言可以支持三维以上的数组，使用方法与二维数组类似。本书只介绍二维数组的使用。

上面示例中的二维数组变量 a 的定义：int a[3][4];，需要符合二维数组变量的定义格式。C 语言中，二维数组变量的定义格式如下：

基类型　　　数组名 [常量表达式 1] [常量表达式 2]={ 初始值表 }

📖 说明：

（1）基类型是二维数组的元素变量的类型。如果是 int 型就称为二维整型数组，如果是 char 型就称为二维字符数组。

（2）常量表达式 1 称为行大小，常量表达式 2 称为列大小，二维数组的大小 = 行大小 * 列大小。

（3）初值表是以逗号分开的多个一维数组初值表组成，按顺序赋值给每个一维数组元素变量，规则与一维数组一样。一维数组初值表的个数不能超过二维数组的行大小，但可以少于二维数组的行大小，超出的一维数组元素变量也会被初始化为 0。例如，int a[2][2]={{1,2}};，二维数组变量 a 有两个一维数组元素，只有第 1 个有初值表，第 2 个没有初值表但会初始化为 0。

（4）二维数组的行大小可以在有初值表时不写，直接使用初值表中一维数组初值表的个数表示二维数组的行大小。例如，int a[][2]={{1,2},{3,4}};，二维数组变量 a 的行大小没有写，但有两个一维数组的初值表，所以行大小定义为 2 行。

（5）初值表也可以写成以逗号分开的多个初值，会按行优先的顺序赋值给二维数组的元素变量。例如，int a[2][3]={1,2,3,4,5};，二维数组 a 会按行优先顺序赋初值给 a[0][0], ... ,a[1][1] 五个元素变量，a[1][2] 没有初值会自动初始化为 0。再如，int a[][3]={1,2,3,4};，行大小没有写，但提供的初值个数超过 1 行，所以行大小定义为 2。CB 编译器在项目管理时，对除了初值为 1 个 0 的情况外，对这种初值表的二维数组变量定义会有警示，认为缺少了内层花括号，这种警示不影响正常使用，可以忽略。

例如：

```
int a[3][4]={{1,2,3,4},{5,6,7,8,9},{10,11,12}}; // 错误：第 2 行的初值超过了 4 个
int a[3][4]={{1,2,3,4},{5,6,7,8}};              // 第 3 行的所有元素初值为 0
int a[3][4]={{1,2},{3},{4,5}};                  // 每一行没有初值的元素初值为 0
int a[][]={{1,2,3,4},{5,6,7,8},{9,10,11,12}};   // 错误：列大小必须要写
```

```
int a[3][4]={1,2,3,4,5,6,7,8,9,10,11,12};   // 按行优先顺序赋初值
int a[][4]={1,2,3,4,5,6,7,8,9,10};     // 按行优先赋值，每行 4 个元素，第 3 行没有初
值的 2 个元素初值为 0
```

二维数组类型的定义可以使用 typedef 命令，使用的方式与一维数组类型的定义相似。
例如：

```
typedef int mytype1[3][4];      //mytype1 是 3 行 4 列的二维 int 型数组类型
mytype1 x={0};   //x 是 mytype1 类型的二维数组变量，有 12 个 int 型元素，均初始化为 0
typedef int mytype2[][4];      //mytype2 是不定行数 4 列的二维 int 型数组类型
mytype2 y={1,2,3,4,5,6,7,8,9,10};      //y 是 3 行 4 列的二维数组变量
mytype2 z;            // 错误：不定行数的二维数组类型定义变量时必须有初值表
```

5.3.2　二维数组的基本运算

二维数组变量通过初值表赋值是一种比较简单的方式，也可以在定义数组变量后通过二重循环结构来赋值，不能使用赋值运算符直接对数组变量名赋值。如果只赋值一部分二维数组元素变量时，需要标记出实际赋值了的元素行数和列数。例如：

```
typedef int Int10_10[10][10]; //Int10_10 是 int 型 10 行 10 列二维数组类型
Int10_10 x,y;
int m, n, i, j;
scanf("%d%d",&m, &n);             //m 用于标记实际行数，n 用于标记实际列数
for(i=0;i<m;i++)
    for(j=0;j<n;j++) scanf("%d",&x[i][j]); // 为二维数组的 m*n 个元素变量赋值
y=x;                      // 错误：不能使用赋值运算符直接赋值
for(i=0;i<m;i++)
    for(j=0;j<n;j++) y[i][j]=x[i][j]; // 通过二重循环将 m*n 的二维数组变量 x 赋值给 y
```

二维数组变量的比较是判断两个数组变量是否相等，只有对应行列位置上的每个数组元素变量都相等才会认为两个数组变量相等，必须使用二重循环结构来比较每个元素，不能使用比较运算符直接比较两个数组变量名。例如：

```
int r=1;   //r 用来标记数组元素是否相等，1 表示相等，0 表示不等
for(i=0;i<m;i++)
{
    for(j=0;j<n;j++)
        if(x[i][j]!=y[i][j])
        { r=0;  break; }         // 有一个元素不等则两个数组变量不等，r=0 并退出内层循环
    if(r==0) break;             //r==0，表示两数组变量不等，提前结束循环
}
if(r==1) printf(" 二维数组变量 x 和 y 相等 \n");     //r==1 表示两个数组变量所有元素均相等
else printf(" 二维数组变量 x 和 y 在下标 [%d, %d] 处不相等 \n",i,j);
```

例 5.22 编写一个程序，将 1～100 之间的 $m \times n$ 个随机整数输入一个二维数组中并显示，赋值到另一个数组中后再显示，判断两个二维数组是否相等并显示判断结果。

```
/*liti5-22.c, 实现二维数组的赋值、比较运算 */
#include <stdio.h>
#include <stdlib.h>                 // 包含 srand、rand 函数
#include <time.h>                   // 包含 time 函数
int main()
{
    typedef int Int10_10[10][10];    // 定义数组类型 Int10_10
    Int10_10 x, y;                   // 定义二维数组变量 x,y
```

```
    int n, m, i, j, r;
    printf(" 产生二维随机数列的 m,n: ");
    scanf("%d,%d",&m,&n);                    //m,n 标记二维数组的行数和列数
    srand(time(0));                          // 产生一个随机数序列
    for(i=0;i<m;i++)
        for(j=0;j<n;j++) x[i][j]= rand()%100+1;// 为二维数组 x 的 m*n 个元素变量赋值
    printf(" 随机产生的二维数组 x: \n");
    for(i=0;i<m;i++)                         // 显示 m*n 的二维数组变量 x
    {
        for(j=0;j<n;j++) printf("%4d",x[i][j]);
        printf("\n");
    }
    for(i=0;i<m;i++)                         // 将 m*n 的二维数组变量 x 赋值给 y
        for(j=0;j<n;j++) y[i][j]=x[i][j];
    printf(" 赋值得到的二维数组 y: \n");
    for(i=0;i<m;i++)                         // 显示 m*n 的二维数组变量 y
    {
        for(j=0;j<n;j++) printf("%4d",y[i][j]);
        printf("\n");
    }
    printf(" 比较两个二维数组：\n");
    r=1;
    for(i=0;i<m;i++)
    {
        for(j=0;j<n;j++)
            if(x[i][j]!=y[i][j])
            { r=0;  break; } // 有一个元素不等则两个数组变量不等，r=0 并退出内层循环
        if(r==0) break;                     //r==0，表示两数组变量不等，提前结束循环
    }
    if(r==1) printf(" 二维数组变量 x 和 y 相等 \n");     //r==1 表示两个数组变量相等
    else printf(" 二维数组变量 x 和 y 在下标 [%d, %d] 处不相等 \n",i,j);
    return 0;
}
```

运行结果如下：

产生二维随机数列的 m,n: <u>3,4</u>⤶

随机产生的二维数组 x:

```
 78  87  85  71
 66  81  12  98
 58  56  13  19
```

赋值得到的二维数组 y:

```
 78  87  85  71
 66  81  12  98
 58  56  13  19
```

比较两个二维数组：

二维数组变量 x 和 y 相等

5.3.3　二维数组的函数编程

1. 二维数组作为函数的参数

二维数组作为函数参数，与一维数组参数一样，采用地址传递方式。二维数组名作为

调用函数的实参，实际上就是第 1 个一维数组元素的地址（也就是一维数组的指针），通过这个地址可以用下标运算访问第 1 个一维数组元素。例如，int a[3][4]; 的二维数组变量名 a 是第 1 个一维数组元素 a[0] 的地址，通过下标运算 [0] 可以得到这第 1 个一维数组元素变量。同理，a+1 是第 2 个一维数组元素变量 a[1] 的地址，a+2 是第 3 个一维数组元素变量 a[2] 的地址。二维数组作为参数时，不仅要提供二维数组名实参，还要提供数组实际数据的行数和列数。例如：

```c
#include <stdio.h>
#define N 10        //N是整型常量，给定二维数组类型的最大行列数
typedef int IntN_N[N][N];      //IntN_N是二维数组类型，数组的行列大小是常量N
void output2(IntN_N a, int m, int n)  //m,n标记了二维数组a中的实际数据的行列数
{
    int i, j;
    for(i=0;i<m;i++)
    {
        for(j=0;j<n;j++) printf("%4d",a[i][j]);
        printf("\n");
    }
}
int main()
{
    IntN_N x={{1,2},{3,4},{5,6}};
    output2(x,3,2);// 二维数组名 x 作为函数实参，传递了第 1 个二维数组元素的地址给形参 a
    return 0;
}
```

运行结果如下：

```
   1    2
   3    4
   5    6
```

函数 output 的形参变量 a 以常量符号 N 作为行列大小。只要修改 N 的值就可以修改二维数组形参的最大行列数。这里设定 N 为 10，即二维数组参数必须是 10 行 10 列的数组。C 语言允许二维数组形参类型省略数组的行大小，只要二维数组实参是 10 列就可以，不限制行的大小。例如，下面三种函数声明中的二维数组形参部分作用相同：

```c
void output2(int a[10][10], int m, int n);
void output2(int a[3][10], int m, int n);
void output2(int a[][10], int m, int n);
```

2. 创建可重用的二维数组函数库

一维数组的输入、输出、相等比较属于数组的基本运算在例 5.6 中做成了单独的函数库文件 arraylib.c，二维数组的这些基本运算也可以如此操作。

例 5.23 通过函数 randinput2()、kbdinput2()、output2()、isequal2() 等实现二维数组 100 以内随机数输入、键盘输入、显示输出、相等比较等操作。这些函数编写成独立的库文件 array2lib.c，并为函数库建立头文件 array2lib.h。使用函数库来设计比较两个二维数组变量的程序。

程序设计分析：首先要建立一个项目，对应会产生一个新的文件夹存放所有的程序文件，然后在项目中创建三个程序文件：array2lib.c 包含可重用的程序部分，

视频 5-8 二维数组的可重用设计

即处理二维数组的 4 个函数；array2lib.h 包含 4 个函数的头部；main.c 包含其他非重用的程序部分，该文件中需要使用 #include "array2lib.h" 宏命令来引入可重用程序部分。当另一个新的项目需要这个项目的可重用程序部分时，不用创建 array2lib.h 和 array2lib.h 文件，只需要将这个项目文件夹中的这两个文件复制到新的项目文件夹中，然后将这两个文件添加到新项目中，再创建不可重用的程序文件 main.c 即可。

```
/*liti5-23.c, 项目的文件1： Array2lib.c库文件, 包含可重用的程序部分 */
#include <stdio.h>
#include <stdlib.h>
#include <time.h>
#include "array2lib.h"   // 头文件中有常量N和IntN_N二维数组类型
/*kbdinput2()函数：键盘输入二维数组a的m*n个整型元素值 */
void kbdinput2(IntN_N a, int m, int n)
{
    int i,j;
    for(i=0;i<m;i++)
        for(j=0;j<n;j++) scanf("%d",&a[i][j]);
}
/*randinput2()函数：产生100以内的随机整数赋值给二维数组a的m*n个元素 */
void randinput2(IntN_N a, int m, int n)
{
    int i, j;
    srand(time(0)); // 产生随机整数序列
    for(i=0;i<m;i++)
        for(j=0;j<n;j++)  a[i][j]=rand()%100; // 将0..99以内的随机整数赋值数组a
}
/*output2()函数：分行显示二维数组a的m*n个整数元素 */
void output2(IntN_N a, int m, int n)
{
    int i, j;
    for(i=0;i<m;i++)
    {
        for(j=0;j<n;j++) printf("%4d",a[i][j]);
        printf("\n");
    }
}
/*isequal2()函数：比较整型二维数组a和b的m*n个元素是否相等 是则返回1,否则返回0*/
int isequal2(IntN_N a, IntN_N b, int m, int n)
{
    int i,j,r;
    r=1;
    for(i=0;i<m;i++)
    {
        for(j=0;j<n;j++)
            if(a[i][j]!=b[i][j])
            { r=0;  break; } // 有一个元素不等则两个数组变量不等, r=0 并退出内层循环
        if(r==0) break;   //r==0,表示两数组变量不等, 提前结束循环
    }
    return r;
}
```

```
/*liti5-23.c，项目的文件2： Array2lib.h头文件，包含可重用的程序部分的函数声明、常量
N及二维数组类型IntN_N的定义 */
    #define N 10   //N是整型常量，给定二维数组类型的最大行列数
    typedef int IntN_N[N][N];  //IntN_N是二维数组类型，数组的行列大小是常量N
    /*kbdinput2()函数：键盘输入二维数组a的m*n个整型元素值 */
    void kbdinput2(IntN_N a, int m, int n);
    /*randinput2()函数：产生100以内的随机整数赋值给二维数组a的m*n个元素 */
    void randinput2(IntN_N a, int m, int n);
    /*output2()函数：分行显示二维数组a的m*n个整数元素 */
    void output2(IntN_N a, int m, int n);
    /*isequal2()函数：比较整型二维数组a和b的m*n个元素是否相等 是则返回1，否则返回0*/
    int isequal2(IntN_N a, IntN_N b, int m, int n);

/*liti5-23.c，项目的文件3：main.c文件，包含不可重用的其他程序部分 */
    #include <stdio.h>
    #include "array2lib.h"  // 引入可重用库array2lib.c的头文件，包含常量N、二维数组
类型IntN_N的定义及4个函数声明
    int main()
    {
        IntN_N s1, s2;
        int m=3, n=4;  //m, n是二维数组s1、s2中实际数据的行列个数3行、4列
        randinput2(s1,m,n);
        printf("随机产生的二维数组：\n"); output2(s1,m,n);
        printf("键盘输入%d行%d列个数：\n",m,n); kbdinput2(s2,m,n);
        printf("判断两个二维数组是否相同：\n");
        if(isequal2(s1,s2,m,n)) printf("相等\n");   //isequal返回的值为1时显示
        else printf("不相等");
        return 0;
    }
```

运行结果如下：

随机产生的二维数组：
```
   73   78   47   35
   73   11   47   44
    0   17   54   23
```
键盘输入3行4列个数：
73 78 47 35↙
73 11 47 44↙
0 17 54 23↙
判断两个二维数组是否相同：
相等

5.3.4　应用示例

例5.24 编程实现矩阵转置操作，将3行4列的矩阵a转置结果存放到4行3列的矩阵b中。

程序设计分析：使用二维数组描述矩阵，可以将二维数组a的一个元素a[i][j]赋值给二维数组b的元素b[j][i]，让下标i=0..2，下标j=0..3两重循环变化，实现行列互换。

```
/*liti5-24.c，目的文件1：main.c 矩阵转置 */
/*liti5-24.c，项目的另两个文件：是例5.23中array2lib.c和array2lib.h文件，需要复
制到项目文件夹中 */
```

```
#include <stdio.h>
#include "array2lib.h"   // 没有复制例 5.23 中的两个文件, 这里会出错
int main()
{
    IntN_N a, b;
    int m=3, n=4, i, j;
    printf(" 输入 %d 行 %d 列的矩阵数据: \n",m,n); kbdinput2(a,m,n);
    for(i=0;i<m;i++)                // 将矩阵 a 转置后保存到矩阵 b
        for(j=0;j<n;j++) b[j][i]=a[i][j];
    printf(" 转置为 %d 行 %d 列的矩阵: \n",n,m); output2(b,n,m);
    return 0;
}
```

运行结果如下:

输入 3 行 4 列的矩阵数据:

<u>1 2 3 4</u>↙

<u>5 6 7 8</u>↙

<u>9 10 11 12</u>↙

转置为 4 行 3 列的矩阵:

```
    1    5    9
    2    6    10
    3    7    11
    4    8    12
```

思考: 杨辉三角是南宋数学家杨辉在《详解九章算法》一书记载的, 三角中的第 n 行数($n>=0$)是二项式 $(a+b)^n$ 的展开式的系数。例如, $n=4$ 时杨辉三角的数结构如下:

```
1
1 1
1 2 1
1 3 3 1
1 4 6 4 1
```

将杨辉三角的数存放在二维数组 a 中, 可以发现如下规律: 当 i=0 或 j=0 时, a[0][0]=1, a[i][0]=1; 当 i>=1 且 j>=1 时, a[i][j]=a[i-1][j-1]+a[i-1][j]; 其他情况下二维数组元素值为 0。根据这个规律, 可以设计出显示 n 行杨辉三角的程序, 这个问题作为课后习题完成。

例 5.25 最大行和问题: 求给定二维数组的每一行的和, 然后计算出所有的行和中的最大值。

程序设计分析: 二维数组的每一行都是一维数组。设计一个函数求一维数组之和, 再设计一个函数求二维数组中的所有行的行和中的最大值。主函数完成二维数组的随机数输入、显示输出操作及调用求行和函数进行统计输出。

```
/*liti5-25.c, 项目的文件 1: main.c, 求最大行和 */
/*liti5-25.c, 项目的另两个文件: 是例 5.23 中 array2lib.c 和 array2lib.h 文件, 需要复制
到项目文件夹中 */
#include <stdio.h>
#include "array2lib.h"              // 若没有复制例 5.23 中的两个文件, 这里会出错
/*sum() 函数: 计算一维数组 x 中 n 个数据的和并返回 */
int sum(int x[],int n)
{
```

```
    int s=0,i;
    for(i=0;i<n;i++) s=s+x[i];
    return s;
}
/*max_rsum() 函数：找出二维数组 a 中 m 行 n 列个数据中的最大行和的行下标并返回 */
int max_rsum(IntN_N a, int m, int n)
{
    int i, s, maxs, p;
    p=0;    //p 保存最大行所在的行下标，初始为 0 行
    maxs=sum(a[0],n);   //maxs 用来保存最大行和，初始为行下标 0 的行和
    for(i=1;i<m;i++)    // 行下标 i 从 1 到 m-1 循环求 i 行的行和，要求 maxs 保持最大行和
    {
        s=sum(a[i],n);   //s 中保存行下标 i 的行和
        if(s>maxs) { p=i; maxs=s; } //maxs 保持为行和中最大的，p 是最大行和的行下标
    }
    return p;
}
int main()
{
    IntN_N s;
    int m,n,p,maxs; //maxs、p 保存最大行和及其行下标
    printf(" 输入随机二维数组的行数和列数："); scanf("%d%d",&m,&n);
    randinput2(s,m,n);
    printf(" 生成 %d 行 %d 列二维数组如下：\n",m,n); output2(s,m,n);
    p=max_rsum(s,m,n); maxs=sum(s[p],n);
    printf(" 行下标 %d 有最大行和：%d\n",p,maxs);
    return 0;
}
```

运行结果如下：

输入随机二维数组的行数和列数：<u>3 4</u>↙
生成 3 行 4 列二维数组如下：
```
    56   19   93   86
    98   83   29   53
    97    4   25   44
```
行下标 1 有最大行和：263

思考：计算二维数组的最大列和需要重新编写 sum() 函数，能够计算 m 行二维数组 a 中第 j 列的和。下面是重新编写后的 sum() 函数。

```
int sum(IntN_N a,int m,int j)
{
    int s=0,i;
    for(i=0;i<m;i++) s=s+a[i][j];
    return s;
}
```

然后编写求 $m×n$ 二维数组 a 的最大列和所在的列下标的函数 max_csum()，格式为 int max_csum(IntN_N a, int m, int n);，主函数 main() 基本不变，这个问题作为课后习题完成。

5.4　指针类型

5.4.1　指针的定义

视频 5-9
指针的定义

指针是内存单元的地址，使用指针可以更灵活访问内存单元中的数据。变量是存放数据的内存单元，变量的地址就是指针，不同类型的变量有不同类型的指针。例如，int 型变量的地址是 int 型指针，char 型变量的地址是字符指针，一维数组变量的地址则称为数组指针。指针变量是存放指针的内存单元，int 型指针变量可以存放 int 型指针。例如，int i=30; int *p; p=&i; 中 p 定义为 int 型指针变量，&i 表达式中的 & 是取地址运算，可以取出 int 型变量 i 的地址，即得到 int 型指针，再将它赋值给 int 型指针变量 p 中保存，形象地称之为指针变量 p 指向变量 i，如图 5-9 所示。

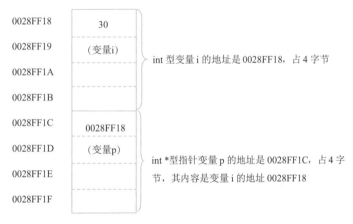

图5-9　指针变量p与整型变量i的关系

数组名和字符串常量都是内存地址，也就是指针。它们可以使用下标运算 [] 访问数组中的元素变量或字符串常量中的字符，例如，a[0] 或 "abcdefg"[1]。int i, *p=&i; 中的指针变量 p 也可以通过 p[0] 访问变量 i。例如，p[0]=40; 其实是将 40 存放到变量 i 中，这种通过指针访问指向的变量的过程称为指针的间接访问。C 语言中有专门的间接访问运算符 * 可以完成同样的工作，例如，(*p)=40; 同样能将 40 赋值给变量 i，由于 * 运算的优先级高于赋值 = 运算，该式也可以简写成 *p=40;。

指针变量定义的形式如下：

基类型 *　指针变量名 [= 初值]；

> 📖 说明：
>
> （1）基类型是指针所指向的内存单元的类型。基类型为 int 型则为 int 型指针变量，为 float 型则为 float 型指针变量，不同类型的指针变量不能混合使用。
>
> （2）初值是基类型的内存单元的地址，可以省略，省略时指针变量不保存初值。NULL 指针是通用类型（void *）的空指针常量，值代码为 0，可以作为任何类型指针变量的初值。

例如：

```
int i,*p1=&i;       //p1 是 int 型指针变量，初值为 int 型变量 i 的地址
float *p2=&f,f;     // 错误：p2 是 float 型指针变量，变量 f 的地址作为初值时不存在
int *p3=p1;         //p3 是 int 型指针变量，初值为 p1 指针变量的值，即变量 i 的地址
int *p4=30;         // 错误：p4 是 int 型指针变量，与作为初值的 int 型数 30 类型不同
int *p5=i;          // 错误：p5 是 int 型指针变量，与作为初值的 int 型变量 i 类型不同
int *p6=&p1;        // 错误：p6 是 int 型指针变量，与 int 型指针变量 p1 的地址类型不同
char *p7=NULL;      //p7 是字符指针变量，初值为空地址，不指向任何内存单元
```

赋值为 NULL 空地址的指针变量，没有指向任何内存单元，因此，不能对该指针变量下标 [ ] 运算或间接访问 * 运算。

例 5.26 编写一个程序，使用指针方式访问字符串常量、一维数组、二维数组的元素。

```
/*liti5-26.c，使用指针方式访问字符串常量、一维数组、二维数组的元素 */
#include <stdio.h>
int main()
{
    int a[5]={1,2,3,4,5}, b[3][4]={{1,2,3,4},{5,6,7,8},{9,10,11,12}};
    int *p, i, j;   //p 是 int 型指针变量
    char *q="abcdefg"; //q 是字符指针变量，初值为字符串常量的串首地址，不是字符串本身
    printf(" 字符指针变量 q 访问字符串常量中字符：\n");
    for(i=0;q[i]!='\0';i++) printf("%3c",q[i]);
    printf("\n 使用指针运算访问一维数组 a 中的元素数据：\n");
    for(i=0;i<5;i++) printf("%3d",*(a+i)); //a+i 是 a[i] 元素变量的指针
    printf("\n 使用指针变量访问二维数组 b 中的元素数据：\n");
    for(i=0;i<3;i++) // 以 i 下标依次访问二维数组 b 的三个一维数组元素 b[0],b[1],b[2]
    {
        p=b[i];   //p 指针变量保存了 b[i][0] 元素变量的指针，即 &b[i][0]
        for(j=0;j<4;j++)   // 以 j 下标依次访问 i 行一维数组中的列元素 b[i][0]..b[i][3]
            printf("%3d",p[j]);   //p 指针变量使用 [ ] 运算访问 i 行的 j 列元素 b[i][j]
        printf("\n");
    }
    return 0;
}
```

运行结果如下：

```
字符指针变量 q 访问字符串常量中字符：
  a  b  c  d  e  f  g
使用指针运算访问一维数组 a 中的元素数据：
  1  2  3  4  5
使用指针变量访问二维数组 b 中的元素数据：
  1  2  3  4
  5  6  7  8
  9 10 11 12
```

拓展内容：

二维数组变量名是一维数组的指针，例如，int (*p)[4]; 定义的 p 是一维数组指针变量，与例 5.26 中的二维数组名 b 具有相同的类型，可以执行赋值语句 p=b;，将二维数组 b 中第

1 个一维数组 b[0] 的地址赋值给 p，即与 p=&b[0] 作用一样，然后就可以使用 p 来调用 b 中的元素。

指针变量的地址则称为二级指针，如图 5-9 所示，指针变量 p 的地址 0028FF1C 是二级指针，即 &p，int **pp; 定义的 pp 是二级指针变量，可以执行赋值语句 pp=&p; 让 pp 保存指针变量 p 的地址 0028FF1C。二级指针需要两次下标运算或间接访问 * 运算才能访问到变量 i，即 pp[0][0]=40;，或者 **pp=40;，可以将 40 赋值给变量 i。

函数名其实也是一种指针，是函数代码的开始地址。使用函数调用运算可以调用该地址，也就是运行函数代码。例如，int　(*f)(int x[],int n); 定义的 f 是函数指针变量，与例 5.25 中 sum() 函数具有相同参数和返回值类型，可以执行赋值语句 f=sum;，将 sum() 函数的代码地址赋值给 f，然后就可以使用 f 来调用 sum() 函数的代码。

5.4.2　指针的基本运算

指针的运算有两类：直接使用指针运算的结果仍然是指针；间接使用指针是访问其指向的内存单元，结果是得到所指向的内存单元变量。

1. 指针的直接使用

（1）取址与赋值：& 用于取出变量的地址，= 可在指针变量中保存指针值。

例如：int i, *p=&i; 。

（2）显示：printf 函数使用格式符 %p 可将指针以 16 进制方式显示出来。

例如：int i; printf("%p",&i);。

（3）加减 1 个整数 n：常用在数组元素的指针上，当前数组元素指针加 1 个整数 n 表示了当前数组元素之后第 n 个元素的地址，当前数组元素指针减 1 个整数 n 表示了当前数组元素往前数 n 个元素的地址。

例如：int a[10], *p1=a+5, *p2=p1-3;，p1 指针变量中存放 a[0] 之后第 5 个元素的地址，即 a[5] 的地址，p2 指针变量中存放 a[5] 往前数 3 个元素的地址，即 a[2] 的地址。

（4）两个同类型的指针相减：常用在数组元素的指针上，同一个数组的两个数组元素的地址相减，结果是两个数组元素的下标之差。

例如：int a[10], *p1=&a[0], *p2=&a[9], n=p1-p2;，变量 n 中存放的是下标差 -9。

（5）指针变量的自增 ++、自减 -- 运算：常用在指向数组元素的指针变量上，++ 使指针变量指向下一个数组元素，-- 使指针变量指向上一个数组元素。

例如：

```
int i, a[5]={1,2,3,4,5}, p=a;   // 通过指针 p 访问数组 a 中的每个元素变量
for(i=0;i<5;i++)   printf("%3d",*p++);//*p++ 先使用增 1 前的 p 访问数组元素，p 再增 1
```

例 5.27 局部变量的直接指针运算的使用案例。

程序设计分析：函数中定义的变量称为局部自动变量，是在调用函数时自动在名为堆栈的内存中定义的，调用结束会自动删除。堆栈的特点是按从高地址到低地址的顺序来使用内存定义变量，所以先定义的变量内存地址大于后定义的变量内存地址。如图 5-10 所示，堆栈中相邻变量 i 和 j 的地址相差 4 个字节，即 j 的下 1 个 int 型的内存单元是 i。

```
/*liti5-27.c, 局部变量的直接指针运算 */
#include<stdio.h>
int main()
```

```
{
    int i=10, j=20, *p1=&j, *p2=&i;          //p1 中的 j 的地址小于 p2 中的 i 的地址
    printf("%p %p %p\n",p1,p1+1,p2);          //p1+1 是 j 地址 +1, 得到 i 的地址
    printf("%d\n",p1-p2);  // 变量 j 与 i 相邻, 相差 1 个 int 型单元, 结果是 -1
    return 0;
}
```

图5-10　堆栈中的变量

运行结果如下：

```
0028FF10 0028FF14 0028FF14
-1
```

2. 指针的间接访问运算

间接访问指针运算是 * 号运算符，指针通过 * 运算可以访问所指向的内存单元。例如：

```
int i, *p=&i;              // 这里的 * 号是定义指针变量的符号
*p=100;    // 这里的 * 号是间接访问运算, *p 可以访问 p 所指向的变量 i, 将 100 赋值给 i
```

间接访问指针也可以使用下标 [] 运算。上例中，*p 就相当于 p[0]，都是访问 p 所指向的整型变量 i。例如：

```
int a[10], *p=a, i=1;
p[i]=20; //p[i] 就相当于 *(p+i), 访问数组 a 的元素 a[1], 使 a[1]=20
p=a+5;   //p 保存了 a[5] 的地址
p[i]=30; //p[i] 就相当于 *(a+5+i), 访问数组 a 的元素 a[6], 使 a[6]=30
```

例5.28 使用指针运算构建 20 个数的 Fibonacci 数组并显示。

程序设计分析：Fibonacci 数组的前两项是 1，第 3 项开始由前两项相加得到，使用指针运算表示当前数组元素的前两项元素会比较直观。

```
/*liti5-28.c,使用指针运算构建 20 个数的 Fibonacci 数组并显示 */
#include<stdio.h>
int main()
{
    int fibo[20]={1,1}, i, *p;  //fibo 数组前 2 项为 1
    p=fibo+2;   // 指针变量 p 指向 fibo 数组的第 3 个元素
    for(i=3;i<=20;i++,p++) *p=p[-1]+p[-2];  //p 指向的元素数据是前两项相加
    for(i=0;i<20;i++)
    {
        if(i%10==0) printf("\n%d-%d:",i+1,i+10);  // 一行显示 10 个数据
        printf("%5d", fibo[i]);
    }
```

```
    return 0;
}
```

运行结果如下：

```
1-10:    1    1    2    3    5    8   13   21   34   55
11-20:        89  144  233  377  610  987 1597 2584 4181 6765
```

5.4.3　指针的函数编程

指针变量做函数参数可以实现地址传递方式，使主程序中定义的变量可以在函数中被修改。数组参数、字符串参数本质上都是指针参数，通过它们增强了函数的数据处理能力。

例 5.29　编写函数，实现数组元素的插入和删除，然后在数组的 *n* 个元素中第 2 个元素删除后插入第 1 个位置。

```c
/*liti5-29.c，数组插入删除操作 */
#include <stdio.h>
/*insert: 在 *n 个元素的数组 a 中下标 k 之前插入数据 d*/
/* 函数中会修改数组中元素个数，n 是指针类型来传递主程序的个数变量的地址 */
void insert(int a[], int *n, int k, int d)
{
    int i;
    if(k<0||k>*n) return;   // 插入的位置下标 k 必须满足 *n>=k>=0，否则不能继续执行
    for(i=*n-1;i>=k;i--)
        a[i+1]=a[i];    // 插入数据到下标 k 位置之上，需将下标 *n-1..k 的数据后移 1 位
    a[k]=d;
    (*n)++;         // 主程序中的个数变量 *n 增 1，++ 不是修改指针变量 n
}
/*delete() 函数：在 *n 个元素的数组 a 中删除下标 k 位置的元素数据 */
/* 函数中会修改数组中元素个数，n 是指针类型来传递主程序的个数变量的地址 */
void delete(int a[], int *n, int k)
{
    int i;
    if(k<0||k>=*n) return;      // 删除的位置下标 k 必须满足 *n>k>=0，否则不能继续执行
    for(i=k+1;i<=*n-1;i++)
        a[i-1]=a[i];   // 删除下标 k 位置的数据，需将下标 k+1..*n-1 的数据前移 1 位
    (*n)--;   // 主程序中的个数变量 *n 减 1，-- 不是修改指针变量 n
}
int main()
{
    int x[10]={2,1,3,4,5}, n=5, i, d;
    d=x[1]; //d 中存放数组中的第 2 个数据 1
    delete(x,&n,1);     // 删除下标为 1 的第 2 个数据，n 减 1 变 4
    insert(x,&n,0,d);   // 插入数据 d 到下标为 0 的第 1 个位置前，n 加 1 变 5
    for(i=0;i<n;i++) printf("%3d",x[i]);  // 显示数组中下标 0..n-1 的所有数据
    return 0;
}
```

运行结果如下：

```
  1   2   3   4   5
```

指针变量作为函数参数可以修改主程序中的实参变量，从而使函数具有副作用，即在执行函数时会修改参数变量，这种调用方式有时会使程序的作用不可预判，在设计函数时要注意标注出参数的修改规则。函数的返回类型也可以是指针类型，但返回的指针必须保证其作用域和生存期在主程序执行期间可用，不能返回函数中定义的局部变量的地址。例如：

```
/*max() 函数：返回两个参数中较大数的地址 */
/* 错误：两个参数 a、b 均为 max 的局部变量，返回时自动删除，主程序不能使用 */
int *max(int a, int b)
{
    if(a>b) return &a;  // 不能返回局部变量 a 的地址
    else return &b;       // 不能返回局部变量 b 的地址
}
```

5.4.4 应用示例

1. 字符指针的应用示例

视频 5-10
字符指针的
应用实例

例 5.30 编写串的替换函数：将字符串 s1 中的每一个 s2 子串均替换成 s3。例如将 "abbbbc" 中的 "bb" 替换为 "b"，结果为 "abbc"。

程序设计分析：如图 5-11 所示，首先查找 s1 串中有没有 s2 串。查找开始的位置地址保存到 p 中，找到的位置地址保存到 q 中。若 q 不为 NULL，则将 p 到 q 之间的字符追加到结果空间 temp 中，再将 s3 串追加到 temp 中，然后让 p=q+strlen(s2) 继续查找，直到没有找到 s2 为止。最后将 s1 串中 p 开始的剩余部分追加到 temp 中，temp 中的串即为结果。

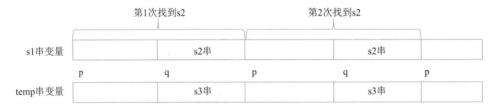

图5-11　s1串中查找s2串替换为s3串示意图

```
/*liti5-30.c, 字符串替换函数 */
#include<stdio.h>
#include<string.h>
/*replace() 函数：将字符串 s1 中所有的 s2 串替换为 s3 串 */
void replace(char *s1, char *s2, char *s3)
{
    char temp[128]="", *p, *q;        //p、q 是字符指针变量，用来存放串中的地址
    p=s1;  //p 是 s1 的开始位置
    while((q=strstr(p,s2))!=NULL)     // 从 p 开始查找 s2，找到的位置给 q，没找到结束
    {
        q[0]='\0';               // 将 s1 中从 p 开始到 q 结束的字符做成一个串
        strcat(temp,p);          // 将 s1 中 p 开始 q 结束的子串追加到 temp 中
        strcat(temp,s3);         // 将 s3 追加到 temp 中
        p=q+strlen(s2);          // 将 s1 中 q 开始跳过 s2 串长度的位置地址赋值给 p
    }
```

```
    strcat(temp,p);              //s1 中 p 开始的尾串直接追加到 temp 中
    strcpy(s1,temp);             // 将 temp 中已替换好的串赋值给 s1
}
int main()
{
    char str[50]="abbbbc";       //str 中存放的原始串
    replace(str,"bb","b");
    printf("%s\n",str);          // 显示 str 中的结果串
    return 0;
}
```

运行结果如下：

abbc

2. 命令行参数

在 MS-DOS 中，采用的是命令行方式执行程序。例如：

C:\>COPY MYFILE.TXT C:\USERS ↙

在 DOS 命令提示符 C:\ 后输入操作系统命令名 COPY，以及后面以空格分隔的 MYFILE.TXT 和 C:\USERS 两个命令行参数，系统就将 MYFILE.TXT 复制到文件夹 C:\ USERS 中。

WINDOWS 也提供了执行命令行参数的途径，在"开始"菜单中找到命令提示符菜单项，或直接运行 CMD.EXE 命令，可以进入命令提示符窗口，然后键盘输入可执行程序名并执行。例如：IPCONFIG /ALL，是查找网络配置的命令，IPCONFIG 是程序名，/ ALL 是命令行参数。

C 语言程序通过在 main() 函数添加字符指针数组参数来接受命令行的参数，带参数的 main() 函数声明如下：

```
[ 返回类型 ] main(int argc, char * argv[]);
```

> 📖 说明：
>
> （1）返回类型默认为整型，可省略，返回的值提供给运行该程序的操作系统，如果返回值为 void，表示 main() 函数不需要提供返回值。
>
> （2）main() 函数的形参有两个，一个是整型变量 argc，表示数组的大小，另一个是字符指针数组变量 argv，数组的元素顺序存放了 C 语言程序名串和所有命令行参数串的地址。数组大小 argc=1 时表示只有 C 语言程序名串，没有命令行参数。

📘 5.31 需要以命令行参数方式提供口令才能正常执行的程序。

```
/*liti5-31.c, 提供命令行参数口令才能执行的程序 */
#include <stdio.h>
#include <string.h>
int main(int argc, char * argv[] )
{
    char pw[20]="abcdefg";   // 程序的准入口令
    int r;
    r=0;   //r 保存是否能进入程序的标志，初值为 0 不能进入
    if(argc==2)   // 有一个命令行参数
```

```
        if(strcmp(argv[1],pw)==0)    // 命令行参数的口令与 pw 串相同
            r=1;   //r 为 1，程序允许进入
        if(r==0)
        {
            printf(" 你在命令行参数中的口令不正确，不能继续执行程序。\n");
            return -1;  // 结束程序，返回给操作系统 -1 值
        }
    printf(" 恭喜您成功了！欢迎进入了程序。\n");
    printf(" 程序正常运行中……\n 回车键结束。\n");
    getchar();
    return 0;
}
```

运行结果如下：

你在命令行参数中的口令不正确，不能继续执行程序。
Process returned -1 (0xFFFFFFFF)   execution time : 0.780 s

由于没有在命令行参数中提供口令 abcdefg，该程序不能继续运行。可以在 CodeBlocks 中以项目方式提供命令行参数，过程如下：

（1）在 CB 界面中选择"File"→"New"→"Project"选项，选择"Console Application"选项，单击"Go"按钮。下一步，选择"C"，单击"Next"按钮。

（2）在"Project title"文本框中输入项目名 liti5-31，下面的文本框会自动填充，会自动创建一个项目文件夹 liti5-31，单击"Next"按钮。最后一步，单击"Finish"按钮。

（3）在 CB 界面中选择"File"→"New"→"Empty file"选项，再单击"是(Y)"按钮，在"Save File"对话框中选择 main.c 文件名，选择替换原有文件，输入本程序代码。

（4）在 CB 界面中选择执行"Project"→"Set programs' arguments…"选项，在"Program arguments"文本框中输入 abcdefg 口令，如果有多个命令行参数，可以一行一个输入。选择执行"Build"→"Build and run"选项运行程序，程序可以正常运行。

正常运行情况下运行结果如下：

恭喜您成功了！欢迎进入了程序。
程序正常运行中……
回车键结束。
↙

3. 动态内存分配的数组

变量需要在内存分配内存单元。这个过程是在编译阶段时，通过判断所需空间的大小，并进行内存空间的分配，运行时不能改变变量的类型和空间大小，这种方式称为静态内存分配。

C 语言允许变量所需的内存空间在运行时才分配，这种分配方式称为动态内存分配。动态分配的内存区域称为堆，需要通过指针变量来间接访问。

内存中"堆"的区域需要专门提供的一组标准函数来管理，其函数原型放在头文件 malloc.h 中。

1）malloc() 函数

函数原型：

```
void * malloc(unsigned size);
```

函数功能：从堆中分配一块长度为 size 字节的连续空间，并将该空间的首地址以通用指针类型（void *）返回。如果函数没有分配成功，返回值 NULL 空指针。通用指针类型（void *）可以直接存入其他指针类型的变量中。

函数示例：

```
int * p;
p=malloc(sizeof(int));    //返回的 void * 类型的指针赋值给 int * 类型的指针变量 p
```

2）calloc() 函数

函数原型：

```
void * calloc(unsigned n,unsigned size);
```

函数功能：从堆中以 size 为单元大小共计分配 n 个单元共计 n*size 个字节的连续空间，并将该空间的首地址以通用指针类型返回。如果函数没有分配成功，返回值为 NULL 空指针。该函数更适用动态分配数组空间，n 是数组的大小，size 是数组元素变量的字节数。

函数示例：

```
int *p;
p=(int *)calloc(10,sizeof(int)); //分配 10 个元素的 int 型数组，将首地址赋值给 p
```

3）realloc() 函数

函数原型：

```
void * realloc(void * block, unsigned size);
```

函数功能：从堆中以 size 的字节大小重新分配 block 指针所指向的单元空间，原有单元中的数据会保留在新空间，同时返回 block 所指向的新单元的地址。

函数示例：

```
int *p=(int *)calloc(3,sizeof(int));  //分配 3 个元素的动态 int 型数组给指针变量 p
p[0]=30;
realloc(p, 4*sizeof(int));      //重新分配 4 个元素的动态 int 型数组给指针变量 p
printf("%d", p[0]);       //新的动态空间中 p[0] 的数据没有丢失，仍为 30
```

4）free() 函数

函数原型：

```
void free(void * block);
```

函数功能：指针变量 block 指向的堆中已分配的动态内存释放归还给堆，指针变量 block 中的内存地址会保留。上面函数示例中的操作，最后都要加上 free() 函数释放所分配的空间，否则会造成堆空间的丢失。

例 5.32 有 n 个小朋友围成一圈，从 1 开始顺序编号到 n，现在从 s 号开始点到，每次点到第 m 个人就请出列，然后从下一个人开始重新点到，仍然每次到第 m 个人出列，请编程计算出小朋友的出列顺序（该问题也称为 Josephus 问题，当 n=6，如图 5-12 所示，s=1，m=3 时，出列顺序为 3 6 4 2 5 1）。

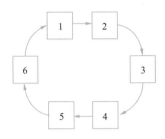

图5-12　　n=6时的Josephus问题

程序设计分析：如图 5-12 所示，围成的圆圈采用动态数组表示，数组的大小由 n 决定，数组元素的值为小朋友的编号。循环点数时，让当前下标位置变量 p 加 1，如果已经点到 n-1 下标，则 p=0。小朋友出列时，可将对应的数组元素值变为 0。

```
/*liti5-32.c, Josephus 问题 */
#include <stdio.h>
#include <malloc.h>
int *r;            //r 指针指向动态数组
int n;             //n 是动态数组的大小
int p=0;           //p 是点到的当前位置，初值是下标为 0 的第 1 个元素
/*next() 函数：修改下标 p，使其循环点到 */
void next()
{
    if(p>=n-1) p=0;    // 点到 n-1 下标时，下 1 个位置是 0 下标
    else p++;
}
/*start() 函数：设置开始点到的位置为第 s 个元素 */
void start(int s)
{
    int i;
    for(i=1;i<s;i++) next();
}
/*count() 函数：跳过所有的空位置，循环往后点 m 个元素 */
void count(int m)
{
    int i;
    for(i=0;i<m;)
    {
        if(r[p]!=0) i++;       // 当前下标 p 不是空位置，计数变量 i 加 1
        if(i<m) next();   //i=m 表示下标 p 已是第 m 个，不用改变 p，否则调整 p 继续找
    }
}
/*out() 函数：将当前下标 p 的元素出列 */
void out()
{
    printf("%3d",r[p]);
    r[p]=0;
}
int main()
{
    int s,m,i;
```

```
    printf("有多少个小朋友:");
    scanf("%d",&n);
    r=(int *)calloc(n, sizeof(int));        //r 指向动态分配的 n 元素的数组空间
    for(i=0;i<n;i++)  r[i]=i+1;              // 在数组 r 中存放小朋友的编号
    printf("从第几个小朋友开始:");
    scanf("%d",&s);
    printf("点到第几个小朋友出列:");
    scanf("%d",&m);
    start(s);
    for(i=1;i<=n;i++)                        // 循环点到 n 次，小朋友全部出列
    {
        count(m);
        out();
    }
    free(r);                                 // 释放动态分配的数组 r 的空间
    return 0;
}
```

运行结果如下：

有多少个小朋友:<u>6</u>↙
从第几个小朋友开始:<u>1</u>↙
点到第几个小朋友出列:<u>3</u>↙
   3 6 4 2 5 1

习 题

一、单项选择题

1. 以下不能正确定义一维数组 a 的选项是（   ）。

    A．int a[5]={0,1,2,3,4,5};   B．int a[5];

    C．int a[5]={'A','B','C'};   D．int a[]={0,1,2,3,4,5};

2. 以下不能正确定义一维数组 a 的选项是（   ）。

    A．int n=3, a[n];   B．int i=2, a[]={i,i*i,i*i*i};

    C．#define n 3   D．int a[]={2, 2*2, 2*2*2};

       int a[n];

3. 下面对 int a[5]={1}; 数组 a 的访问正确的是（   ）。

    A．scanf("%d",a);   B．scanf("%d",a+5);

    C．scanf("%d",&a);   D．scanf("%d",a[0]);

4. 下面对 int a[]={1,2,3,4,5}, n; 数组 a 的元素个数计算正确的是（   ）。

    A．sizeof(a)   B．sizeof(a)/sizeof(int)

    C．n   D．sizeof(int)

5. 下面的函数声明不正确的是（   ）。

    A．void fun(int a[5],int n);   B．void fun(int a[], int n);

    C．void fun(int n, int a[5]);   D．void fun(int a[]={1,2,3,4},int n);

6. 下面的可以获得 [0, 100] 的随机数的是（　　）。

　　A. srand(time(0))　　　B. rand()%100　　　C. rand()%101　　　D. rand(0,100)

7. 以下能正确定义一维数组类型 Int10 的是（　　）。

　　A. typedef int[10] Int10;　　　　　　B. typedef Int10[10];

　　C. typedef int Int10[10];　　　　　　D. typedef Int10[10]={0} ;

8. 下列程序的输出结果是（　　）。

```
int a[5]={1,2,3,4,5}, i;
for(i=1;i<3;i++) printf("%d",a[i]);
```

　　A. 12　　　　　　B. 23　　　　　　C. 123　　　　　　D. 234

9. 下列程序的输出结果是（　　）。

```
int a[]={1,2};
printf("%d",a[a[0]]);
printf("%d",a[a[0]-1]-1);
```

　　A. 12　　　　　　B. 21　　　　　　C. 10　　　　　　D. 20

10. 下列程序的输出结果是（　　）。

```
int a[]={1,2,3};
a[0]=a[0]-a[2]; a[2]=a[0]+a[2]; a[0]=a[2]-a[0];
for(i=1;i<=3;i++) printf("%d",a[i-1]);
```

　　A. 123　　　　　　B. 012　　　　　　C. 321　　　　　　D. 210

11. 以下能正确定义字符串变量的选项是（　　）。

　　A. char a[]={0,1,2,3,4,5};　　　　　B. char a[]={'0','1','2','3','4','5'};

　　C. char a[]={"012345"};　　　　　　D. char a[5]="01234";

12. 已知 char a[20];，能对变量 a 输入一行含空格的字符串的是（　　）。

　　A. scanf("%s",a);　　B. gets(a);　　　C. scanf("%s",&a);　　D. a="abcdefg";

13. 设有如下定义：char a[20]="abc 123";，下面不能显示变量 a 中字符串的是（　　）。

　　A. printf("%s",a);　　　　　　　　B. puts(a);

　　C. int i; for(i=0;a[i];i++) putchar(a[i]);　　D. putchar(a);

14. 若有 char a[20]="abc123";，下面显示的是字符串串长的是（　　）。

　　A. printf("%d",sizeof(a));　　　　　B. printf("%d",7);

　　C. int i; for(i=0;a[i];i++); printf("%d",i);　　D. printf("%d",sizeof(a)-1);

15. 设有如下定义：char * a[2]={"Abcd","ABCD"};，strcmp(a[0],a[1]) 的结果是（　　）。

　　A. 0　　　　　　B. -1　　　　　　C. 1　　　　　　D. 32

16. 设有如下程序：int a[10]={0}; scanf("%s",a);，输入 AB 后 a[0] 的值是（　　）。

　　A. 66*16+65 的结果　　　　　　B. 'A'

　　C. 'B'　　　　　　　　　　　　D. 66*256+65 的结果

17. 下面定义错误的是（　　）。

　　A. int a[2][3]={0};　　　　　　　B. int a[][3]={0};

　　C. int a[2][3]={1,2,3,4,5,6};　　　D. int a[][]={{1,2,3},{4,5,6}};

18. 设有如下定义：int a[][3]={0,1,2,3,4,5};，存放整数 3 的数组元素是（　　）。

    A. a[0][2]　　　　B. a[0][3]　　　　C. a[1][0]　　　　D. a[1][1]

19. 下面定义的二维数组类型 Int2_3 正确的是（　　）。

    A. typedef Int2_3[2][3];　　　　　　B. typedef int[2][3] Int2_3;

    C. typedef int Int2_3[2][3];　　　　　D. typedef int Int2_3[][3]={{1,2,3}{4,5,6}};

20. 下面的二维数组为参数的函数声明正确的是（　　）。

    A. void fun(int a[m][n]);　　　　　　B. void fun(int a[][],int m, int n);

    C. void fun(int a[m, n]);　　　　　　D. void fun(int a[0][4], int m,int n);

21. 定义如下变量和数组 :int i; int x[3][3]={1,2,3,4,5,6,7,8,9}; 则语句 for(i=0;i<3;i++) printf("%d ",x[2-i][i]); 的输出结果是（　　）。

    A. 3 5 7　　　　B. 4 3 2　　　　C. 7 5 3　　　　D. 3 2 1

22. 下面不能正确定义指针变量 p 的是（　　）。

    A. int *q=NULL, *p=q;　　　　　　B. int i, *p;

    C. int *q=0, *p=Null;　　　　　　　D. int i, *p=&i;

23. 设有如下定义：int i=2,*p=&i;，下面不能将 i 的值改变为 3 的是（　　）。

    A. i++;　　　　B. *p+=1;　　　　C. *p++;　　　　D. (*p)++;

24. 设有如下定义：int x[20][30];，下面不能表示数组元素 x[9][0] 的地址的是（　　）。

    A. x[9]　　　　B. *x+9*30　　　　C. &x[9][0]　　　　D. x+9

25. 设有如下定义：int i=2,*p=&i, *q=p;，下面不能将 i 的值改变为 3 的是（　　）。

    A. ++*p;　　　　B. ++*q;　　　　C. ++*&i;　　　　D. ++&*i;

26. 设有如下定义：int i=2, a[10], p=a;，a 中第 4 个元素的地址为（　　）。

    A. p+i*2　　　　B. p+(i-1)*2　　　　C. p+(i-1)　　　　D. p+i+1

27. 设有如下定义：int a[10], *p =a+1;，不能对数组元素正确引用的是（　　）。

    A. *&p[8]　　　　B. p[9]　　　　C. *(p-a+p)　　　　D. *p

28. 设有如下定义：int a[3]={1,4,7},*p=&a[2];，*p 的值是（　　）。

    A. 3　　　　B. 1　　　　C. 4　　　　D. 7

29. 执行下列程序后，其结果为（　　）。

```
int    a[]={2,4,6,8,10,12}, *p=a;
*(p+4) =2;
printf("%d,%d\n", a[3], a[4]);
```

    A. 6,8　　　　B. 10,12　　　　C. 8,10　　　　D. 8,2

30. 下列程序的输出结果是（　　）。

```
int a[5]={2,4,6,8,10},*p=a,* *k=&p;
printf("%d",*(p++));
printf("%d",* *k);
```

    A. 44　　　　B. 46　　　　C. 24　　　　D. 22

二、填空题

1. 数组是大批量的同种类型的数据，适合采用_____结构来处理。

2. 数组的元素个数是在定义数组变量时确定的，初值表可以不写，如果写了，初值的个数必须_____数组的元素个数。

3. 数组的下标运算用于指定数组的一个元素，下标可以是表达式，但表达式的结果必须是_____型，如果下标值大于或等于数组元素个数会引起_____错误。

4. 数组名是第_____个数组元素的地址，如果加 1 则可以得到第_____个数组元素的地址。

5. 数组、指针、字符串可以使用_____命令来定义类型名。

6. 数组变量和字符串变量的赋值和比较_____（"可以"或"不可以"）使用＝和＝＝运算，指针变量_____（"可以"或"不可以"）使用＝和＝＝运算。

7. 字符串常量是第_____个字符的内存地址，最后 1 个字符之后会有 1 个_____字符，可以使用下标运算来得到串中每一个位置的_____。

8. 比较大的程序可以分成多个文件来书写，可以重用的程序部分和不可以重用的程序部分分成不同的文件单独保存，这些文件需要创建一个_____才能组装并运行。

9. 常见的数组排序方法包括_____排序法、_____排序法和_____排序法，第一种是基于找最值来排序，第二种是基于添加元素到序列中保持序列有序来排序，第三种也称为冒泡排序。

10. scanf() 和 gets() 函数均可以为字符数组变量输入字符串，但 scanf() 函数不能输入_____字符。

11. 字符串的串长就是_____字符的下标值，字符串的标准函数需要宏包含_____头文件。

12. 二维数组有行下标和列下标两种下标，只提供行下标可以得到二维数组中每行的_____的首地址，二维数组名是指向第_____行的一维数组元素的指针。

13. 二维数组作为函数参数时，可以不写_____下标的大小，但要提供实际使用的数组元素的行数和列数。

14. 一个指针变量 p 保存了一个整型变量 i 的地址，可以形象地称之为指针 p_____了变量 i，通过 p 中保存的地址访问 i 称为_____访问。

15. 指针变量可以使用_____运算和 * 运算访问所指向的变量，如果指针变量中保存的地址为_____时，表示指针变量指向空地址，即没有指向任何变量。

16. 接收命令行参数必须要在_____函数中定义参数，参数的类型为_____数组。

17. 动态分配的内存来自称为_____的内存空间，使用动态内存的管理函数需要包含头文件，动态内存是指在_____阶段创建变量的内存空间。

三、程序填空题

1. 下面程序用于统计一个日期是一年中的第几天，请填上空缺。

```c
#include<stdio.h>
void adddays(int a[12], int y)
{
    int i;
    if(y%400==0||____①____) a[1]=29;
    else a[1]=28;
    for(i=10;i>=0;i--) a[i+1]=a[i];
    a[0]=____②____;
    for(i=1;i<=11;i++) a[i]+=a[____③____];
}
```

```
int main()
{
    int days[12]={31,28,31,30,31,30,31,31,30,31,30,31};
    int y,m,d;
    scanf("%d%d%d",&y,&m,&d);
    adddays(days,y);
    printf("%d",days[___④___]+d);
    return 0;
}
```

2. 下面程序用于将不同进制的串转换为十进制数，请填上空缺。

```
#include<stdio.h>
int stod(char s[], int r)
{
    int i,n,d;
    ___①___;
    for(i=0;s[i]!=___②___;i++)
    {
        d=s[i]>=___③___?s[i]-'a'+10:s[i]>='A'&&s[i]<='F'?s[i]-'A'+10:s[i]-'0';
        if(d<0||d>=r) return -1;
        n=n*r+d;
    }
    return n;
}
int main()
{
    int n,r;
    char s[10];
    scanf("%s%d",s,&r);
    if((n=stod(s,r))==___④___) return -1;
    printf("%d",n);
    return 0;
}
```

3. 下面程序用于找出鞍点，即 5 行 5 列方阵中行最大且列最小的点，请填上空缺。

```
#include <stdio.h>
void sp(int a[5][5])
{
    int i,j,m;
    for(i=0;i<5;i++)
    {
        ___①___;
        for(j=1;j<5;j++)
            if(a[i][m]<a[i][j]) m=j;
        for(j=0;j<5;j++)
            if(a[i][m]>a[j][m]) ___②___;
        if(j==5) printf("%d,%d\n",i,___③___);
    }
}
int main()
{
    int s[5][5];
```

```
    int i,j;
    for(i=0;i<5;i++)
    {
        for(j=0;j<5;j++)
        {
            s[i][j]=i+j+1;
            printf("%2d",s[i][j]);
        }
        printf("\n");
    }
    sp(____④____);
    return 0;
}
```

四、程序改错题

1. 下列程序用于删除字符串中的空格，请指出错误的地方并改正。

```
#include <stdio.h>
void delspace(char *s)
{
    int n, i, j;
    n=sizeof(s)-1;
    for(i=j=0;i<n;i++)
        if(s[i]!=' ')
            s[j++]=s[i];
}
int main()
{
    char s[20];
    scanf("%s",s);
    delspace(s);
    printf("%s",s);
    return 0;
}
```

2. 请指出下列程序错误的地方并改正。

```
#include <stdio.h>
int main()
{
    float x[2];
    float *ptr;
    *(x+1)=20.4;
    *(x+2)=30.4;
    ptr=&x;
    printf("%f",ptr[1]);
}
```

五、程序分析题

1. 分析下列程序，写出运行输出结果。

```
#include <stdio.h>
int main()
{
```

```
    char s[]="Ilikeyou";
    int i,j;
    for(i=0;i<sizeof(s)-1;i++)
    {
        for(j=0;j<=i;j++)
            putchar(s[j]);
        printf("\n");
    }
    return 0;
}
```

2. 分析下列程序，写出运行输出结果。

```
#include <stdio.h>
int mv(int a[],int n)
{
    int m;
    if(n==0) return 0;
    else
    {
        m=mv(a+1,n-1);
        return a[0]>m?a[0]:m;
    }
}
int main()
{
    int s[]={20,10,40,50,30},n=5;
    printf("%d",mv(s,n));
    return 0;
}
```

六、编程题

1. 编写程序，查找数组中的最大元素和次大元素。

2. 编写程序，利用选择排序法对 10 个随机整数进行降序排序。

3. 有 10 个整数按升序排列，现输入一个数，请编写程序，用二分查找法判断该数在序列中是否存在，若存在则指出是第几个。

4. 有 9 个整数按升序排列，现输入一个数，请编写程序，将该数插入数列中，保持数列仍为升序排列。

5. 编写程序，打印出以下的杨辉三角形（要求打印 10 行）。

```
1
1   1
1   2    1
1   3    3    1
1   4    6    4    1
1   5    10   10   5    1
```

6. 编写程序，计算出一个二维数组中的最大列和。

7. 在一个二维数组构成的方阵中，编程判断它的每一行、每一列和两条对角线之和是否均相等。例如三阶方阵：

```
8   1   6
```

```
3    5    7
4    9    2
```

8. 编写一个程序，找出所有命令行参数中的最大串长（命令行参数不包括程序名串）。

9. 编写一程序，输入一个字符串，统计其中出现的各种字符及其出现的次数。

10. 编写一个函数，输入一个字符串和 1 个字符，从串中删除该字符。

11. 编写一个函数，统计一个串中出现另一个串的次数（查找时不区分字母大小写）。

12. 编写一个函数，删除一个字符串的首尾空白符号（即空格、制表符、回车符）。

13. 编写一函数，使用筛选法找出 $m \sim n$ 之间的所有素数。

第6章 结构体类型与联合体类型

本章要点思维导图

本章要点

结构体类型
- 定义：域的逐个定义与成串定义，不同的初值个数问题，存储空间的计算，多层结构体的嵌套定义，使用typedef命令定义类型，域运算（.）
- 基本编程：输入/输出，赋值比较，基于域值的大小比较
- 结构体数组：数组元素的增删、查找、排序、统计
- 结构体指针：指针运算（->），动态链表的建立、遍历、选择排序、倒序
- 结构体函数：最大行和问题的结构体类型返回设计，基于头文件的可重用设计
- 特色应用：学生信息管理系统的综合设计

联合体类型
- 定义：只有第1个域变量可拥有初值，存储空间的计算，与结构体的混合嵌套定义，使用typedef命令定义类型
- 基本运算：结构体的运算都能使用，不能同时联合体中的不同域变量保存数据
- 特色应用：1个域空间双重含义（日期域变年龄域）

枚举类型
- 定义：只能为整型、字符型等离散值定义枚举符号常量，符号常量按数值的小到大定义，使用typedef命令定义类型
- 基本运算：整型的运算都能使用，不要使用超出枚举类型定义范围的符号常量值
- 特色应用：bool值的枚举定义，大小比较结果值的枚举定义，利用Zeller公式计算星期几（星期值使用枚举定义）

学习目标

◎理解结构体的类型和变量的定义，掌握结构体的域变量的访问，掌握结构体变量的输入、输出、赋值、比较等编程方法，掌握结构体的项目编程技术。

◎理解结构体数组、指针的定义，掌握结构体数组的按域值比较、查找、排序等编程方法，掌握结构体指针为参数的函数编程。

◎理解联合体类型与结构体类型的不同，掌握联合体类型和枚举类型的定义和编程方法。

一个真实的应用程序有着复杂的问题结构，描述这些问题需要构造机制，例如表、树、链、图等，结构或联合都是构造复杂问题结构的重要机制，也称为结构体或联合体，可以补充数组和指针构造能力的不足。面向对象程序设计中的类也是从结构类型发展而来。结构和联合类型非常相似，主要的区别在于内存管理方面。枚举类型是一种以符号常量的方式构造的离散类型的状态，使程序具有较好的可阅读性。

6.1 结构体类型

6.1.1 结构体的定义

要处理客观世界的问题必须要先描述客观世界的事物。例如，要编写程序管理学生，必须要构建学生类型、定义学生数据，然后编写学生数据的管理程序，综合形成学生的信息管理系统。学生信息一般用表格表示，见表 6-1。

表 6-1 学生基本信息表

学号	姓名	性别	成绩			
			语文	数学	英语	总分
221001	张三	男	85	95	85	
221002	李四	女	90	80	95	
...	...	...	...	...	...	...

表中的每个学生占据一行，有多个信息项要填写，因为每栏信息项是不同种类，使用数组只能每栏信息项一个一维数组，而不能使用 2 行 7 列的二维数组，这样的设计无法使学生类型成为一个整体。

结构体类型可以将不同类型的信息项集中在一起成为一个整体，定义的每个结构体变量可以保存一个学生的数据，表 6-1 可以如下定义：

```
struct  student {          //student 是结构体类型名
    char no[7];            // 最多 6 位数字
    char name[10];         // 最多 4 个汉字
    char sex[3]; //性别中的男女都是汉字，存储需要 2 字节，加上结束标志是 3 字节
    int grade[4];
} a={"221001","张三"," 男 ",{85,95,85}}; // 结构体变量a 保存了张三的信息
struct student b={"221002"," 李四 "," 女 ",{90,80,95}}; // 变量b 保存了李四的信息
```

如果要继续增加学生的数据，可以再定义结构体变量，也可以定义以结构体类型为基类型的结构体数组。

上面示例中的结构体类型 struct student 的定义，需要符合结构体类型的定义格式。C 语言中，结构体类型的定义格式如下：

```
struct   [结构体类型名]
{ 域定义表 } [结构体变量名 [={初值表}],...];
```

📖 说明：

（1）结构体类型由 1 个以上称为域（field）的信息项组成，域也可以称为属性（attribute）或成员（member），域定义表中每个域定义可以定义不同类型的域变量，以分号结束。域变量可以是基本数据类型也可以是构造类型，所有域变量按定义顺序在一块连续内存区域内分配内存。例如，上例中域变量 no、name、sex 均是字符数组，共分配 20 个字节内存，接着的域变量 grade 是整型数组，分配 16 个字节内存，结构体变量 a 和 b 均会分配 36 字节的连续内存空间。

（2）结构体类型名不写时，只能在定义结构体类型的同时定义结构体变量，即匿名定义的结构体类型只能使用一次。有命名的结构体类型可以在定义结构体类型的同时定义变量，也可以在定义结构体类型之后，通过保留字 struct 加结构体类型名的方式单独定义结构体变量。例如，上例中的结构体类型名为 student，在定义之后可以单独定义结构体变量 b，定义时类型名必须写成 struct student。

（3）结构体变量的初值表是以逗号分隔的初值表达式组成，初始化时按顺序计算并赋值给各个域变量。初值与域变量要类型一致，初值个数不能超过域变量的个数。当提供的初值个数不足时，无初值的域变量会初始化为零或 NULL。例如，上例中的 grade 域变量是4 元素的数组，只提供了 3 个分数值，第 4 个数组元素会初始化为 0。

结构体变量可以使用域运算（.）来访问其中的域变量，例如，再定义 1 个 student 结构体类型的变量 c，再对 c 中的域变量赋值的过程如下：

```
struct student  c;
scanf("%s%s%s",c.no,c.name,c.sex);    //使用域运算访问 c 变量的 no,name,sex3 个域
for(i=0;i<3;i++)
    scanf("%d",&c.grade[i]);  // 对变量 c 的 3 个 grade[i] 域取址并输入成绩
```

例 6.1 编写程序实现学生信息表数据的输入、输出。

```
/*liti6-1.c,结构体变量的输入、输出 */
#include <stdio.h>
struct student {  //student 是结构体类型 , 适合放在函数之外定义
    char no[7];
    char name[10];
    char sex[3];
    int grade[4];
};
int main()
{
    struct student a={"221001"," 张三 "," 男 ",{85,95,85}};
    struct student b={"221002"," 李四 "," 女 ",{90,80,95}};
    struct student c;   // 变量 c 存放新增加的学生数据
    int i,m;
    printf(" 请输入学生的各项信息: \n");
    printf(" 学号: "); scanf("%s",c.no);
    printf(" 姓名: "); scanf("%s",c.name);
    printf(" 性别: "); scanf("%s",c.sex);
    printf(" 语文: "); scanf("%d",&c.grade[0]);
    printf(" 数学: "); scanf("%d",&c.grade[1]);
    printf(" 英语: "); scanf("%d",&c.grade[2]);
    for(m=0,i=0;i<3;i++) m+=a.grade[i];   // 计算 a.grade[3] 中存放的总分
    a.grade[3]=m;
    for(m=0,i=0;i<3;i++) m+=b.grade[i];   // 计算 b.grade[3] 中存放的总分
    b.grade[3]=m;
    for(m=0,i=0;i<3;i++) m+=c.grade[i];   // 计算 c.grade[3] 中存放的总分
    c.grade[3]=m;
    printf("\n 显示所有学生的基本情况: \n");
```

```
        printf("%-8s%-11s%-5s%-5s%-5s%-5s%-5s\n","学号","姓名","性别","语文","
数学","英语","总分");  //%-8s这种标题显示格式可以指定宽度，使表格内容上下左对齐
        printf("%-8s%-11s%-5s",a.no,a.name,a.sex);   // 显示变量a的数据
        for(i=0;i<4;i++) printf("%-5d",a.grade[i]);
        printf("\n");
        printf("%-8s%-11s%-5s",b.no,b.name,b.sex);   // 显示变量b的数据
        for(i=0;i<4;i++) printf("%-5d",b.grade[i]);
        printf("\n");
        printf("%-8s%-11s%-5s",c.no,c.name,c.sex);   // 显示变量c的数据
        for(i=0;i<4;i++) printf("%-5d",c.grade[i]);
        printf("\n");
        return 0;
    }
```

运行结果如下：

请输入学生的各项信息：
学号：<u>221003</u>↙
姓名：<u>王五</u>↙
性别：<u>男</u>↙
语文：<u>75</u>↙
数学：<u>80</u>↙
英语：<u>80</u>↙
显示所有学生的基本情况：

学号	姓名	性别	语文	数学	英语	总分
221001	张三	男	85	95	85	265
221002	李四	女	90	80	95	265
221003	王五	男	75	80	80	235

域变量的类型也可以是结构体类型，称为结构体的嵌套定义。例如，在学生信息表中添加一个结构体类型的域：出生日期，定义如下：

```
struct birthday{
    int y, m, d; //y,m,d域变量存放年、月、日，同类型的域变量可以成批定义
};
struct student{   //student 结构体类型增加了一个birth 结构体类型域变量
    char no[7];
    char name[10];
    char sex[3];
    struct birthday birth;
    int grade[4];
} a;
a.birth.y=2004; // 结构体嵌套时结构体变量a使用多层域运算从外向内逐层访问域变量y
a.birth.m=3;        // 为 student 类型变量a的 birth 域中的m变量赋值
a.birth.d=15;
```

typedef命令定义的结构体类型名使用时不需要提供保留字struct，这样使用时会更方便。另外，域变量的类型如果使用 typedef 来定义也会显得容易阅读。例如，学生信息表类型可以使用 typedef 定义如下：

```
typedef char No[7];          //No 是学号类型
typedef char Name[10];       //Name 是姓名类型
typedef char Sex[3];         //Sex 是性别类型
typedef struct{              //Birthday 是出生日期类型
```

```
        int y, m, d;
    }Birthday;
    typedef int Grade[4];    //Grade 是成绩类型
    typedef struct{
        No no;                    //no 域变量是 No 类型
        Name name;                //name 域变量是 Name 类型
        Sex sex;                  //sex 域变量是 Sex 类型
        Birthday birth;           //birth 域变量是 Birthday 类型
        Grade grade;              //grade 域变量是 Grade 类型
    }Student;                     //Student 是学生类型
    Student a={"221001","张三","男",{2004,3,15},{85,95,85}}; //类型名不需要struct
    Student b={"221002","李四","女",{2005,12,10},{90,80,95}};
```

匿名的结构体类型是指结构体类型定义时 struct 后面没有写上类型名的情况，由于没有类型名，每次定义类型的同时才能定义变量，即使两个匿名结构类型的域定义完全一样，定义的结构体变量也分属不同类型。例如：

```
    struct{
        char no[7];
        char name[10];
    }a;   // 变量 a 是匿名结构体类型 1
    struct{
        char no[7];
        char name[10];
    }b;   // 变量 b 是匿名结构体类型 2
```

上例中两种匿名结构体类型有着一样的域变量 no 和 name，但变量 a 和 b 不是同一种类型。如果 a，b 间赋值，编译器都会显示类型不兼容的错误。

6.1.2　结构体类型的基本操作

1. 结构体类型的赋值和比较运算

结构体类型的变量可以直接使用赋值运算符对同类型的变量进行赋值。赋值时会将其所有的域变量一一赋值，包括数组域变量、指针域变量和结构体域变量。但是，结构体变量不能使用判断相等运算符（==）进行比较。例如：

```
    struct birthday{
        int y, m, d;//y,m,d 域变量存放年、月、日，同类型的域变量可以成批定义
    };
    struct student{   //student 结构体类型嵌套添加了一个 birthday 结构体类型域变量 birth
        char no[7];
        char name[10];
        char sex[3];
        struct birthday birth;
        int grade[4];
    }a={"221001","张三","男",{2004,3,15},{85,95,85}},b;      //定义了两个变量 a,b
    b=a;   // 结构体变量 a 赋值给同类型的结构体变量 b，包括 birth 结构体域和 grade 数组域
    printf("%s %s %s",b.no,b.name,b.sex);          // 显示变量 b 的数据
    for(i=0;i<3;i++) printf("%d",b.grade[i]);
    printf("\na==b: %d\n",a==b);          // 错误：结构体变量 a,b 不能比较相等
```

上例中字符数组、整型数组、结构体类型的域变量在结构变量赋值运算时均能一一对

应的复制。指针类型的域变量也可以赋值，但赋值的不是待处理的数据，而是数据在内存中的地址。这时所有赋值后的结构体变量的指针域都会指向同一个数据。如果修改了一个结构体变量的指针域指向的数据，则所有赋值后的结构体变量的指针域所指向的数据都会同时发生改变。这种赋值后结构体变量不再独自地拥有数据的现象称为浅赋值。例如：

```
struct{
    int *p;              // 结构体类型的指针域变量p
}a,b;                    //a,b为同一种匿名结构类型的变量
int i=30;                // 变量i初值为30
a.p=&i;                  // 结构体变量a的指针域变量p指向i
b=a;                     //a赋值给b，结构体变量a和b的指针域变量p指向同一个变量i，即浅赋值
*(a.p)=40;               //将结构体变量a的指针域p所指向的变量赋值为40，即变量i为40
printf("%d\n",*b.p);     // 结构体变量b的指针域p所指向的变量的值也显示结果为40
```

结构体变量a和b的比较需要对所有域变量的值一一比较，有一项域值不相等，则结构体变量不相等，如下所示：

```
if(strcmp(a.no,b.no)!=0)  printf(" 学号不相同。\n");
else if(strcmp(a.name,b.name)!=0)  printf(" 姓名不相同。\n");
else if(strcmp(a.sex,b.sex)!=0)  printf(" 性别不相同。\n");
else if(a.birth.y!=b.birth.y||a.birth.m!=b.birth.m||a.birth.d!=b.birth.d)
    printf(" 出生日期不相同。\n");
else
{
    for(i=0;i<3;i++)  if(a.grade[i]!=b.grade[i]) break;
    if(i<3)  printf(" 成绩不相同。\n");
    else  printf(" 两个变量相等。\n");
}
```

例 6.2 编写一个程序，显示 1 个结构变量的数据，然后输入另一个结构变量的值，判断两个结构变量是否相等并显示判断结果。

```
/*liti6-2.c, 两个结构变量的比较 */
#include <stdio.h>
#include <string.h>
typedef struct{
    int y, m, d;         //y,m,d域变量存放年、月、日，同类型的域变量可以成批定义
}Birthday;               //Birthday是出生日期类型
typedef struct{
    char no[7];
    char name[10];
    char sex[3];
    Birthday birth;
    int grade[4];
}Student;                //Student 是学生类型
int main()
{
    Student a={"221001"," 张三 "," 男 ",{2004,3,15},{85,95,85}}, b;
    int i,m;
    printf("%s\t%s\t%s\t%s\t%s\t%s\t%s\t%s\n"," 学号 "," 姓名 "," 性别 "," 出生
日期 "," 语文 "," 数学 "," 英语 "," 总分 ");   // 使用 \t 制表符上下左对齐显示
    printf("%s\t%s\t%s\t",a.no,a.name,a.sex); // 显示变量a的数据
    printf("%d-%d-%d",a.birth.y,a.birth.m,a.birth.d);
```

```
for(m=0,i=0;i<3;i++) {m+=a.grade[i]; printf("\t%d",a.grade[i]);}
a.grade[3]=m;
printf("\t%d\n",a.grade[3]);
printf("请输入学生的各项信息：\n");
printf("学号:"); scanf("%s",b.no);
printf("姓名:"); scanf("%s",b.name);
printf("性别:"); scanf("%s",b.sex);
printf("出生日期(yyyy-mm-dd):");
scanf("%d-%d-%d",&b.birth.y,&b.birth.m,&b.birth.d);
printf("语文:"); scanf("%d",&b.grade[0]);
printf("数学:"); scanf("%d",&b.grade[1]);
printf("英语:"); scanf("%d",&b.grade[2]);
if(strcmp(a.no,b.no)!=0)  printf("学号不相同。\n");
else if(strcmp(a.name,b.name)!=0)  printf("姓名不相同。\n");
else if(strcmp(a.sex,b.sex)!=0)  printf("性别不相同。\n");
else
if(a.birth.y!=b.birth.y||a.birth.m!=b.birth.m||a.birth.d!=b.birth.d)
    printf("出生日期不相同。\n");
else
{
    for(i=0;i<3;i++)  if(a.grade[i]!=b.grade[i]) break;
    if(i<3)  printf("成绩不相同。\n");
    else  printf("两个变量相等。\n");
}
return 0;
}
```

运行结果如下：

学号	姓名	性别	出生日期	语文	数学	英语	总分
221001	张三	男	2004-3-15	85	95	85	265

```
请输入学生的各项信息：
学号:221001↙
姓名:张三↙
性别:男↙
出生日期(yyyy-mm-dd):2004-3-15↙
语文:85↙
数学:95↙
英语:85↙
两个变量相等。
```

2. 基于域值的大小比较

查找一个结构体数据通常不需要提供该数据的所有信息项去比较，只需要提供可以反映该数据特征的域值就可以。例如，学号域对于每个学生都是唯一的，可以用来精确查找；性别域反映了学生的特征，可以筛选符合条件的一批学生；出生日期和成绩域在比较时不只是反映相等情况，还需要分出大小。这些问题都需要基于域值的大小比较。下面以示例来介绍大小比较的编程。

1）基于学号比较两个学生变量的大小

```
/* 假设 Student 类型已如前面示例中一样定义，基于 no 域比较 a,b 变量的大小 */
Student a={"221001","张三","男",{2004,3,15},{85,95,85}};
```

```
Student b={"221002","李四","女",{2005,12,10},{90,80,95}};
if(strcmp(a.no,b.no)==0)  printf("两个变量学号一样");
else if(strcmp(a.no,b.no)>0) printf("变量a的学号大于变量b");
else printf("变量a学号小于变量b");
```

2）基于出生日期比较两个学生变量的大小

```
/* 假设 Student 类型已如前面示例中一样定义，基于 no 域比较 a,b 变量的大小 */
Student a={"221001","张三","男",{2004,3,15},{85,95,85}};
Student b={"221002","李四","女",{2005,12,10},{90,80,95}};
int r;  // 变量 r 保存年月日差值
if(a.birth.y!=b.birth.y)  r=a.birth.y-b.birth.y; // 年份大变量大
else if(a.birth.m!=b.birth.m) r=a.birth.m-b.birth.m;// 年份相等比月份
else if(a.birth.d!=b.birth.d) r=a.birth.d-b.birth.d;// 年月相等比日子
else r=0;  //r 为 0 表示年月日都相等
if(r==0)  printf("两个变量出生日期一样");
else if(r>0) printf("变量a的出生日期大于变量b"); // 年月日数值大则变量大
else printf("变量a的出生日期小于变量b");
```

3）基于总分比较两个学生变量的大小

```
/* 假设 Student 类型已如前面示例中一样定义，基于 no 域比较 a,b 变量的大小 */
Student a={"221001","张三","男",{2004,3,15},{85,95,85}};
Student b={"221002","李四","女",{2005,12,10},{90,80,95}};
int r;
a.grade[3]=a.grade[0]+a.grade[1]+a.grade[2]; // 计算变量a的总分
b.grade[3]=b.grade[0]+b.grade[1]+b.grade[2]; // 计算变量b的总分
if(a.grade[3] ! =b.grade[3])  r=a.grade[3]-b.grade[3];
else r=0;
if(r==0)  printf("两个变量总分成绩一样");
else if(r>0) printf("变量a的总分成绩大于变量b");
else printf("变量a的总分成绩小于变量b");
```

其他域值的比较方式类似，例如，name 域、sex 域与 no 域相似，grade[0]..grade[2] 域中的单科成绩与总分域相似，不难实现。

3. 结构体数组的操作

当学生数据比较多时，可以将结构体数据编排为结构体数组类型。结构体数组可以支持数组上的常见操作，例如，插入和删除元素、求和、求平均、统计、查找、排序、倒序等。

例6.3 编写一个程序，输入学号查找学生信息表中该学生的各项信息，最后显示所有学生的总分平均分。

```
/*liti6-3.c，结构数组的查找和统计 */
#include <stdio.h>
#include <string.h>
typedef struct{
    int y, m, d; //y,m,d 域变量存放年、月、日，同类型的域变量可以成批定义
}Birthday;  //Birthday 是出生日期类型
typedef struct{
    char no[7];
    char name[10];
    char sex[3];
    Birthday birth;
    int grade[4];
```

```
}Student;   //Student 是学生类型
int main()
{
    Student s[10];       //s 是学生类型的数组变量
    char studno[7];      //studno 是存放要查找的学号
    int n=3,i,j,m;       //m 用于计算总分
    double t;            //t 用于统计总分平均分
    printf(" 请输入学生信息：\n");
    for(t=0,i=0;i<n;i++)
    {
        printf(" 第 %d 个学生的学号、姓名、性别、出生日期、语文、数学、英语：\n",i+1);
        scanf("%s%s%s",s[i].no,s[i].name,s[i].sex);
        scanf("%d-%d-%d",&s[i].birth.y,&s[i].birth.m,&s[i].birth.d);
        for(m=0,j=0;j<3;j++)          // 输入各科成绩并统计总分
        { scanf("%d",&s[i].grade[j]); m+=s[i].grade[j]; }
        s[i].grade[3]=m;
        t=t+m;   //t 用于统计所有学生的总分和
    }
    t=t/n;   //t 保存所有学生总分的平均分
    printf(" 请输入要查找的学生学号："); scanf("%s",studno);
    for(i=0;i<n;i++)
        if(strcmp(studno,s[i].no)==0)   // 按输入的学号查找
        {
            printf("%s\t%s\t%s\t%s\t%s\t%s\t%s\t%s\n"," 学号 "," 姓名 "," 性别
"," 出生日期 "," 语文 "," 数学 "," 英语 "," 总分 ");   // 使用 \t 制表符上下左对齐显示
            printf("%s\t%s\t%s\t",s[i].no,s[i].name,s[i].sex);
            printf("%d-%d-%d",s[i].birth.y,s[i].birth.m,s[i].birth.d);
            for(j=0;j<4;j++) printf("\t%d",s[i].grade[j]);
            printf("\n");
        }
    printf("%d 个学生的总分平均分为：%5.1f",n,t);
    return 0;
}
```

运行结果如下：

请输入学生信息：
第 1 个学生的学号、姓名、性别、出生日期、语文、数学、英语：
<u>221001 张三 男 2004-3-15 85 95 85</u>↙
第 2 个学生的学号、姓名、性别、出生日期、语文、数学、英语：
<u>221002 李四 女 2005-12-10 90 80 95</u>↙
第 3 个学生的学号、姓名、性别、出生日期、语文、数学、英语：
<u>221003 王五 男 2004-4-12 75 80 80</u>↙
请输入要查找的学生学号：<u>221002</u>↙

学号	姓名	性别	出生日期	语文	数学	英语	总分
221002	李四	女	2005-12-10	90	80	95	265

3 个学生的总分平均分为：255.0

4. 结构体指针的操作

结构体指针可以支持函数的地址传递方式，也可以支持动态内存空间的使用。

动态分配的结构变量可以增加一个自身类型的指针域。通过指针域可以将分散的动态结构体变量相互链接在一起，形成一种新型的数据管理结构：链表。链表中的动态结构体

变量称为结点（node）。

链表只要调整结点的指针域的指向就可以插入或删除链中的结点，不用像数组那样挪动元素变量中数据的位置。链表中各个结点的内存位置不是连续的一块内存空间，因此访问结点时无法支持下标运算，只能从头到尾顺序访问每个结点，称为遍历。

指针域可以指向下一个结点，称为后继指针，也可以指向上一个结点，称为前驱指针。如果两种指针域都有则称为双链表。最后成员的后续指针可以保存 NULL 作为结束标志，也可以指向第 1 个结点，称为循环链表。在链表第 1 个结点前面增加 1 个非数据结点以简化链表的操作，称为带头结点的链表，如图 6-1 所示。

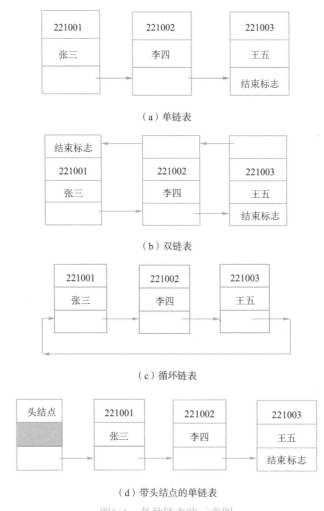

（a）单链表

（b）双链表

（c）循环链表

（d）带头结点的单链表

图6-1 各种链表的示意图

一个含指针域的学生结构体的结点类型可以如下定义：

```c
typedef struct{
    int y, m, d;
}Birthday;  //Birthday是出生日期类型
typedef struct student{
    char no[7];
    char name[10];
```

```
    char sex[3];
    Birthday birth;
    int grade[4];
    struct student * next; //next是自身结构体类型的指针域,需用struct+类型名定义
}StudNode;  //StudNode是学生的结点类型
```

创建一个学生的动态结点变量可以如下操作:

```
StudNode *p;  //p是结构体指针变量,用来指向动态分配的学生结点变量
int i;
p=(StudNode *)malloc(sizeof(StudNode)); //分配动态结点,需要包含malloc.h头文件
scanf("%s%s%s",(*p).no,(*p).name,(*p).sex); //输入p所指向的动态结点变量的域值
scanf("%d-%d-%d",&p[0].birth.y,&p[0].birth.m,&p[0].birth.d);
for(i=0;i<3;i++) scanf("%d",&p[0].grade[i]);
…  //此处省略的是其他处理工作
free(p);  //程序结束时需要释放动态结点的内存
```

上例中, *p 和 p[0] 都是间接访问指向的动态结点变量的操作。(*p).no 和 p[0].no 是使用指针变量 p 所指向的动态结点变量中域变量 no 的操作。这种写法比较烦琐, C 语言中提供了一种专用于结构指针变量间接访问所指向结点的域变量的运算:箭头运算（->）,使用箭头运算上式可以写成 p->no。其他动态结点变量的域变量可以类似的如下表示:

p->name、p->sex、p->birth.y、p->birth.m、p->birth.d、p->grade[0]..p->grade[3] 等。

例6.4 编程实现学生单链表并遍历显示所有的学生信息。

程序设计分析:单链表需要 1 个学生 1 个结点的创建,然后将这些结点链接。链接方法如图 6-2 所示。第 1 个结点需要 1 个指针变量 head 指向,每次使用链表从这里开始,称为头指针,或头指针变量。最后 1 个结点也需要 1 个指针变量 p 指向,每次需要将新创建的 q 指针变量指向的学生结点追加到此,过程如圈号虚线所示。

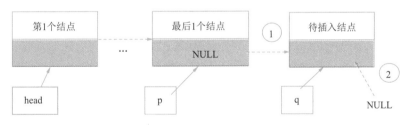

图6-2 动态单链表的创建

```
/*liti6-4.c,创建动态单链表保存学生信息并遍历显示 */
#include <stdio.h>
#include <malloc.h>
typedef struct{
    int y, m, d;
}Birthday;  //Birthday是出生日期类型
typedef struct student{
    char no[7];
    char name[10];
    char sex[3];
    Birthday birth;
    int grade[4];
    struct student * next; //next是自身结构体类型的指针域,需用struct+类型名定义
```

```
}StudNode;   //StudNode是学生的结点类型
int main()
{
    StudNode *head, *p, *q;
    int n=3, i,j, m;
    head=NULL;   //head是头指针，初始值为NULL表示空链表
    printf("请输入学生信息：\n");
    for(i=0;i<n;i++)
    {
        q=(StudNode *)malloc(sizeof(StudNode));
        printf("第%d个学生的学号、姓名、性别、出生日期、语文、数学、英语：\n",i+1);
        scanf("%s%s%s",q->no, q->name, q->sex);
        scanf("%d-%d-%d",&q->birth.y,&q->birth.m,&q->birth.d);
        for(m=0,j=0;j<3;j++) // 输入各科成绩并统计总分
        { scanf("%d",&q->grade[j]); m+=q->grade[j]; }
        q->grade[3]=m;
        if(head==NULL) { head=p=q; } // 添加链表中第1个结点需要赋值head和p
        else {p->next=q; p=q;} // 追加第2个以后的结点需要调整p指向新的最后结点
        p->next=NULL;   //p指向的最后结点的后继指针保存结束标志NULL
    }
     printf("%s\t%s\t%s\t%s\t%s\t%s\t%s\t%s\n","学号","姓名","性别","出生
日期","语文","数学","英语","总分");   // 使用\t制表符上下左对齐显示学生信息
    p=head;
    while(p!=NULL)   // 遍历中p指向当前的结点，遇到结束标志则遍历结束
    {
        printf("%s\t%s\t%s\t",p->no, p->name, p->sex);
        printf("%d-%d-%d", p->birth.y, p->birth.m, p->birth.d);
        for(i=0;i<4;i++) printf("\t%d", p->grade[i]);
        printf("\n");
        p=p->next;   // 调整p指向当前结点的后继结点
    }
    for(p=head;p!=NULL;) { q=p; p=p->next; free(q);} // 释放链表结点的动态内存
    return 0;
}
```

运行结果如下：
请输入学生信息：
第1个学生的学号、姓名、性别、出生日期、语文、数学、英语：
<u>221001 张三 男 2004-3-15 85 95 85</u>↙
第2个学生的学号、姓名、性别、出生日期、语文、数学、英语：
<u>221002 李四 女 2005-12-10 90 80 95</u>↙
第3个学生的学号、姓名、性别、出生日期、语文、数学、英语：
<u>221003 王五 男 2004-4-12 75 80 80</u>↙

学号	姓名	性别	出生日期	语文	数学	英语	总分
221001	张三	男	2004-3-15	85	95	85	265
221002	李四	女	2005-12-10	90	80	95	265
221003	王五	男	2004-4-12	75	80	80	235

6.1.3 结构体的函数编程

1. 函数的结构体类型参数

结构体类型作为参数采用值传递方式。结构体指针类型或结构体数组类型作为参数则

采用地址传递方式。

例 6.5 修改最大行和问题的函数 max_rsum()：利用结构变量同时返回二维数组的所有的行和中的最大值及行下标。

```
/*liti6-5.c, 目的文件 1: main.c, 结构参数值传递方式的设计求最大行和问题 */
/*liti6-5.c, 项目的另两个文件: 是例 5.23 中 array2lib.c 和 array2lib.h 文件, 用来管理
二维数组的输入、输出, 需要复制到项目文件夹中 */
#include <stdio.h>
#include "array2lib.h"  // 没有复制例 5.23 中的两个文件, 这里会出错
/*sum() 函数: 计算一维数组 x 中 n 个数据的和并返回 */
int sum(int x[],int n)
{
    int s=0,i;
    for(i=0;i<n;i++)  s=s+x[i];
    return s;
}
typedef struct{
    int maxs;      // 保存最大行和
    int p;         // 保存最大行和的行下标
}MaxsP;            // 构建 MaxsP 结构体类型作为 max_rsum() 函数的返回值类型
/*max_rsum() 函数: 找出二维数组 a 中 m 行 n 列个数据中的最大行和并返回最大行和及行下标 */
MaxsP max_rsum(IntN_N a, int m, int n)
{
    int i, s;
    MaxsP r;       //r 是 MaxsP 结构体类型的变量, 用来保存返回的最大行和的值和行下标
    r.p=0;         //r.p 保存最大行和所在的行下标, 初始为 0 行
    r.maxs=sum(a[0],n);       //r.maxs 用来保存最大行和, 初始为行下标 0 的行和
    for(i=1;i<m;i++)   // 行下标 i 从 1 到 m-1 求 i 行的行和, 要求 maxs 保持最大行和
    {
        s=sum(a[i],n); //s 中保存行下标 i 的行和
        if(s>r.maxs) { r.p=i; r.maxs=s; }   //r.maxs 保持是行和中最大的
    }
    return r;                 // 返回的是 MaxsP 结构类型变量 r 的值
}
int main()
{
    IntN_N s;
    int m,n;
    MaxsP r;   //r 保存最大行和及其行下标
    printf(" 输入随机二维数组的行数和列数: "); scanf("%d%d",&m,&n);
    randinput2(s,m,n);
    printf(" 生成 %d 行 %d 列二维数组如下: \n",m,n); output2(s,m,n);
    r=max_rsum(s,m,n);   // 调用结束返回结构类型的结果
    printf(" 行下标 %d 有最大行和: %d\n",r.p,r.maxs);
    return 0;
}
```

运行结果如下：

输入随机二维数组的行数和列数：<u>3 4</u>✓
生成 3 行 4 列二维数组如下：
　25　83　54　26
　90　46　86　12

```
  13   27   64   71
行下标 1 有最大行和：234
```

学生信息表的输入、输出功能代码很长，编写成函数可以简化主程序，还可以在各种学生信息处理程序中重用。学生类型的数据体量一般较大，采用结构指针为参数的地址传递方式比较合适。

视频 6-2 结构体数组的可重用设计

例 6.6 编写程序，对学生信息表中的所有学生按出生日期排序并显示。

程序设计分析：学生信息表的输入、输出函数可以保存成到头文件 student.h 中，主程序文件 liti6-6.c 不需要创建项目，只要将头文件 student.h 放在同一个文件夹中，然后使用 #include"student.h" 就可以导入并重用头文件中的输入、输出函数和 Birthday、Student 类型。

```c
/*student.h: 头文件中包含 Student 类型，两种格式的输入函数，输出函数 */
#include <stdio.h>
typedef struct{
    int y, m, d; //y,m,d 域变量存放年、月、日，同类型的域变量可以成批定义
}Birthday;  //Birthday 是出生日期类型
typedef struct{
    char no[7];
    char name[10];
    char sex[3];
    Birthday birth;
    int grade[4];
}Student;  //Student 是学生类型
/*inputstud1() 函数：多行输入 1 个学生 *p 的各项信息，并统计总分项 */
void inputstud1(Student *p)
{
    int i,m;
    printf("请输入学生的各项信息：\n");
    printf("学号:"); scanf("%s",p->no);
    printf("姓名:"); scanf("%s",p->name);
    printf("性别:"); scanf("%s",p->sex);
    printf("出生日期 (yyyy-mm-dd):");
    scanf("%d-%d-%d",&p->birth.y,&p->birth.m,&p->birth.d);
    printf("语文:"); scanf("%d",&p->grade[0]);
    printf("数学:"); scanf("%d",&p->grade[1]);
    printf("英语:"); scanf("%d",&p->grade[2]);
    for(m=0,i=0;i<3;i++) m+=p->grade[i];
    p->grade[3]=m;
}
/*inputstud2() 函数：一行输入 1 个学生 *p 的各项信息，并统计总分项 */
void inputstud2(Student *p)
{
    int i,m;
    printf("请输入学生的学号、姓名、性别、出生日期、语文、数学、英语等信息:\n");
    scanf("%s%s%s",p->no, p->name, p->sex);
    scanf("%d-%d-%d",&p->birth.y,&p->birth.m,&p->birth.d);
    for(m=0,i=0;i<3;i++) // 输入各科成绩并统计总分
    { scanf("%d",&p->grade[i]); m+=p->grade[i]; }
    p->grade[3]=m;
```

```
}
/*outputstud() 函数：一行一个输出学生指针 p 所指向的数组元素开始的 n 个元素 */
void outputstud(Student *p, int n)
{
    int i,j;
    printf("    %-7s\t%s\t%s\t%s\t%s\t%s\t%s\t%s\n","学号","姓名","性别","
出生日期","语文","数学","英语","总分");   //使用 \t 制表符上下左对齐显示学生信息
    for(i=0;i<n;i++)
    {
        printf("%-3d%-7s\t%s\t%s\t",i+1,p[i].no, p[i].name, p[i].sex);
        printf("%d-%d-%d", p[i].birth.y, p[i].birth.m, p[i].birth.d);
        for(j=0;j<4;j++) printf("\t%d", p[i].grade[j]);
        printf("\n");
    }
}


/*liti6-6.c，学生信息表按出生日期排序并显示 */
#include <stdio.h>
#include "student.h"  //此头文件必须与主程序保存到同一文件夹中，否则会出错
/*cmpbybirth() 函数：对学生变量 a 和 b 按出生日期比较，返回 0 相等，1 大于，-1 小于 */
int cmpbybirth(Student a, Student b)
{
    int r;  //变量 r 保存年月日差值
    if(a.birth.y!=b.birth.y)  r=a.birth.y-b.birth.y;     //年份大变量大
    else if(a.birth.m!=b.birth.m) r=a.birth.m-b.birth.m; //年份相等比月份
    else if(a.birth.d!=b.birth.d) r=a.birth.d-b.birth.d; //年月相等比日子
    else r=0;  //r 为 0 表示年月日都相等
    if(r==0)  return 0;
    else if(r>0) return 1; //年月日数值正数则变量 a 大，返回 1
    else return -1;  //年月日数值负数则变量 b 大，返回 -1
}
int main()
{
    Student s[10],temp;
    int n=3, i, j;
    for(i=0;i<n;i++) inputstud2(s+i);  //一行输入学生数组元素 s[i] 的数据
    printf("排序前：\n"); outputstud(s,n);
    for(i=1;i<n;i++)  //对学生数组 s 中 n 个学生按出生日期插入排序
    {
        temp=s[i];
        for(j=i-1;j>=0;j--)
            if(cmpbybirth(temp,s[j])==-1) s[j+1]=s[j];  //升序排序
            else break;
        s[j+1]=temp;
    }
    printf("排序后：\n");  outputstud(s,n);
    return 0;
}
```

运行结果如下：

请输入学生的学号、姓名、性别、出生日期、语文、数学、英语等信息：

221001 张三 男 2004-3-15 85 95 85↙
请输入学生的学号、姓名、性别、出生日期、语文、数学、英语等信息：
221002 李四 女 2005-12-10 90 80 95↙
请输入学生的学号、姓名、性别、出生日期、语文、数学、英语等信息：
221003 王五 男 2004-4-12 75 80 80↙
排序前：

	学号	姓名	性别	出生日期	语文	数学	英语	总分
1	221001	张三	男	2004-3-15	85	95	85	265
2	221002	李四	女	2005-12-10	90	80	95	265
3	221003	王五	男	2004-4-12	75	80	80	235

排序后：

	学号	姓名	性别	出生日期	语文	数学	英语	总分
1	221002	李四	女	2005-12-10	90	80	95	265
2	221003	王五	男	2004-4-12	75	80	80	235
3	221001	张三	男	2004-3-15	85	95	85	265

上例中 cmpbybirth() 函数是排序的依据。若将它更改为其他比较方式，例如，按学号、姓名、性别、各单科成绩域和总分域等进行比较，则程序的排序方式也会相应改变。

2. 动态单链表的函数设计

结构体指针的一个重要应用领域就是能访问动态分配的内存变量，并且能将这些分散的动态结点变量构建成链表。

动态单链表的输入数据并创建、遍历显示输出、动态空间释放回收等都是常见的操作，编写成函数可以方便使用，并且在各种单链表程序中可以重用。

例6.7 编程实现将学生单链表按总分排序并显示所有的学生信息。

程序设计分析：单链表排序需要根据总分大小调整指针链。排序的方法如图 6-3 所示，从原始数据链 old 中找出最高总分的结点由指针 q 指向，同时指针 p 指向该结点的前 1 个结点。调整 p 指向结点的后继指针指向 q 所指结点的后继结点，如图 6-3（a）中圈号所示，将该结点从原始链 old 中摘下。将新摘下的指针 q 指向的结点插入 head 为头指针的结果链的最前面，调整头指针 head 指向新的第 1 结点，如图 6-3（b）中圈号所示。重复该过程，当原始数据链为 NULL 时，结果链表中的数据已经按总分从小到大排序。

可以将链表的建立、链表的遍历显示函数保存到头文件 studnode.h 中，主程序文件 liti6-7.c 不需要创建项目，只要将头文件 studnode.h 放在同一个文件夹中，然后使用 #include"studnode.h" 就可以导入并重用头文件中的输入、输出函数和 StudNode 类型。

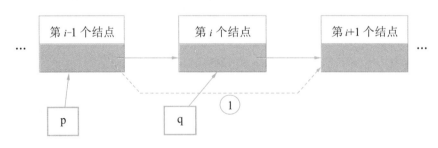

（a）从原始链 old 中摘下结构体指针 q 指向的最高总分的结点

图6-3 动态单链表的选择排序

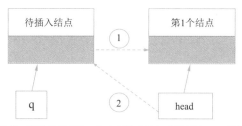

（b）将摘下的结构体指针 q 指向的结点堆加到结果链 head 的第 1 结点之前

图6-3　动态单链表的选择排序（续）

```
/*studnode.h: 头文件中包含 StudNode 类型，单链表的输入函数，输出函数 */
#include <stdio.h>
#include <malloc.h>
#include "student.h"    //student.h 文件在例 6.6 中实现，必须复制到 studnode.h 同
一文件夹中，否则会出错
typedef struct student{
    Student st;  //st 域保存学生信息
    struct student *next; //next 是自身结构体类型的指针域，需用 struct+ 类型名定义
}StudNode;       //StudNode 是学生的结点类型
/*inputstnode() 函数：输入 n 个结点并串成链返回链的头指针 */
StudNode *inputstnode(int n)
{
    StudNode *head=NULL, *p, *q;     //head 是链的头指针，初值为空链表 NULL
    int i;
    printf(" 请输入学生信息: \n");
    for(i=0;i<n;i++)     // 循环构建 n 个结点、输入数据、顺序链到 head 链表中
    {
        q=(StudNode *)malloc(sizeof(StudNode));
        printf(" 第 %d 个 ",i+1);
        inputstud2(&q->st);   // 一行一个输入 q 指向的动态结点 st 域的数据
        if(head==NULL) { head=p=q; }// 添加链表中第 1 个结点需要赋值 head 和 p
        else {p->next=q; p=q;}   // 追加第 2 个以后的结点需要调整 p 指向新的最后结点
        p->next=NULL; //p 指向的最后结点的后继指针保存结束标志 NULL
    }
    return head;        // 返回链表的头指针
}
/*outputstnode() 函数：遍历 head 链表中所有结点并显示结点中的数据 */
void outputstnode(StudNode * head)   //head 是链表的头指针
{
    StudNode *p;
    int i;
    printf("%s\t%s\t%s\t%s\t%s\t%s\t%s\t%s\n"," 学号 "," 姓名 "," 性别 "," 出生
日期 "," 语文 "," 数学 "," 英语 "," 总分 ");  // 使用 \t 制表符上下左对齐显示学生信息
    p=head;
    while(p!=NULL)       // 遍历中 p 指向当前的结点，遇到结束标志则遍历结束
    {
        printf("%s\t%s\t%s\t",p->st.no, p->st.name, p->st.sex);
        printf("%d-%d-%d", p->st.birth.y, p->st.birth.m, p->st.birth.d);
        for(i=0;i<4;i++) printf("\t%d", p->st.grade[i]);
        printf("\n");
        p=p->next;       // 调整 p 指向当前结点的后继结点
```

```
    }
}
/*clear()函数：释放 head 链表中所有结点的动态内存 */
void clear(StudNode *head)
{
    StudNode *p;
    while(head!=NULL)
    {
        p=head;                  // 指针 p 指向要回收的结点
        head=head->next;         // 调整头指针 head 指向下一个结点
        free(p);
    }
}
/*liti6-7.c，创建动态单链表保存学生信息并遍历显示 */
#include <stdio.h>
#include "studnode.h"   // 头文件必须与主程序文件在同一文件夹中，否则会出错
/*maxnode()函数：找出 head 链表中总分最高的结点，返回该结点的前一个结点的指针，若第 1
个结点总分最高则返回 NULL*/
StudNode *maxnode(StudNode *head)
{
    StudNode *p=NULL, *rp, *r;
    int m;
    m=0;                         // 遍历中 m 用来存放最高的总分，开始时为 0
    rp=NULL;                     // 遍历中 rp 指向 r 的前一个结点，开始时为 NULL
    r=head;                      // 遍历中 r 指向当前结点，开始时指向第 1 个结点
    while(r!=NULL)               // 遍历中 r 指向当前的结点，遇到结束标志则遍历结束
    {
        if(r->st.grade[3]>m) {       // 找出 r 指向的结点总分与 m 的较大者
            p=rp;    //p 指向总分最高结点的前一个结点
            m=r->st.grade[3]; // 保持 m 是所有结点中总分最高的
        }
        rp=r;            //rp 指向 r 所指向的当前结点
        r=r->next;       // 调整当前结点指针 r，让 r 指向原来当前结点的后继结点
    }
    return p;
}
int main()
{
    StudNode *old, *head, *p, *q;
    int n=3,i;
    old=inputstnode(n);          //old 为原始链，指向新建的 n 个结点的单链表
    head=NULL;  //head 是结果链，初始值为 NULL 表示空链表
    for(i=0;i<n;i++)             // 循环 n 次实现图 6-3 中所示的摘下和堆加过程
    {
        p=maxnode(old);          //p 指向 old 链中最高总分结点的前一个结点
        if(p==NULL) {            // 总分最高的结点是原始链的第 1 个结点
            q=old;   //q 指向原始链 old 的第 1 个结点
            old=old->next;           // 将第 1 个结点从原始链 old 中摘下
        }
        else {   // 总分最高结点不是原始链的第 1 个结点
            q=p->next;           //q 指向 p 所指结点的下一个，即总分最高结点
            p->next=q->next; // 将 q 所指结点从原始链 old 中摘下
```

```
        }
        q->next=head;     // 将摘下的 q 所指结点堆加到结果链 head 的最前面
        head=q;           // 调整结果链头指针 head 指向新的第 1 结点
    }
    printf("排序后：\n");
    outputstnode(head);
    clear(head);          // 释放链表结点的动态内存
    return 0;
}
```

运行结果如下：

请输入学生信息：
第 1 个请输入学生的学号、姓名、性别、出生日期、语文、数学、英语等信息：
<u>221001 张三 男 2004-3-15 85 95 85</u>↙
第 2 个请输入学生的学号、姓名、性别、出生日期、语文、数学、英语等信息：
<u>221002 李四 女 2005-12-10 90 80 95</u>↙
第 3 个请输入学生的学号、姓名、性别、出生日期、语文、数学、英语等信息：
<u>221003 王五 男 2004-4-12 75 80 80</u>↙
排序后：

学号	姓名	性别	出生日期	语文	数学	英语	总分
221003	王五	男	2004-4-12	75	80	80	235
221002	李四	女	2005-12-10	90	80	95	265
221001	张三	男	2004-3-15	85	95	85	265

6.1.4　应用示例

动态链表的倒序是一种应用中经常使用的操作。倒序是把每个结点的后继指针指向前驱，因此必须修改每个结点的指针域。

例 6.8　编程实现动态单链表的倒序。

程序设计分析：如图 6-4 所示，图中圈号①的虚线反映指针域的变化。将当前待处理的第 i 个结点（即 p 所指向的结点）的指针域从原先指向的第 $i+1$ 个结点（即 r 所指向的结点），改为指向第 $i-1$ 个结点（即 q 所指向的结点）。p 指针前移指向 r 的结点，q 和 r 也相应的调整，然后重复上面指针域的调整工作，直到遍历完链表中所有结点。

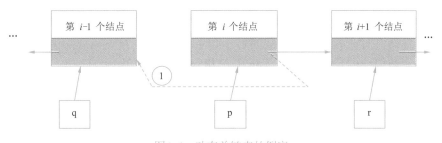

图6-4　动态单链表的倒序

```
/*liti6-8.c,将动态单链表的链倒序 */
#include <stdio.h>
#include "studnode.h"  //studnode.h 文件在例 6.7 中实现，必须复制到主程序文件同一
文件夹中，否则会出错
int main()
{
```

```
StudNode *head, *q, *p, *r;
int n=3;
head=inputstnode(n);        //head 作为头指针指向函数创建的 n 结点的单链表
q=NULL;
p=head;
while(p!=NULL) {    // 循环遍历 head 链的每个结点
    r=p->next;        //r 保存 p 下一步要指向的后继结点指针
    p->next=q;        // 将 p 所指向的当前结点的指针域改为指向 q 所指向的前驱结点
    q=p;        // 让 q 指向 p 所指向的当前结点，使该结点从当前结点变成前驱结点
    p=r;        // 让 p 指向 r 所指向的结点，使该结点从后继结点变成当前结点
}
head=q;    // 遍历结束时 p 为 NULL，q 指向的结点成为新的第 1 结点，由 head 指向该结点
outputstnode(head);
clear(head);        // 回收链结点的动态内存
return 0;
}
```

运行结果如下：

请输入学生信息：
第 1 个请输入学生的学号、姓名、性别、出生日期、语文、数学、英语等信息：
<u>221001 张三 男 2004-3-15 85 95 85</u>✓
第 2 个请输入学生的学号、姓名、性别、出生日期、语文、数学、英语等信息：
<u>221002 李四 女 2005-12-10 90 80 95</u>✓
第 3 个请输入学生的学号、姓名、性别、出生日期、语文、数学、英语等信息：
<u>221003 王五 男 2004-4-12 75 80 80</u>✓

学号	姓名	性别	出生日期	语文	数学	英语	总分
221003	王五	男	2004-4-12	75	80	80	235
221002	李四	女	2005-12-10	90	80	95	265
221001	张三	男	2004-3-15	85	95	85	265

学生信息的管理程序有许多，要将它们综合为一个系统需要设计一个功能菜单。菜单中菜单项对应多个不同的管理程序，共享同一套学生数据。

视频 6-3
学生信息
管理系统
的实现

例 6.9 编写学生信息管理系统。

程序设计分析：学生信息管理系统是由添加学生、删除学生、查找学生、排序学生表、倒序学生表、显示学生表等几种模块组成。其中排序学生表又分为按学号排序、按姓名排序、按性别排序、按出生日期排序、按语文、数学、英语、总分成绩排序等几种子模块组成，共同管理学生表数组 s。这些模块均由函数实现。组织这些函数模块的是两级菜单 main 菜单和 submenu 子菜单。

```
/*liti6-9.c, 学生信息管理系统 */
#include <stdio.h>
#include <conio.h>        // 菜单中 getch() 函数需要该头文件,getch() 函数是不用回车、
无回显的输入
#include <string.h>
#include "student.h"    //student.h 文件在例 6.6 中实现，必须复制到主程序文件的文件
夹中，否则会出错
/*delete() 函数：按学号查找 n 个学生的数组 s 并删除找到的第 1 个学生 */
void delete(Student s[], int *n);
/*search() 函数：按学号查找 n 个学生的数组 s 并显示结果 */
void search(Student s[], int n);
/*cmpbyno() 函数：按学号比较 a 和 b，返回 0 相等、1 大于、-1 小于 */
```

```
int cmpbyno(Student a, Student b);
/*cmpbyname() 函数：按姓名比较 a 和 b，返回 0 相等、1 大于、-1 小于 */
int cmpbyname(Student a, Student b);
/*cmpbysex() 函数：按性别比较 a 和 b，返回 0 相等、1 大于、-1 小于 */
int cmpbysex(Student a, Student b);
/*cmpbybirth() 函数：按出生日期比较 a 和 b，返回 0 相等、1 大于、-1 小于 */
int cmpbybirth(Student a, Student b);
/*cmpbygrade() 函数：按下标为 i 的成绩比较 a 和 b，返回 0 相等、1 大于、-1 小于 */
int cmpbygrade(Student a, Student b,int i);
/*sort1() 函数：对 n 个学生的数组 s 按函数指针 cmp 的结果升序排序，cmp 不对成绩域比较 */
void sort1(Student s[], int n, int (*cmp)(Student,Student));
/*sort2() 函数：对 n 个学生的数组 s 按函数 cmpbygrade 的结果升序排序，k 的值为 0..3，代
表 4 种 grade 成绩 */
void sort2(Student s[], int n, int k);
/*reverse() 函数：将 n 个学生的数组 s 倒序 */
void reverse(Student s[], int n);
/*submenu() 函数：主菜单中的第 4 项排序学生表子菜单，包含 8 种排序选项 */
/* 传递学生数组 s 和学生数 n 以便模块函数调用 */
void submenu(Student s[],int n)
{
    char mitems[][20]={   // 菜单项数可以增减，m 的值和字母的范围要相应调整
        "按学号排序 \n",
        "按姓名排序 \n",
        "按性别排序 \n",
        "按出生日期排序 \n",
        "按语文成绩排序 \n",
        "按数学成绩排序 \n",
        "按英语成绩排序 \n",
        "按总分成绩排序 \n"
    };
    int m=8, i;   //m 中包含菜单项数
    char ch;
    do {
        printf("    4.排序学生表 \n");
        printf("  ================\n");
        for(i=0;i<m;i++)        // 显示 mitems 中的菜单项
            printf("  %c. %s",'A'+i,mitems[i]);
        printf("0. 返回上一层 \n");
        do ch=getch();          //8 项菜单对应字母 'A'..'H'，调整子菜单时需要修改
        while(ch!='0'&&(ch<'A'||ch>'H'&&ch<'a'||ch>'h')); // 限制输入
        if(ch>='a'&&ch<='h') ch=ch-32;   //ch 小写变大写
        if(ch>='A'&&ch<='H') printf("开始 %c. %s",ch,mitems[ch-'A']);
        switch(ch) {  //8 项菜单对应功能入口 'A'..'H'，调整时需要修改
          case 'A': sort1(s,n,cmpbyno);break; // 以函数名 cmpbyno 作实参排序
          case 'B': sort1(s,n,cmpbyname);break; // 以函数名 cmpbyname 作实参排序
          case 'C': sort1(s,n,cmpbysex);break; // 以函数名 cmpbysex 作实参排序
          case 'D': sort1(s,n,cmpbybirth);break;// 以函数名 cmpbybirth 作实参排序
          case 'E': sort2(s,n,0);break;
          case 'F': sort2(s,n,1);break;
          case 'G': sort2(s,n,2);break;
          case 'H': sort2(s,n,3);
        }
```

```
    } while(ch!='0');
}
int main()
{
    Student s[10];
    int n=0;  //n中保存数组 s 的实际学生数
    char mitems[][20]={   // 菜单项数可以增减，m 的值和字母的范围要相应调整
        "添加学生 \n",
        "删除学生 \n",
        "查找学生 \n",
        "排序学生表 \n",
        "倒序学生表 \n",
        "显示学生表 \n"
    };
    int m=6, i;  //m 中包含菜单项数
    char ch;
    do {
        printf(" 学生管理系统 \n");
        printf("==============\n");
        for(i=0;i<6;i++)   // 显示 mitems 中的菜单项
            printf("%c. %s",'1'+i,mitems[i]);
        printf("0. 退出系统 \n");
        do ch=getch(); //6 项菜单对应字母 '1'..'6'，调整菜单时需要修改
        while(ch<'0'||ch>'6');   // 限制输入
        if(ch>='1'&&ch<='6') printf(" 开始%c. %s",ch,mitems[ch-'1']);
        switch(ch) {  //6 项菜单对应功能入口 '1'..'6'，调整时需要修改
            case '1':  inputstud2(s+n); n++; break; //添加 1 个学生 n 要加 1
            case '2':  delete(s,&n);break;  // 学生数 n 会被修改，需要传址方式
            case '3':  search(s,n);break;
            case '4':  submenu(s,n);break;   // 子菜单入口
            case '5':  reverse(s,n);break;
            case '6':  outputstud(s,n);
        }
    } while(ch!='0');
    return 0;
}
/*delete() 函数：按学号查找 n 个学生的数组 s 并删除找到的第 1 个学生 */
void delete(Student s[], int *n)
{
    char studno[10];
    int i,j;
    printf("请输入要删除的学生学号: "); scanf("%s",studno);
    for(i=0;i<*n;i++)
        if(strcmp(studno,s[i].no)==0) break;// 按输入的学号查找，找到则退出循环
    if(i==*n) printf("这个学生在学生信息表中不存在。\n");
    else {
        for(j=i+1;j<*n;j++) s[j-1]=s[j];    // 将下标 i+1..*n-1 的数据前移一位
        *n=*n-1; // 人数 *n 减 1
        printf("序号为 %d 的学生被删除。\n",i+1);   // 下标为 i 序号 i+1 的学生被删除
    }
}
/*search() 函数：按学号查找 n 个学生的数组 s 并显示结果 */
```

```
void search(Student s[], int n)
{
    char studno[10];
    int i;
    printf("请输入要查找的学生学号: "); scanf("%s",studno);
    for(i=0;i<n;i++)
        if(strcmp(studno,s[i].no)==0)   // 按输入的学号查找
        {
            outputstud(s+i,1);
        }
}
/*cmpbyno() 函数: 按学号比较 a 和 b, 返回 0 相等、1 大于、-1 小于 */
int cmpbyno(Student a, Student b)
{
    int r;
    if(strcmp(a.no,b.no)==0)   return 0;
    else if(strcmp(a.no,b.no)>0) return 1;
    else return -1;
}
/*cmpbyname() 函数: 按姓名比较 a 和 b, 返回 0 相等、1 大于、-1 小于 */
int cmpbyname(Student a, Student b)
{
    int r;
    if(strcmp(a.name,b.name)==0)   return 0;
    else if(strcmp(a.name,b.name)>0) return 1;
    else return -1;
}
/*cmpbysex() 函数: 按性别比较 a 和 b, 返回 0 相等、1 大于、-1 小于 */
int cmpbysex(Student a, Student b)
{
    int r;
    if(strcmp(a.sex,b.sex)==0)   return 0;
    else if(strcmp(a.sex,b.sex)>0) return 1;
    else return -1;
}
/*cmpbybirth() 函数: 按出生日期比较 a 和 b, 返回 0 相等、1 大于、-1 小于 */
int cmpbybirth(Student a, Student b)
{
    int r;   // 变量 r 保存年月日差值
    if(a.birth.y!=b.birth.y)   r=a.birth.y-b.birth.y;     // 年份大变量大
    else if(a.birth.m!=b.birth.m) r=a.birth.m-b.birth.m; // 年份相等比月份
    else if(a.birth.d!=b.birth.d) r=a.birth.d-b.birth.d; // 年月相等比日子
    else r=0;   //r 为 0 表示年月日都相等
    if(r==0) return 0;
    else if(r>0) return 1; // 年月日数值大则变量大
    else return -1;
}
/*cmpbygrade() 函数: 按下标为 i 的成绩比较 a 和 b, 返回 0 相等、1 大于、-1 小于 */
int cmpbygrade(Student a, Student b,int i)
{
    int r;
    if(a.grade[i]!=b.grade[i])   r=a.grade[i]-b.grade[i];
```

```
        else r=0;
        if(r==0)  return 0;
        else if(r>0) return 1;
        else return -1;
    }
/*sort1()函数：对n个学生的数组s按函数指针cmp的结果升序排序，cmp不对成绩域比较 */
void sort1(Student s[], int n, int (*cmp)(Student,Student))
{
    int i,j;
    Student temp;
    for(i=1;i<n;i++)   // 对学生数组s中n个学生按出生日期插入排序
    {
        temp=s[i];
        for(j=i-1;j>=0;j--)
            if(cmp(temp,s[j])==-1) s[j+1]=s[j];   // 升序排序
            else break;
        s[j+1]=temp;
    }
}
/*sort2()函数：对n个学生的数组s按函数cmpbygrade的结果升序排序,k的值为0..3, 代
表4种grade成绩 */
void sort2(Student s[], int n, int k)
{
    int i,j;
    Student temp;
    for(i=1;i<n;i++)   // 对学生数组s中n个学生按出生日期插入排序
    {
        temp=s[i];
        for(j=i-1;j>=0;j--)
            if(cmpbygrade(temp,s[j],k)==-1) s[j+1]=s[j];   // 升序排序
            else break;
        s[j+1]=temp;
    }
}
/*reverse()函数：将n个学生的数组s倒序 */
void reverse(Student s[], int n)
{
    Student temp;
    int i;
    for(i=0;i<n/2;i++) {
        temp=s[i]; s[i]=s[n-1-i]; s[n-1-i]=temp;   // 交换s[i]与s[n-1-i]
    }
}
```

运行结果如下：

学生管理系统
==============
1. 添加学生
2. 删除学生
3. 查找学生
4. 排序学生表
5. 倒序学生表

6．显示学生表
0．退出系统
开始 1．添加学生
请输入学生的学号、姓名、性别、出生日期、语文、数学、英语等信息：
<u>221001 张三 男 2004-3-15 85 95 85</u>↙

继续添加 5 个学生后选择功能 6 显示学生信息表如下：

开始 6．显示学生表

	学号	姓名	性别	出生日期	语文	数学	英语	总分
1	221001	张三	男	2004-3-15	85	95	85	265
2	221002	李四	女	2005-12-10	90	80	95	265
3	221003	王五	男	2004-4-12	75	80	80	235
4	221004	刘一	男	2003-12-5	82	88	86	256
5	221005	陈二	男	2004-1-10	80	92	85	257
6	221006	赵六	女	2005-6-18	88	85	98	271

程序中 sort1() 函数中的 cmp 参数是函数指针，是一种代码优化措施，将 4 种不同种类的排序压缩为 1 种，不使用它实现该功能代码会比较冗长。由于是 5.4.1 小节中的拓展内容，大家可以跳过理解、直接使用。

系统菜单中的功能都是已经介绍过的内容，综合在一起后就得到一个功能比较全面的系统。系统是开放的，可以继续尝试补充和修改其中的功能模块让系统更加完善。

6.2　联合体类型

联合体类型也是由不同类型的域构造而成，定义形式与结构类型类似。两者的主要区别是联合类型的域变量分配内存采用共享的方式，如图 6-5 所示。联合体类型 myu 是由 3 个域变量 int 型的 x、double 型的 y、char 类型的 z 构成，由于共享内存，myu 类型的变量 a 需要的内存是 8 字节，与域变量 y 所需内存一样。

```
union    myu {
    int x;
    double y;
    char z;
}a;
```

图6-5　联合体变量a的域变量x、y、z共享内存

例 6.10 查看联合体变量与结构体变量的域在内存中地址的不同。

```c
/*liti6-10.c，联合体类型和结构体类型变量的内存分配的不同 */
#pragma pack(1) //pragma 宏取消优化，使变量分配以实际需要为单位，不额外分配内存
#include <stdio.h>
int main()
{
    union myu{          // 联合体类型的 3 个域变量共享内存，分配地址相同
        int x;          //4 字节
        double y;       //8 字节
        char z;         //1 字节
    }a;  //a 的内存大小是：4,8,1 中的最大值 =8
    struct mys{         // 结构体类型的 3 个域变量依次分配内存，分配地址不同
```

```
        int x;              //4 字节
        double y;           //8 字节
        char z;             //1 字节
    }b;                     //b 的内存大小是：4+8+1=13
    printf("sizeof(a)=%d, sizeof(b)=%d\n",sizeof(a),sizeof(b));        // 变量的大小
    printf("a 的域地址: &x=%p, &y=%p, &z=%p\n",&a.x,&a.y,&a.z); // 联合体的域地址
    printf("b 的域地址: &x=%p, &y=%p, &z=%p\n",&b.x,&b.y,&b.z);   // 结构体的域地址
    return 0;
}
```

运行结果如下：

```
sizeof(a)=8, sizeof(b)=13
a 的域地址: &x=0028FF18, &y=0028FF18, &z=0028FF18
b 的域地址: &x=0028FF0B, &y=0028FF0F, &z=0028FF17
```

联合体类型的变量分配时按最大的域变量所需内存大小来分配。所有域变量从同一个内存地址共享内存，这样，定义为联合类型的变量会使各个域变量的使用互相排斥，即一个域变量存放了值后其他域变量不能再存放值。

联合体类型的定义格式如下：

union 联合体类型名
{ 域定义表 }
联合体变量名 [={ 初值 }];

📖 说明：

（1）除了保留字 union 不同以外其他与结构体类型定义格式相同。

（2）联合体变量只能初始化第一个域变量，以花括号界定的初值是第一个域变量的值。

例如：

```
union data{
    int i;              //4 字节
    char ch;            //1 字节
    long l;             //4 字节
    float f;            // 浮点 4 字节
    double dbl;         // 浮点 8 字节
}u={100};              // 联合体变量 u 的域变量 i 初始化为 100
```

例6.11 编写一程序，将学生信息表中出生日期域 birth 中的数据转换为年龄域 age 的数据，并显示结果。

程序设计分析：学生信息表中的学生类型 Student 中的 birth 域变量是 Birthday 结构体类型，使用当前的年份减去 birth 域变量中的年份域 y 可以得到年龄。可以将 birth 域与 age 域做成联合体类型，两种域中的数据只要保留一种就可以了。

视频 6-4
联合体类型
的应用实例

```
/*liti6-11.c, 出生日期变年龄的联合域转换 */
#include <stdio.h>
#include <time.h>
typedef struct{
    int y, m, d;
}Birthday;         //Birthday 是出生日期类型
typedef struct{
    char no[7];
```

```
        char name[10];
        char sex[3];
        union{         // 联合体中的 birth 域要放在 age 域之前，方便学生变量初始化
            Birthday birth;
            int age;
        };     // 无变量名的域可以直接访问子域 birth 和 age
        int grade[4];
}Student; //Student 是学生类型
/*getyear() 函数：获得系统年份 */
int getyear()
{
    time_t t;
    struct tm *p;
    time(&t);      //t 中获得 1970 年至今的秒数
    p=gmtime(&t);        // 获得 tm 结构体类型的动态变量由指针 p 指向，包含系统日期信息
    return 1900+p->tm_year;      // 将 p 指向的动态变量中年份 (1900 年后偏移量 )+1900 返回
}
int main()
{
    Student s[]={
        {"221001"," 张三 "," 男 ",{2004,3,15},{85,95,85,265}},
        {"221002"," 李四 "," 女 ",{2005,12,10},{90,80,95,265}},
        {"221003"," 王五 "," 男 ",{2004,4,12},{75,80,80,235}},
        {"221004"," 刘一 "," 男 ",{2003,12,5},{82,88,86,256}}
    };
    int n=4,i,j,y;
    y=getyear();                // 获得当前系统的年份
    for(i=0;i<n;i++) s[i].age=y-s[i].birth.y;  // 访问 s[i] 中无名联合体域变量
中的子域 age 和 birth
    printf("%s\t%s\t%s\t%s\t%s\t%s\t%s\t%s\n"," 学号 "," 姓名 "," 性别 "," 年龄
"," 语文 "," 数学 "," 英语 "," 总分 ");  // 使用 \t 制表符上下左对齐显示学生信息
    for(i=0;i<n;i++)
    {
        printf("%s\t%s\t%s\t",s[i].no, s[i].name, s[i].sex);
        printf("%d", s[i].age);  // 显示无名的联合体域变量中的子域 age
        for(j=0;j<4;j++) printf("\t%d", s[i].grade[j]);
        printf("\n");
    }
    return 0;
}
```

运行结果如下：

学号	姓名	性别	年龄	语文	数学	英语	总分
221001	张三	男	18	85	95	85	265
221002	李四	女	17	90	80	95	265
221003	王五	男	18	75	80	80	235
221004	刘一	男	19	82	88	86	256

6.3　枚 举 类 型

枚举是一类个数有限的整型数据。枚举类型可以为这批数据设置符号名。这些符号常

量名能更好揭示这批整数数据背后的含义。例如，布尔类型（Bool）就是一种可枚举的类型，其数据值只有两个：真（True）或假（False），在比较、逻辑运算时的结果常用0表示假、1表示真，不是很好理解。如果使用枚举构造Bool类型，程序会更好理解。请看示例：

```
typedef enum {False=0,True=1} Bool;  //Bool是枚举类型, False、True是符号常量
/*isprime()函数：判断x是否为素数，是则返回True,不是则返回False*/
Bool isprime(int x)
{
    int i;
    for(i=2;i<x;i++)
        if(x%i==0) return False;      //x能被i整除不是素数，返回False
    return True;                      //循环中没有数能整除x是素数，返回True
}
```

再例如，学号域变量的比较结果有三种：大于Bigger、相等Equal、小于Smaller。前面示例中用1、0、-1三个整数来表示比较结果，不好理解。如果使用枚举构造Result类型，则好很多。请看示例：

```
typedef enum {Smaller=-1,Equal=0,Bigger=1} Result;  //Result是枚举类型,
Smaller,Equal,Bigger是符号常量
/*cmpbyno()函数：判断变量a和b的大小，小于返回Smaller,相等返回Equal,大于返回
Bigger*/
Result cmpbyno(Student a, Student b)
{
    return strcmp(a.no,b.no);
}
```

其他如星期、性别、季节、时辰、职称、年级等均是如此。
定义枚举类型和变量的格式为：

enum [枚举类型名]
{ 常量列表 }
枚举变量 [= 初值];

> 📖 说明：
>
> （1）枚举类型名可以不写，匿名的枚举类型只能在定义类型的同时定义变量。使用枚举类型名定义变量时必须与保留字enum连用。
>
> （2）常量列表中定义了一批符号常量，以逗号分隔，是该枚举类型所有可用整数的符号表示。默认情况下，第一个符号常量表示0，其他符号常量表示的值是上一常量值加1。符号常量名可以后跟等号和整数值改变其默认表示的值。
>
> （3）符号常量是整型值的符号表示，能参加各种整数运算。枚举变量的初值可以符号常量，也可以是整数。枚举变量的输入、输出不能使用符号常量名，只能使用整数。

例如：

```
enum week {Mon=1,Tue,Wed,Thu,Fri,Sat,Sun}; //week是枚举类型，有7个符号常量
enum week x=Mon,y=0;    //week前面要加保留字enum才能定义变量x,y
y=x+1;   //y的值是2，也就是符号常量Tue
printf("%d%d",x,y);     // 显示的结果是12
printf("%d",Sun);       // 显示符号常量Sun的结果是整数7
```

例6.12 输入一个日期，计算该日期是星期几并显示。

程序设计分析：星期可以表示枚举类型，包含 7 个常量值。蔡勒（Zeller）公式可以从年月日计算出星期几，计算的结果是 0 表示星期天，后面依次加 1，6 表示星期六。其公式为：

$$w = \left(\left\lfloor \frac{c}{4} \right\rfloor - 2c + y + \left\lfloor \frac{y}{4} \right\rfloor + \left\lfloor 13 * \frac{m+1}{5} \right\rfloor + d - 1 \right) \% 7$$

其中，c 是 4 位年的前 2 位，y 是 4 位年的后 2 位，m、d 是月和日，w 是星期数。若 m 为 1、2 月份，则改为上一年 13、14 月份。

```c
/*liti6-12.c, 根据 Zeller 公式计算日期对应的星期 */
#include <stdio.h>
typedef enum {Sun, Mon,Tue,Wed,Thu,Fri,Sat} Weekday; //Weekday 类型
/*zeller() 函数：计算 y、m、d 表示的日期对应的星期值，返回的星期值为 Sun..Sat*/
Weekday zeller(int y, int m, int d)
{
    int c;
    Weekday w; if(m < 3) {y=y-1;m=m+12;}
    c=y/100; y=y%100;   //c 存放年份的前 2 位，y 存放年份的后 2 位
    w=(c/4-2*c+y+y/4+13*(m+1)/5+d-1)%7;   //w 是 0..6 的星期值
    return w;
}
int main()
{
    int y,m,d,w;
    printf(" 请输入一个日期 (yyyy-mm-dd): ");
    scanf("%d-%d-%d",&y, &m, &d);
    w=zeller(y,m,d);
    switch(w) {   // 以星期值为开关，分情况显示结果
        case Sun: printf(" 星期天 \n");break;
        case Mon: printf(" 星期一 \n");break;
        case Tue: printf(" 星期二 \n");break;
        case Wed: printf(" 星期三 \n");break;
        case Thu: printf(" 星期四 \n");break;
        case Fri: printf(" 星期五 \n");break;
        case Sat: printf(" 星期六 \n");
    }
    return 0;
}
```

运行结果如下：

请输入一个日期 (yyyy-mm-dd): 2022-8-1↙
星期一

习　题

一、单项选择题

1. 下面定义结构体类型 mys 的方式正确的是（　　　）。

    A.　struct {int x,y,z;} mys;　　　　　　　　B.　struct mys {int x,y,z;};

  C. struct {int x,int y,int z} mys;　　　　　D. struct mys {int x,int y, int z};

2. 下面定义结构体变量 a 的方式正确的是（　　）。

  A. struct {int x,y;} a;　　　　　B. struct mys {int x,int y} a;

  C. struct {int x=0;int y=0;} a;　　　D. struct mys {int x,int y } a={0};

3. 下面结构体变量 a 中的 int 型域变量 x 的使用方式正确的是（　　）。

  A. a.x=100;　　　　　B. a->x=100;

  C. scanf("%d",a.x);　　　D. printf("%d",a->x);

4. 下面结构体数组 a 中 0 下标元素的 int 型域变量 x 的使用方式正确的是（　　）。

  A. *a.x=100;　　　　　B. a->x=100;

  C. scanf("%d",a.x);　　　D. printf("%d",a[0] ->x);

5. 下面结构体变量 a 中的 int 数组型域变量 x 的 0 下标元素使用方式正确的是（　　）。

  A. *a.x=100;　　　　　B. a.*x=100;

  C. scanf("%d",*a.x);　　　D. printf("%d",a->x[0]);

6. 给出定义 struct{struct{struct{int x;}y;}z;}w;，正确访问 x 的方法是（　　）。

  A. w.x=100;　　　B. x.w=100;　　　C. x.y.z.w=100;　　D. w.z.y.x=100;

7. 给出定义 struct{struct{struct{int x;}y;}z;}w,*p=&w;，正确访问 x 的方法是（　　）。

  A. p->w.z.y.x=100;　　B. (*p) ->z.y.x=100; C. *p.z.y.x =100;　D. p[0].z.y.x=100;

8. 给出定义 struct{struct{struct{int x;}y;}z;}w;，sizeof(w) 的结果是（　　）。

  A. 4;　　　　B. 8;　　　　C. 12;　　　　D. 16;

9. 给出定义 struct{struct{int x;} y; struct{int z;} w;}p;，sizeof(p) 的结果是（　　）。

  A. 4;　　　　B. 8;　　　　C. 12;　　　　D. 16;

10. 给出定义 struct{struct{int x,y;} z;}w,* p=&w;，sizeof(p) 的结果是（　　）。

  A. 4;　　　　B. 8;　　　　C. 12;　　　　D. 16;

11. 给出定义 union{struct{int x,y;}z; struct{double x,y;} w;}p;，sizeof(p) 的结果是（　　）。

  A. 4;　　　　B. 8;　　　　C. 12;　　　　D. 16;

12. 给出定义 struct{union{int x,y;}z; union{double x,y;} w;}p;，p 所占字节数是（　　）。

  A. 4;　　　　B. 8;　　　　C. 12;　　　　D. 16;

13. 有下列结构体类型，对该结构体变量 stu 的域变量的表示方式不正确的是（　　）。

```
struct student
{   int m;
    float n;
}stu, *p=&stu;
```

  A. stu.n　　　　B. p->m　　　　C. (*p).m　　　　D. p.stu.n

14. 有下列结构体类型，下面的叙述中不正确的是（　　）。

```
struct ex
{   int x ; float y; char z ;
} example;
```

  A. struct 是结构体类型的保留字　　　　B. example 是结构体类型名

  C. x,y,z 都是结构体的域变量　　　　D. struct ex 是结构体类型名

15. 有以下的定义语句，变量 aa 所占内存的字节数是（　　）。

```
union  uti { int n; double g; char ch[9];};
struct  srt {float xy; union  uti  uv;} aa;
```

  A. 9　　　　　　　　　B. 8　　　　　　　　　C. 13　　　　　　　　D. 17

16. 以下程序的运行结果是（　　　）。

```
enum weekday { Sun, Mon,Tue,Wed,Thu,Fri,Sat};
enum weekday x=3;
printf("%d%d",x,x==Wed);
```

  A. Tue0　　　　　　　　B. Wed1　　　　　　　C. 30　　　　　　　　D. 31

二、填空题

1. 结构体类型的类型名写在保留字_____之后，结构体中的信息项称为_____。

2. 结构体类型的域变量的初值必须在_____变量之后以花括号提供，初值的个数必须_____域变量的个数。

3. 两个同类型的结构体变量之间不可以使用_____运算，可以使用_____运算。

4. 结构体类型的嵌套是指结构体类型中包含_____类型的域变量，访问内层的域变量必须从外向内分层使用_____运算。

5. 结构体指针变量需要访问指向的变量的域变量时，可以先使用_____运算再使用域运算（.），也可以直接使用_____运算。

6. 单链表中的结点是一种特殊的结构体类型，结点体类型中不仅包含数据域，还包含后继_____域。如果是双链表还需要包含_____域。

7. 单链表中的最后一个结点的后继指针变量中存放_____作为结束标志。如果是循环链表，最后结点的后继指针域中存放的是_____的地址。

8. 联合体类型与结构体类型的定义格式大体相同，不同之处有两处：使用的保留字是_____，所有域变量_____使用内存，联合体变量的内存大小是_____域变量的大小。

9. 使用 #define 一次可以定义一个符号常量，一次要定义一批相互关联的整数符号常量可以使用_____类型。

10. 使用_____命令定义的结构体类型、联合体类型、枚举类型，使用时可以不用在类型名前加上保留字。

三、程序分析题

1. 请指出下面定义中的错误并改正。

```
struct husband {
    char name[10];
    int age;
    struct wife spouse;
} x;
struct wife {
    char name[10];
    int age;
    struct husband spouse;
} y;
```

2. 请写出存取含 "while" 字符串的变量的表示方式。

```
struct {
    char *word;
```

```
        int count;
} table[]={"if",8,"while",3,"for",5,"switch",20};
```

3. 请写出下面定义中域变量 y 和 z 的值。

```
union {
    unsigned int x;
    struct {
        unsigned char y;
        unsigned char z;
    } a2;
} a1={0x5678};
```

4. 请使用 typedef 写出下面结构体类型及变量的定义。

```
struct robot {
    char name[10];
    int limbs;
    float weight;
    char habits[20][100];
} r,d;
```

四、编程题

1. 定义一个日期结构体类型（包括年、月、日），编写一函数以年份和该年中的第几天为参数，返回值为这一天的日期。

2. 定义一个复数的结构体类型，编程处理两复数变量的和与乘积的计算。

3. 定义一个学生的结构体类型，包括学号、姓名、性别和成绩，请编写程序对多个学生按"性别＋成绩"排序，即先按性别排序，性别相同的按成绩排序。

4. 定义一个包含成绩的单链表结点类型，编写程序创建两个单链表，再将两者合并成一个链表并显示。

5. 编程完成图书馆借还书记录的管理，记录信息单包括三个信息项：书名、借书人名、借书日期。要求：

（1）能在借书时登记借书情况。

（2）能在还书时删除已登记的借书记录（根据书名和借书人名查找记录）。

（3）能按借书人名排序借书记录。

（4）能显示所有已借书的记录。

第7章 文 件

本章要点思维导图

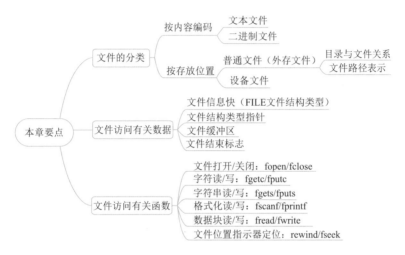

学习目标

◎了解文件的多种分类标准，理解文件缓冲区、文件类型指针等实现文件输入／输出的基本机制。

◎理解打开文件的各种方式，熟练掌握打开文件和关闭文件的相关函数调用语法。

◎理解按字符、按字符串、按格式、按数据块等各种文件读／写方式的特点和不同，并能熟练掌握提供各种读／写方式函数的调用语法。

◎掌握文件位置指示器的概念，并能熟练使用相关函数实现文件读／写位置的随机移动。

◎掌握文件结束的判断方式和遍历文件内容的方法。

程序在运行时，经常需要进行数据的输入／输出，如把运行中得到的结果保存到外存、读入之前存放在外存中的数据、从键盘接收用户输入的数据、把数据传输给打印机打印、从网卡接收用户点播的视频流等。为了便于访问来自于各种设备的数据，系统定义了"文件"的概念。文件一般是指存放在硬盘中的文件，但键盘、显示器、打印机、网卡等设备也可以看成为文件，这该如何理解呢？学完这章，相信你对文件会有更深入地认识。

7.1 文件基本概念

本章主要介绍如何用 C 语言编程实现对文件的访问。在此之前，有必要了解文件的有关概念。本节从文件分类、文件缓冲区和文件类型指针等方面介绍有关文件的基本概念。

7.1.1 文件分类

计算机本质是一种信息处理的工具。处理的信息往往需要保存下来，以备将来的继续访问和处理。现代计算机中是以"文件"的形式来存储信息的。文件是一组特定信息的集合，这些信息可以是文字、图像、声音、视频等，甚至还可以是程序。因此，一般经常按照文件存储信息的不同来划分文件类型。由于信息种类多样，并且多种信息可以存储于同一个文件中，因此相应的文件类型就很多，如 .txt、.bmp、.jpg、.mp3、.mp4、pdf、.docx、.exe 等。

在计算机中，文件中的信息都是用数据表示的。程序经常需要对文件中的数据进行输入 / 输出（又称读 / 写）。从数据编码的角度看，C 语言将文件分为文本文件和二进制文件两种。若文件中的数据是由一个个 ASCII 字符构成的，这样的文件称为"文本文件"或"ASCII 文件"；若文件中的数据是按内存中数据的本来面貌直接保存的，没有做任何转换，这样的文件称为"二进制文件"。下面举例说明这两种文件的不同。

内存中，整数在默认情况下以 4 个字节（32 位）宽度的二进制表示，如整数 20000，其 32 位的二进制表示为 00000000 00000000 01001110 00100000。若采用 ASCII 字符形式表示，则要用 '2'、'0'、'0'、'0'、'0' 这 5 个数字字符来实现，存储空间为 5 个字节。两种表示情况如图 7-1 所示。

图7-1　整数20000的两种存储格式

从图 7-1 可以看出，二进制文件中的数据与内存中的数据完全一样，是内存中数据的映像，所以二进制文件也可称为"映像文件"；内存中的数据也可用 ASCII 字符的形式表示，但要经过转换。所以，二进制数据和 ASCII 数据在编码和存储空间上都不同。一般采用 ASCII 码方式存储数据，文件所占空间较多，而二进制文件的长度一般较短。另外，由于文本文件在外存上以 ASCII 码方式存储数据，而内存中的数据都是以二进制方式表示的，进行文件读 / 写时需要进行转换，因而存取速度较慢；对于二进制文件而言，文件中的数据编码与内存中的数据编码格式一致，与内存进行数据交换时无须转换，故存取速度较快。文本文件可以看成是由一个个 ASCII 字符构成的，二进制文件可以看成是由一个个字节构成的，所以二者也可称为流式文件，一个是字符流，一个是字节流。

文件一般是位于硬盘、U 盘等存储介质上的，但文件是否只能位于这些存储介质上呢？文件对于程序非常重要，程序经常需要对文件进行读 / 写，因此能对程序进行数据输入 / 输出交互的对象都可称为文件。所以，键盘、鼠标、显示器、打印机、网卡、声卡等各种设备都可看成为文件，因为用户程序也经常需要对这些设备进行数据的输入 / 输出操作。例如，C 程序中的 scanf()、getchar() 等函数能从"键盘文件"中读入数据；printf()、putchar() 等函数能把数据往"显示器文件"中输出，从而实现数据的显示。所以，如果从文件存放的位置来区分，可以分为"普通文件"和"设备文件"，存放于外部存储介质上的文件就是普通文件，基于各种输入 / 输出设备抽象出的文件就称为设备文件。这样无论是访问设备，还是访问存放在外存上的普通文件，都统一为以"文件"为目标，自然也就统一了访问各种外部设备的接口，从而大大简化了程序访问外部数据的相关代码设计，这与秦始皇统一"度量衡"有异曲同工之处。对某个领域纷乱的事物进行统一，实际就是建立一种"标准"。无论从历史还是从当今来看，标准的作用都是非常重要的。良好的标准不但能推动事物的发展，同时也是一种艺术，能让你体验到一种设计之美。

本小节从多角度对文件的类型进行了阐述，便于读者对文件概念有较全面的认识，但重点在于对文本文件和二进制文件的理解。因为本章主要阐述如何用 C 语言对这两种文件进行数据的读 / 写。

7.1.2 文件缓冲区

为了支持应用程序对文件的访问，操作系统（Operating System，OS）为当前正在访问的每一个文件在内存中都创建一个对应的缓冲区。这样做的目的是减少对外存的访问次数，提高访问速度。

和内存相比，外存的读 / 写速度很慢。如果每读 / 写一个数据就要和外存进行一次数据传递，那么即使 CPU 的速度再高，程序的执行效率也会大打折扣，而通过文件缓冲区可以减少与外存打交道的次数，处理效率也随之提高。图 7-2 展示了文件缓冲区在实现内 / 外存数据交换中的作用。

图7-2 文件缓冲区在实现内存/外存数据交换中的作用

图 7-2 形象地描述了应用程序和位于外存上的文件之间进行数据交换的过程。在读文件时，首先把外存文件中的一块数据一次性地读取到文件缓冲区中，然后再从该缓冲区中取出所需的数据到程序数据区，如放入指定变量或相关数组元素中。写文件时，把程序数据区中的变量或数组元素的值存入文件缓冲区中，待该缓冲区存满数据之后，再将缓冲区中的数据整块地传送到外存的文件中。

7.1.3 文件类型指针

每个正在访问的文件，操作系统都会为其创建一个文件缓冲区，为了清楚地反映文件缓冲区的使用情况，便于对文件缓冲区进行正确地读 / 写，操作系统为每个文件缓冲区配备了一个"文件信息块"，用来存放当前正在使用文件的各种信息，如文件名、文件状态、文件缓冲区的位置、文件当前读 / 写位置等。

文件信息块实际是一个特定的结构类型数据，在头文件 stdio.h 中包含了该结构类型的声明。

```
typedef struct
{
    short level;                    /* 缓冲区"满"或"空"的程度 */
    unsigned flags;                 /* 文件状态标志 */
    char fd;                        /* 文件描述符 */
    unsigned char hold;             /* 如无缓冲区则不读取字符 */
    short bsize;                    /* 缓冲区的大小 */
```

视频 7-1 文件
访问机制

```
    unsigned char *buffer;              /* 文件缓冲区的位置 */
    unsigned char *curp;                /* 文件当前读 / 写位置 */
    unsigned istemp;                    /* 临时文件指示器 */
    short token;                        /* 用于有效性检查 */
}FILE;
```

该结构类型也可称为 FILE 类型。对该 FILE 类型的使用，一般是定义一个指向 FILE 类型的指针，该指针称为文件类型指针，也可简称为文件指针。定义语法如下：

FILE * 文件指针 ;

例如，下面的语句就定义了一个名为 fp 的文件指针。

FILE *fp;

如果程序要访问多个文件，则需要定义多个不同的文件指针，定义语法如下：

FILE *fp1,*fp2,*fp3;

从上可以看到，每个正在使用的文件，系统都会为其创建一个文件信息块（FILE 类型结构数据）和一个文件缓冲区。文件信息块中的成员 "unsigned char *buffer" 用于指向文件缓冲区，而文件指针的作用是指向所访问文件的文件信息块。这样文件指针、文件信息块、文件缓冲区这三个文件访问要素就相互关联了起来，应用程序只需通过文件指针就能方便地向操作系统发出各种文件访问请求。

上述 3 个文件访问要素构成了文件访问的核心数据结构。各种文件访问操作都围绕这些核心数据结构展开。有关文件操作主要有文件的打开、关闭、读、写、定位等，下面将一一进行介绍。

7.2 文件的打开和关闭

文件的访问流程一般遵循下面的顺序：打开文件→对文件内容进行读 / 写→关闭文件。本节对文件的打开和关闭进行介绍。

7.2.1 打开文件

打开文件由 C 语言提供的标准函数 fopen() 实现，该函数具体说明如下：
函数原型：

FILE *fopen(char *filename, char *mode)

函数说明：形参 filename 表示要打开的文件，可包含路径和文件名两部分；形参 mode 表示文件的打开方式。该函数将 filename 表示的文件按指定的 mode 方式打开。若打开成功，则返回被打开文件的文件指针；若打开失败，则返回 NULL（NULL 为空指针，在 stdio.h 中被定义为 0）。文件打开成功，意味着操作系统为该文件在内存中创建了所需的文件信息块和文件缓冲区，并返回指向文件信息块的文件指针。

文件的打开方式有多种，表 7-1 给出了各种打开方式的具体说明。

表 7-1　文件打开方式

mode值	含　义	补 充 说 明
"r"	将文件按只读的文本方式打开	若文件存在，则按指定方式打开。 若文件不存在，则打开出错
"rb"	将文件按只读的二进制方式打开	
"r+"	将文件按可读可写的文本方式打开	
"rb+"	将文件按可读可写的二进制方式打开	
"w"	将文件按只写的文本方式打开	若文件存在，则按指定方式打开，但文件原有内容全部丢失。 若文件不存在，则建立一个新文件
"wb"	将文件按只写的二进制方式打开	
"w+"	将文件按可写可读的文本方式打开	
"wb+"	将文件按可写可读的二进制方式打开	
"a"	将文件按只追加的文本方式打开	若文件存在，则按指定方式打开，文件内容不丢失。 若文件不存在，则打开出错。 无论以何种追加方式打开，往文件输出的内容都自动添加在文件末尾
"ab"	将文件按只追加的二进制方式打开	
"a+"	将文件按可追加可读的文本方式打开	
"ab+"	将文件按可追加可读的二进制方式打开	

　　例如，要以可读可写的方式打开一个位于 C: 盘 new 文件夹下的名为 demo.txt 文件，可以采用类似下面的代码：

```
…
FILE *fp;
fp=fopen("c:\\new\\demo.txt","r+"));
…
```

　　注意上述文件路径不能写成 "c:\new\demo.txt"。C 语言的语法中，单独一个斜杠 "\" 是用来转义的。我们知道 "\n" 表示的是一个 ASCII 码值为 10 的换行符。因此在字符串 "c:\new\demo.txt" 中，没有 "new" 这个子串，则该路径的表示是错误的。为了取消斜杠的转义作用，要用两个斜杠来表示一个单独的斜杠，因此路径的正确表示应为 "c:\\new\\demo.txt"。

　　打开一个文件时，由于一些特殊原因，可能会导致文件打开失败，如：打开一个不存在的文件、磁盘出故障、磁盘空间不足无法创建新文件等。上述情况都会导致 fopen() 函数返回一个空指针（NULL）表示出错，因此程序必须检测文件是否正常打开。只有正常打开了，才能对文件内容进行读 / 写，否则就要输出错误，提示用户注意，并结束程序运行。一般采用下述方式检测文件的打开状态。

```
…
if((fp=fopen( 文件 , 打开方式 ))==NULL)   /* 以某种方式打开文件 */
{
    printf("Can not open file.\n");    /* 当文件打开出错时才执行 */
    exit(0);                           /* 终止程序执行 */
}
…   /* 文件正常打开时继续往下执行 */
```

7.2.2 关闭文件

文件打开并对文件内容访问完毕后，要通过关闭操作回收系统为该文件创建的各种资源，并对相关文件的修改内容进行存盘。文件关闭函数具体说明如下：

函数原型：

```
int fclose(FILE *fp)
```

函数说明：形参 fp 为文件指针。该函数用于关闭 fp 所指向的文件，若文件能正常关闭则返回值为 0，否则返回值为 EOF（-1）。若文件正常关闭，则关闭操作会将文件打开时创建的文件信息块、文件缓冲区等资源回收；如果文件内容发生了变化，则关闭操作会把文件缓冲区中的数据全部输出到文件中，将修改的内容保存。因此，关闭操作对回收内存资源、保存数据是非常重要的。

关闭文件的具体操作比较简单，例如：

```
fclose(fp);
```

此处主要的问题是：文件处理完毕后，初学者很容易漏写这条文件关闭语句，因此平时要注意多编程，养成完整的编程习惯。

在文件的打开和关闭之间，就是对文件内容的访问。下面对 C 语言提供的各种文件内容访问方式具体介绍。

7.3 按单个字符读 / 写文件

对以 ASCII 字符为组成单位的文件，对字符进行顺序读 / 写是一种常见的访问方式。打开文件的文件信息块中有一个文件位置指示器，用来指向文件当前的读 / 写位置。刚打开的文件，该位置指示器指向文件的第 1 个字节（ASCII 字符），每对文件进行一次单个字节（ASCII 字符）的读 / 写，该位置指示器都会自动向后移动 1 个字节，用于指向下一次的读 / 写位置，因此对文件从前往后按顺序访问很好实现。

7.3.1 单个字符读 / 写函数

C 语言提供了两个标准函数，分别用于以 ASCII 字符为单位的文件顺序读 / 写，具体说明如下：

1. 单个字符读函数 fgetc()

函数原型：

```
int fgetc(FILE *fp)
```

函数说明：形参 fp 为文件指针。该函数从指定文件的当前位置读取一个 ASCII 字符，并将文件位置指示器向后移动 1 个字节。若读取成功，则函数返回读取的字符，否则返回文件结束标志 EOF（-1）。

2. 单个字符写函数 fputc()

函数原型：

```
int fputc(char ch,FILE *fp)
```

函数说明：形参 ch 为待写入文件的字符，形参 fp 为文件指针。该函数在指定文件的当前位置处写入一个 ASCII 字符，并将文件位置指示器向后移动 1 个字节。若写入成功，则函数返回写入的字符，否则返回 EOF。

例 7.1　从键盘任意输入一些字符，要求把这些字符依次写入指定的文件中，直到输入 "#" 时结束；然后把文件打开，将写入的字符依次显示在屏幕上。

```
/*liti7-1.c, 文本文件的读 / 写示例 */
#include <stdio.h>
#include <stdlib.h>
int main()
{
    FILE *fp;
    char ch;
    if((fp=fopen("7.1.txt","w"))==NULL)        /* 以只写的文本方式打开文件 */
    {
        printf("Can not open file\n");
        exit(0);
    }
    printf(" 请输入任意个字符 ( 以 # 结束 ):\n");
    while((ch=getchar())!='#')                 /* 从键盘输入所需字符 */
    {
        fputc(ch,fp);   /* 将从键盘输入的字符依次写入文件中 */
    }
    fclose(fp);         /* 关闭文件 */
    printf(" 文件 7.1.txt 写入完毕。\n");
    if((fp=fopen("7.1.txt","r"))==NULL)        /* 以只读的文本方式打开文件 */
    {
        printf("Can not open file\n");
        exit(0);
    }
    printf(" 文件 7.1.txt 的内容如下 :\n");
    while((ch=fgetc(fp))!=EOF)                  /* 从文件逐个读入字符 */
    {
        putchar(ch);    /* 将从文件中读入的字符依次输出到显示器上 */
    }
    fclose(fp);         /* 关闭文件 */
    return 0;
}
```

运行结果如下：

```
请输入任意个字符 ( 以 # 结束 )：
file read and write#↙
文件 7.1.txt 写入完毕。
文件 7.1.txt 的内容如下 :
file read and write
```

程序先用 fputc() 函数将用户从键盘输入的字符逐个写入 7.1.txt 文件中，然后用 fgetc() 函数从 7.1.txt 文件中逐个读出字符输出到显示器上。

7.3.2　对设备的读 / 写

从例 7.1 中的程序可以看到，文件指针非常重要，因为文件指针指向了读/写的访问对象。该对象一般都是存放在磁盘上的文件，但也可以是设备。前面讲过，设备也可以抽象为文件，因为程序经常需要对各种设备进行数据的输入 / 输出操作，比如键盘、显示器、打印机等。设备文件也是文件，对设备文件的访问也要遵循文件的基本操作流程，比如打开、读 / 写、关闭等。

计算机设备要为所有程序提供服务，因此使用很频繁。为了方便程序访问，操作系统自动将各种设备以设备文件的方式默认打开，并且将每个设备文件的文件指针以全局变量的形式发布。C 语言在标准头文件 stdio.h 定义了五种设备文件指针，具体见表 7-2。

表 7-2　ANSI C 标准设备及其所对应的全局设备文件指针

设　备　名	设备文件指针
标准输入设备（键盘）	stdin
标准输出设备（显示器）	stdout
标准出错输出设备（显示器）	stderr
标准辅助设备（第一个串口，即COM1接口）	stdaux
标准打印机（打印机）	stdprn

由于各种设备都以默认方式打开，并都提供了相应的设备文件指针，因此对设备的访问就无须做打开操作，直接对设备文件指针进行访问即可。由此不难理解，平时 C 程序经常用到的 getchar()、scanf()、putchar()、printf() 等输入 / 输出函数，均在内部通过 stdin、stdout 等设备文件指针对键盘、显示器等设备进行数据读 / 写。相应的 getchar() 和 putchar() 函数也可以用 fgetc() 和 fputc() 函数来替代，如 getchar() 等价为 fgetc(stdin)，putchar(ch) 等价为 fputc(ch,stdout)。scanf() 和 printf() 函数也有相应可替代的文件读 / 写函数，相关函数会在后面介绍。

感兴趣的读者可将例 7.1 中出现了 getchar() 和 putchar() 函数调用的地方用 fgetc() 和 fputc() 函数来替代，并实际运行看效果是否一致，从而对普通文件和设备文件有更深入的了解。

7.3.3　文件访问结束判断

无论是文本文件还是二进制文件，当文件被打开后，系统会在文件所有内容的后面添加一个文件结束标志（EOF），这个结束标志可等价为 −1（stdio.h 中将宏 EOF 定义为 −1），二进制可表示为 "11111111"（补码）。要注意的是该结束标志不是文件的内容，该结束标志被读取，意味着已访问到文件末尾。具体如图 7-3 所示。

图7-3　文件内容和文件结束标志

如果文件是由 ASCII 字符构成的，那么可以把读到 −1 作为访问结束判断。ASCII 文本文件中不可能出现 −1，因为 ASCII 码值不可能为负，所以当发现读出的字节内容是 −1，可以肯定是遍历到文件末尾了。例 7.1 中的第 2 个 while 循环（如下所示）就是按照这种方式依次读取文件的每个字符的。

```
while((ch=fgetc(fp))!=EOF)
```

```
{
    putchar(ch);
}
```

上述方式适用于顺序遍历 ASCII 文本文件，但此方式也适用于二进制文件吗？不适用。因为对二进制文件而言，-1 可以是任何一个字节的内容，所以不能用 -1 来判断是否访问到了文件末尾。比如十进制整数 65293（默认一个整数占 4 个字节），其二进制表示为 00000000 00000000 11111111 00001101，十六进制表示为 0000FF0D，"FF"（即 -1）是该数某个字节的内容，因此不能像文本文件那样按读到 -1 来判断二进制文件的末尾。那这个问题如何解决？访问文本文件和二进制文件有没有一个统一的文件末尾判断方法？

C 语言提供了一个标准函数 feof()，实现了一致判断。

函数原型：

```
int feof(FILE *fp)
```

函数说明：形参 fp 为文件指针。若文件位置指示器指向了文件结束标志，且该标志已被读取，则说明已访问到文件末尾，feof() 函数返回 1（真），否则返回 0（假）。无论是文本文件还是二进制文件，都可以利用该函数判断是否已访问到文件末尾。

图 7-4 更形象地展示了 feof() 函数的判断机制。

（a）文件位置指示器指向的是文件内容区域，feof(fp) 返回 0

（b）文件位置指示器指向文件结束标志，但结束标志未被读取，feof(fp) 返回 0

（c）文件位置指示器指向文件结束标志，且结束标志已被读取，feof(fp) 返回 1

图7-4 文件末尾判断方法

从图 7-4 的子图（a）、（b）可以看到，只要文件结束标志没有被读取（即使文件位置指示器指向了文件结束标志），feof() 函数都返回 0。图 7-4（c）图表示文件结束标志被访问了，则 feof() 函数返回 1。

例7.2 先手工创建一文本文件 7.2.txt，在其中输入 'a'、'b'、'c' 三个字符并保存关闭，然后编程将该文件中的字符以十进制编码显示。

```
/*liti7-2-1.c,输出文本文件的内容的第一种写法 */
```

```
#include <stdio.h>
#include <stdlib.h>
int main()
{
    FILE *fp;
    char ch;
    if((fp=fopen("7.2.txt","r"))==NULL)
    {
        printf("Can not open file\n");
        exit(0);
    }
    printf(" 将文件中的每个字符以十进制编码显示 :\n");
    while(!feof(fp))            /* 用 feof 函数控制文件读循环 */
    {
        ch=fgetc(fp);
        printf("%d\n",ch);      /* 以十进制显示所读字符编码 */
    }
    fclose(fp);
    return 0;
}
```

运行结果如下：

将文件中的每个字符以十进制编码显示：

97

98

99

-1

文件中三个小写字母"a""b""c"的十进制 ASCII 编码分别为 97、98、99，程序前 3 行输出与此一致。但问题是，文件中只有三个字符，程序却多输出了一个结果。读者不难发现，这多出来的就是文件结束标志，其值等价为 -1，前面已有介绍。出现这种情况的原因在于 while 循环的控制不对，按照程序中的如下写法：

```
while(!feof(fp))
{
    ch=fgetc(fp);
    printf("%d\n",ch);
}
```

当文件位置指示器指向文件结束标志的时候，该结束标志还未被访问，因此"feof(fp)"返回值为 0（假），则"!feof(fp)"为真，循环继续。通过"ch=fgetc(fp);"语句将文件结束标志（-1）也读了出来并显示。为了避免显示文件结束标志，应将上述循环改为如下方式：

```
    ch=fgetc(fp);
    while(!feof(fp))
    {
        printf("%d\n",ch);
        ch=fgetc(fp);
    }
```

视频 7-2
文件访问结
束判断

这样当文件结束标志被读出后，就不会显示了。例 7.2 修改后的程序如下：

```
/*liti7-2-2.c, 输出文本文件的内容的第二种写法 */
#include <stdio.h>
```

```
#include <stdlib.h>
int main()
{
    FILE *fp;
    char ch;
    if((fp=fopen("7.2.txt","r"))==NULL)
    {
        printf("Can not open file\n");
        exit(0);
    }
    printf("将文件中的每个字符以十进制编码显示 :\n");
    /* 注意理解下面采用的读文件方式 */
    ch=fgetc(fp);
    while(!feof(fp))
    {
        printf("%d\n",ch);
        ch=fgetc(fp);
    }
    /* 文本文件和二进制文件都可采用上述方式 */
    fclose(fp);
    return 0;
}
```

读者可自行运行该程序，查看运行结果。

7.4　按字符串读 / 写文件

前面介绍了以 ASCII 字符为单位读 / 写文件的方法，但一个个字符读 / 写有时效率太低，为此 C 语言提供了批量读 / 写字符的方法，即每次可以读 / 写一个字符串，提高了读 / 写效率。

7.4.1　字符串读 / 写函数

C 语言提供了两个标准函数：fgets() 和 fputs()，分别用于文件的字符串读 / 写，具体说明如下：

1. 字符串读函数 fgets()

函数原型：

```
char *fgets(char *str, int n, FILE *fp)
```

函数说明：形参 str 指定从文件中读到的字符串将要存入的地址，一般是个字符数组；形参 n 指定从文件中读取的字符个数，实际是读取 $n-1$ 个，最后将读出的 $n-1$ 个字符连同"\0"字符（字符串结束标志）一起构成 n 个字符存入字符数组 str 中；形参 fp 为文件指针。函数执行成功，返回地址 str；否则返回 NULL。

fgets 函数读取字符串时，要注意下列情况：

（1）在读取 $n-1$ 个字符前碰到了换行符"\n"，则读入提前结束，但换行符"\n"也会作为一个字符读入。

（2）在读取 $n-1$ 个字符前碰到了文件结束符 EOF，读入结束。

上述两种情况都会在实际读取的字符后面加上字符"\0"，作为最终读取的字符串返回。

2. 字符串写函数 fputs()

函数原型：

```
int fputs(char *str, FILE *fp)
```

函数说明：形参 str 指向待写入文件的字符串；形参 fp 为文件指针。函数将字符串 str 写入 fp 指向的文件中，但字符串末尾的"\0"不写入。若写入成功，函数返回 0，否则返回 EOF。

例7.3 连续输入三次字符串，并一一写入指定文件中，然后将写入文件中的内容全部显示输出。

```
/*liti7-3.c,以字符串的方式写入文件中 */
#include <stdio.h>
#include <stdlib.h>
int main()
{
    FILE *fp;
    char str[100];
    int i;
    fp=fopen("7.3.txt","w");   /* 将文件以只写的文本方式打开 */
    for(i=1;i<=3;i++)
    {
        printf(" 第 %d 次输入字符串 :",i);
        gets(str);                /* 从键盘输入字符串 */
        fputs(str,fp);            /* 将输入的字符串写入文件中 */
    }
    fclose(fp);
    printf(" 文件 7.3.txt 写入完毕。\n");
    fp=fopen("7.3.txt","r");   /* 将文件以只读的文本方式打开 */
    printf("7.3.txt 的文件内容如下 :\n");
    fgets(str,100,fp);          /* 把文件内容一次性全部读入数组 str 中 */
    printf("%s",str);           /* 输出文件内容 */
    fclose(fp);
    return 0;
}
```

运行结果如下：

第 1 次输入字符串 :<u>Yellow River</u>↙
第 2 次输入字符串 :<u>Mount Tai</u>↙
第 3 次输入字符串 :<u>the Imperial Palace</u>↙
文件 7.3.txt 写入完毕。
7.3.txt 的文件内容如下 :
Yellow RiverMount Taithe Imperial Palace

为减少程序长度，本例省略了测试文件打开是否出错的代码，需要的读者可以自行加上。程序用 fputs() 和 fgets() 函数实现了对文件的字符串写和字符串读。读出文件全部内容的语句是"fgets(str,100,fp)"，参数 100 远多于 3 次写入的字符个数，并且 str 数组完全可以存放下文件的所有字符，因此读取过程会在碰到文件结束符 EOF 后结束，数组 str 中会存放实际读取的内容。

值得注意的是：最后输出的文件内容"Yellow RiverMount Taithe Imperial Palace"没

有换行，阅读不方便。原因是 fputs() 函数在写入字符串时，不会自动在后面添加换行符"\n"。但用户一般习惯于写入几行，输出时也显示几行。为解决这个问题，可以在每次写入一个输入的字符串时，用"fputc('\n',fp)"语句追加一个换行符。

因此，可将程序中的 for 循环：

```
for(i=1;i<=3;i++)
{
    printf(" 第 %d 次输入字符串 :",i);
    gets(str);
    fputs(str,fp);
}
```

改为：

```
for(i=1;i<=3;i++)
{
    printf(" 第 %d 次输入字符串 :",i);
    gets(str);
    fputs(str,fp);
    fputc('\n',fp);       /* 增加该语句，在写入的每行后添加一个换行符 */
}
```

这样，写入文件的每行后面都增加了一个换行符。将程序按上述方式修改，再次运行，程序结果如下：

```
第 1 次输入字符串 :Yellow River
第 2 次输入字符串 :Mount Tai
第 3 次输入字符串 :the Imperial Palace
文件 7.3.txt 写入完毕。
7.3.txt 的文件内容如下 :
Yellow River
（此处有一空行）
```

可结果只输出了一行，这又是什么原因？前面讲过，若在读取指定数量的字符前碰到了换行符"\n"，则读入提前结束，换行符"\n"也会作为一个字符读入。虽然指定读入的字符数 100 足够大，但现在文件中有 3 个换行符，在碰到第一个换行符的时候，读入就提前结束了。因此数组 str 实际只存放了第一行的内容"Yellow River\n"（注意后面有个换行符），程序只输出一行就不难理解了。

那要如何读出文件的所有行呢？其实和循环读取文件中的每个字符一样，对"fgets(str,100,fp)"语句重复执行就能依次读出文件中的每一行。逐行读取实际也是顺序访问，文件位置指示器在读取一行后，也会指在下一行的开始处。所以，也可以用 feof() 函数判断是否读完了所有行。

原程序中的单个"fgets(str,100,fp);"语句只能读出一行，将该语句替换为如下的循环结构就可读取出文件的所有行。

```
fgets(str,100,fp);
while(!feof(fp))
{
    printf("%s",str);
    fgets(str,100,fp);
}
```

读者可按上述方式修改程序并再次运行，看是否能得到以下输出结果：

第 1 次输入字符串 : <u>Yellow River</u>↙
第 2 次输入字符串 : <u>Mount Tai</u>↙
第 3 次输入字符串 : <u>the Imperial Palace</u>↙
文件 7.3.txt 写入完毕。
7.3.txt 的文件内容如下 :
Yellow River
Mount Tai
the Imperial Palace
（此处有一空行）

7.4.2 再谈文件打开方式

文件的打开方式在前面已有介绍，为何此处又要提及？当然，这里不是简单的重复，而是要介绍一个和文件打开方式有关的问题，该问题和换行符 "\n" 有关。从上一节的例子可以看到，换行符很有用。如果文件中没有换行符，那所有行、段都会紧密连接在一起，文件打开后很难阅读。因此，为便于阅读，需要换行的字符串后面必须加上换行符 "\n"。

例如语句 "fputs("Hello\n",fp);" 将带有一个换行符的字符串写入指定文件中。字符串 "Hello\n" 共有 6 个字符（包括换行符），读者一般都会认为写入文件中的也是这 6 个字符，但事实真是这样吗？不妨做个试验来验证下。

例7.4 往文件中写入一末端带换行符的字符串，然后将写入文件中的每个字符以十进制 ASCII 码的形式显示。

```
/*liti7-4.c，先写入文件，再读出并显示 */
#include <stdio.h>
#include <stdlib.h>
int main()
{
    FILE *fp;
    char ch;
    fp=fopen("7.4.txt","w");    /* 以只写的文本方式打开文件 */
    fputs("Hello\n",fp);
    fclose(fp);
    fp=fopen("7.4.txt","rb");   /* 以只读的二进制方式打开文件 */
    ch=fgetc(fp);
    while(!feof(fp))
    {
        printf("%d ",ch);        /* 以十进制 ASCII 码的形式显示每个字符 */
        ch=fgetc(fp);
    }
    fclose(fp);
    return 0;
}
```

运行结果如下：

72 101 108 108 111 13 10

为缩减程序长度，本例省略了检测文件打开是否出错的代码，需要的读者可以自行加上。程序不输出字符本身，而是输出字符的十进制 ASCII 码，是为了准确的显示文件中的字符个数。因为如果是输出字符本身的话，由于换行符是不可见字符，在输出时会看不到，容易导致对文件中实际字符数量的误判；以 ASCII 码形式输出，每个字符都能看到，从而能准确统计文件中的字符个数。

程序中给出的字符串 "Hello\n" 有 6 个字符是没有问题的，读者可以用 "strlen("Hello\n")" 来验证。但从程序运行结果看，将该字符串写入文件后，却读出来 7 个字符，多了一个！读者自然要问："Why?"。难道是字符串的写入或者循环读字符的代码有问题？其实程序代码没有问题。那该怎么解释这一现象？

其实，首先要看多出来的究竟是哪个字符。对照 ASCII 编码表，字符串 "Hello\n" 中 6 个字符的 ASCII 码分别为：72、101、108、108、111、10（换行符 '\n' 的 ASCII 码为 10），多出来的是 13。查 ASCII 编码表，发现 ASCII 码为 13 的是回车符 '\r'。为什么会多出个回车符？难道是 "fputs("Hello\n",fp);" 语句写入的？的确如此！那为何要多此一举呢？'\n' 就是表示换行，为何还要加个回车符？回车符 '\r' 的作用是将光标返回到行首，和换行符完全是两个不同的符号。这其实和 Windows 系统有关。

由于历史原因（限于篇幅具体历史原因此处省略，感兴趣的读者请自行了解），Windows 系统规定：写入文本文件中去的换行符 '\n' 必须用 '\r' 和 '\n' 两个符号表示。这就是写到文件中的字符串多了一个回车符的原因。并且，Windows 系统还规定：从文本文件中读到 '\r' 和 '\n' 这两个连续的符号时，必须把它们转换为一个 '\n' 读入。看到此处，有读者就会问：上述程序在读文件中的字符时，为何没有将连续的 '\r' 和 '\n' 合并呢？

请注意程序中的第 2 次文件打开语句 "fp=fopen("7.4.txt","rb");"，是将文件以二进制的方式打开，而不是以文本的方式打开。为满足上述 Windows 系统的要求，C 语言规定：当文件以文本方式打开，写文件时，'\n' 会以 '\r' 和 '\n' 写入，读文件时，'\r' 和 '\n' 会以 '\n' 读出；当文件以二进制方式打开，无论读 / 写，都是按原样进行读 / 写，即写文件时，是什么就写什么，读文件时，有什么就读什么，不会发生任何转换。

至此，就能很好地对上述程序的运行结果进行解释了。写入时，7.4.txt 文件以文本的方式打开，则按照上述规定，'\n' 要转换为 '\r' 和 '\n' 写入文件，所以文件中多了一个 '\r' 字符；读出时，7.4.txt 文件以二进制的方式打开，则按照上述规定，文件中连续的 '\r' 和 '\n' 不做转换，直接全部读出。若读出时，上述程序将文件的打开方式以文本的方式打开，则会将文件中连续的 '\r' 和 '\n' 转换为一个 '\n' 读出。

所以，一个文件既可以文本方式打开，也可以二进制方式打开。两种打开方式的不同只体现在对换行的处理上，若对文件的读 / 写不会涉及换行，则这两种打开方式完全一样。因此，若文件的内容是由 ASCII 字符构成的，则应用文本方式打开；若文件的内容是二进制的数据，则应用二进制方式打开。感兴趣的读者可以对上述程序的文件打开方式进行修改，通过测试深入理解文本和二进制这两种文件打开方式。

7.5　按格式读 / 写文件

程序中经常用到的 scanf() 和 printf() 函数，就是按格式化的方式进行输入 / 输出，只不过读 / 写的对象是键盘和显示器。本节要介绍的格式化输入 / 输出将读 / 写对象扩展到任何文件，而不限于设备文件。在介绍格式化读 / 写的具体函数之前，必须理解到底什么是"格式化读 / 写"？将之前介绍的字符（串）读 / 写与格式化读 / 写做个比较，读者就明白了。

7.5.1　按字符（串）读 / 写与按格式读 / 写比较

前面介绍的按字符读 / 写和按字符串读 / 写，其实二者本质是一样的。因为都是以字符为读 / 写单位，只不过前者每次只读 / 写一个字符，后者可以每次读 / 写多个字符。并且，读 / 写前后的数据类型没有改变。比如，程序提供的是字符（串），写入文件中去的也是字符（串）；从文件中读出的是字符（串），返回给程序的仍然是字符串。

但按格式读 / 写与按字符（串）读 / 写有所不同。具体地说，按格式读文件时，从文件中读出的是按某种格式以字符（串）形式表示的数据，但返回给程序的可以是整数、实数、字符、结构体等各种类型的二进制数据；按格式写文件时，程序提供的是整数、实数、字符、结构体等类型的二进制数据，但写入文件中的都是按指定格式转换为用字符（串）形式表示的数据。

例如，程序中有个实数 x，值为 3.14159，在内存中，实数默认以 4 个字节的浮点数表示。和整数一样，浮点数也有相应的二进制编码规则，读者可自行了解。采用格式化输出时，将 x 的值以字符的形式输出到文件中，即 x 在文件中以字符串 "3.14159" 表示，每一位都是个 ASCII 字符，包括小数点，一共占用了 7 个字节。反之，格式化输入时，可将保存在文件中的 7 个字节的字符串 "3.14159" 读入内存，并转化为 4 个字节表示的浮点数 3.14159。

图 7-5 形象地展示了按字符（串）读 / 写与按格式读 / 写的不同。

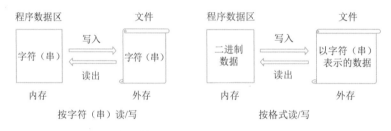

图7-5　按字符（串）读/写与按格式读/写之比较

从图 7-5 可看出，无论是按字符（串）读 / 写还是按格式读 / 写，文件中存放的都是字符（串）。在按字符（串）读 / 写方式下，程序数据区和文件之间交换的数据形式是一样的，都是字符（串）。但在按格式读 / 写方式下，程序数据区和文件之间交换的数据形式往往是不一样的。为何格式化读 / 写，内存和外存之间的数据形式要不一样呢？主要是因为用字符形式表示的数据可读性好，但这也导致输入 / 输出时，要在格式化表示的字符数据和二进制数据之间进行转换，从而降低了读 / 写速度。

当然，要特别提及的是：格式化读 / 写也可以和字符（串）读 / 写一样，直接在内存和外存之间做字符传输，不需做数据转换。例如 scanf() 和 printf() 中的格式符 "%c" "%s" 使得内 / 外存之间的数据都以字符为单位直接交换，不涉及格式转换。只不过在提到格式化读 / 写时，它的特色功能是能将内存中的整数、实数、结构体等非字符的二进制数据转换为字符的形式保存到文件中；读入时，又能将文件中以字符形式表示的数据转换为对应的二进制数据。

另外，将内存中的二进制数据以字符的形式保存到外存上，这一过程可称为"序列化"；反之，将文件中以字符形式表示的数据还原为内存中的二进制数据，这一过程可称为"反序列化"。

至此，本小节详细解释了格式化读 / 写的机制。下面具体介绍 C 语言提供的有关格式

化读 / 写函数。

7.5.2 格式化读 / 写函数

C 语言提供了两个标准函数: fscanf() 和 fprintf(), 分别用于文件的格式化读 / 写, 具体说明如下:

视频 7-3 格式
化读 / 写

1. 格式化读函数 fscanf()

函数原型:

```
int fscanf(FILE *fp, 输入格式串 , 输入项地址列表)
```

函数说明: 形参 fp 为文件指针, 输入格式串与输入项地址列表与 scanf() 函数的参数相同。该函数按照输入格式串的描述, 从 fp 所指文件中读取相关数据 (必要时进行数据转换), 并把读入的数据存入输入项地址列表指定的各个存储单元中。函数正常执行, 返回值为所输入的数据个数, 否则返回值为 EOF。

2. 格式化写函数 fprintf()

函数原型:

```
int fprintf(FILE *fp, 输出格式串 , 输出项列表 )
```

函数说明: 形参 fp 为文件指针, 输出格式串与输出项列表与 printf() 函数的参数相同。该函数把输出项列表中指定的各个数据, 按照输出格式串的描述, 转换为字符的形式写入 fp 所指文件中。函数正常执行, 返回值为输出数据的个数, 否则返回值为 EOF。

了解了格式化读 / 写函数 fscanf() 和 fprintf() 后, 不难发现可以用它们来替代函数 scanf() 和 printf()。只要把文件指针改为 stdin 和 stdout 即可, 感兴趣的读者可以自行测试。

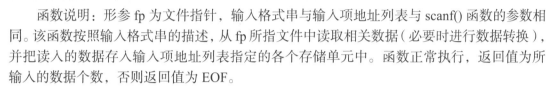 7.5 假设学生的信息包括学号、3 门课程的成绩、平均成绩这几部分。现在从键盘上分别输入每个学生的原始数据, 包括: 学号、课程 1 成绩、课程 2 成绩和课程 3 成绩 (见表 7-3), 计算出每个学生的平均成绩, 然后按照格式化的方式将输入的学生信息保存到一个名为 score.txt 的文本文件中。

表 7-3 例 7.5 所需的原始数据

学 号	课程1成绩	课程2成绩	课程3成绩	平均成绩
001	87	79	91	
002	95	92	89	
003	75	74	78	
004	81	83	86	

程序代码如下:

```
/*liti7-5.c, 按格式写文件 */
#include <stdio.h>
#include <stdlib.h>
struct studinfo /* 定义学生信息类型 */
{
    char no[4];  /* 学号 */
    int s[3];    /*3 门课程成绩 */
    float ave;   /* 平均成绩 */
```

```
};
int main()
{
    FILE *fp;
    struct studinfo a;
    if((fp=fopen("score.txt","w"))==NULL)    /* 以只写的文本方式打开文件 */
    {
        printf("Can not open file\n");
        exit(0);
    }
    printf(" 输入学号和 3 门课程成绩 :");
    while(scanf("%s%d%d%d",a.no,&a.s[0],&a.s[1],&a.s[2])!=EOF)
    {
        /* 计算平均成绩 */
        a.ave=(a.s[0]+a.s[1]+a.s[2])/3.0f;
        /* 用 fprintf 把数据按指定格式写到文件中 */
        fprintf(fp,"%3s%4d%4d%4d%6.1f\n",a.no,a.s[0],a.s[1],a.s[2],a.ave);
        printf(" 输入学号和 3 门课程成绩 :");
    }
    fclose(fp);
    return 0;
}
```

程序运行时，根据提示输入表 7-3 中的原始数据：

输入学号和 3 门课程成绩 :<u>001 87 79 91</u>↙
输入学号和 3 门课程成绩 :<u>002 95 92 89</u>↙
输入学号和 3 门课程成绩 :<u>003 75 74 78</u>↙
输入学号和 3 门课程成绩 :<u>004 81 83 86</u>↙
输入学号和 3 门课程成绩 :<u>^Z</u>↙

上式中最后一行输入的 ^z（按【Ctrl+Z】组合键）表示数据输入结束。程序将数据写入文件中时，fprintf() 的输出格式串 "%3s%4d%4d%4d%6.1f\n" 后面加了个换行符，使得写入文件中的每个学生信息都各占一行，方便打开后阅读显示。并且，每行后面有个换行符，也便于将来从文件中读出每个学生的数据信息。打开 score.txt 文件，写入的学生信息如下所示：

```
001   87   79   91   85.7
002   95   92   89   92.0
003   75   74   78   75.7
004   81   83   86   83.3
```

再次强调的是：程序运行时，输入结构体变量 a 中的数据都是二进制的形式（但成员 no 是字符形式），用 fprintf() 输出时，a 的各成员均按指定格式转换为相应的字符形式存放到文本文件中。

例 7.6 将例 7.5 保存在文本文件 score.txt 中的所有字符型数据，按格式化方式读入并转换为学生信息类型数据，再按格式化的方式把学生数据输出在屏幕上。

```
/*liti7-6.c，按格式读文件 */
#include <stdio.h>
#include <stdlib.h>
struct studinfo   /* 定义学生信息类型 */
{
```

```
    char no[4];  /* 学号 */
    int s[3];    /*3 门课程成绩 */
    float ave;   /* 平均成绩 */
};
int main()
{
    FILE *fp;
    struct studinfo a;
    if((fp=fopen("score.txt","r"))==NULL)   /* 以只读的文本方式打开文件 */
    {
        printf("Can not open file\n");
        exit(0);
    }
    printf(" 学号 课程1 课程2 课程3 平均分 \n");
    /* 用 fscanf 按指定格式从文件中读取数据 */
    while(fscanf(fp,"%s%d%d%d%f",a.no,&a.s[0],&a.s[1],&a.s[2],&a.ave)
!=EOF)
    {
        /* 把数据按指定格式输出到屏幕上 */
        printf("%-5s%-6d%-6d%-6d%-6.1f\n",a.no,a.s[0],a.s[1],a.s[2],a.ave);
    }
    fclose(fp);
    return 0;
}
```

运行结果如下:

```
学号 课程1 课程2 课程3 平均分
001  87    79    91    85.7
002  95    92    89    92.0
003  75    74    78    75.7
004  81    83    86    83.3
```

程序用 fscanf() 函数将文件中以字符（序列化）表示的学生信息转变为内存中结构体类型的学生数据，并按指定格式输出到屏幕上。输出到屏幕上时，每个输出项都指定了显示宽度，"–"表示对应输出项在指定的宽度内左对齐。

例 7.7 将前面创建的 score.txt 文件中的学生记录，按照课程平均分从高到低降序排列，并将排序结果保存到另一个名为 sorted.txt 的文件中。

程序设计分析：首先将 score.txt 中的所有学生记录按格式化读入一个结构体学生信息数组中，每个数组元素存放一个学生记录，同时统计文件中的学生人数；然后用选择排序法对存放学生记录的数组按课程平均分降序排列；最后将排序后的数组中的每个学生记录元素按格式化的方式输出到名为 sorted.txt 的文件中。当然，为对比排序的效果，在排序前后都要显示文件中的学生信息。

程序代码如下:

```
/*liti7-7.c, 按格式读出文件中的信息，然后排序后写入另一个文件中 */
#include <stdio.h>
#include <stdlib.h>
#define N 100              /* 假设数据文件中学生人数≤100*/
struct studinfo           /* 定义学生信息类型 */
{
```

```
    char no[4];          /* 学号 */
    int s[3];            /*3 门课程成绩 */
    float ave;           /* 平均成绩 */
};
int main()
{
    FILE *fp;
    struct studinfo t[N];        /* 用数组存放从文件中读出的学生记录 */
    struct studinfo a,temp;
    int i,j;
    int max;                     /* 记录当前最高课程平均分所在数组元素下标 */
    int num;                     /* 实际学生人数 */
    if((fp=fopen("score.txt","r"))==NULL)   /* 以只读的文本方式打开文件 */
    {
        printf("Can not open score.txt\n");
        exit(0);
    }
    printf("        排序前学生信息 \n");
    printf(" 学号 课程 1 课程 2 课程 3 平均分 \n");
    num=0;
    while(fscanf(fp,"%s%d%d%d%f",a.no,&a.s[0],&a.s[1],&a.s[2],&a.ave)
!=EOF)
    {
        printf("%-5s%-6d%-6d%-6d%-6.1f\n",a.no,a.s[0],a.s[1],a.s[2],a.ave);
        t[num]=a;         /* 将读入的学生记录存入对应的数组元素中 */
        num++;            /* 统计学生人数 */
    }
    fclose(fp);
    /* 用选择排序法对学生记录数组按课程平均分降序排列 */
    for(i=0;i<num-1;i++)
    {
        max=i;
        for(j=i+1;j<num;j++)
            /* 记录当前最高课程平均分所在数组元素的下标 */
            if(t[max].ave<t[j].ave) max=j;
        if(max!=i)
        {   /* 把当前最高课程平均分的数组元素与下标为 i 的元素互换 */
            temp=t[i];t[i]=t[max];t[max]=temp;
        }
    }
    if((fp=fopen("sorted.txt","w"))==NULL)  /* 以只写的文本方式打开文件 */
    {
        printf("Can not open sorted.txt\n");
        exit(0);
    }
    printf("        排序后学生信息 \n");
    printf(" 学号 课程 1 课程 2 课程 3 平均分 \n");
    for(i=0;i<num;i++)
    {
        /* 将当前数组元素中的学生记录按指定格式输出到屏幕上 */
        printf("%-5s%-6d%-6d%-6d%-6.1f\n",t[i].no,t[i].s[0],t[i].s[1],
```

```
t[i].s[2],t[i].ave);
            /* 将当前数组元素中的学生记录按指定格式写入文件中 */
            fprintf(fp,"%3s%4d%4d%4d%6.1f\n",t[i].no,t[i].s[0],t[i].s[1],
t[i].s[2],t[i].ave);
        }
    fclose(fp);
    return 0;
}
```

运行结果如下：

排序前学生信息			
学号 课程 1	课程 2	课程 3	平均分
001 87	79	91	85.7
002 95	92	89	92.0
003 75	74	78	75.7
004 81	83	86	83.3
排序后学生信息			
学号 课程 1	课程 2	课程 3	平均分
002 95	92	89	92.0
001 87	79	91	85.7
004 81	83	86	83.3
003 75	74	78	75.7

通过排序前后对比，可以看到排序后学生记录按课程平均分由高到低降序排列了。

7.6　按数据块读 / 写文件

按格式读 / 写文件是一种常见的数据访问方式，但其缺点是在读 / 写文件时往往需要进行数据类型转换。在内存与外存频繁交换数据的情况下，会花费较多时间。因此，为了提高内 / 外存的数据交换速度，可以直接将内存的二进制数据写入文件中，或将文件中保存的二进制数据直接读入内存，中间不做任何转换。并且，这种交换可按批量字节数据块的方式进行，大大提高了数据读 / 写速度。下面具体介绍 C 语言提供的支持按数据块读 / 写文件的标准函数。

1. 数据块读函数 fread()

函数原型：

```
int fread(void *buffer, unsigned size, unsigned count, FILE  *fp)
```

函数说明：形参 buffer 指定读入的数据在内存中的存放地址；形参 size 为一次性读入的字节数，即一个数据块的大小；形参 count 为执行读操作的次数，即读多少个长度为 size 的数据块；形参 fp 为文件指针。该函数的功能是从 fp 指定的文件中，连续读取 count 个大小为 size 个字节的数据块，并将这批数据保存在以 buffer 为起始地址的内存中。函数正常执行，返回值为 count，如果遇到文件结束（或发生读错误）时，返回值为 0。

2. 数据块写函数 fwrite()

函数原型：

```
int fwrite(const void *buffer, unsigned size, unsigned count, FILE *fp)
```

函数说明：形参 buffer 指定待写入文件的数据在内存中的存放地址；形参 size 为数据

块的大小；形参 count 为执行写操作的次数，即写入多少个大小为 size 的数据块；形参 fp 为文件指针。该函数的功能是将在内存地址 buffer 处，连续 count 个 size 大小的字节数据块，写入 fp 指定的文件中。若函数正常执行，返回值为 count，否则返回值为 0。

例 7.8 输入若干学生信息，并将输入的学生信息存放在一学生信息数组中；将学生信息数组中的学生记录全部保存到一名为 "stud.bin" 的二进制文件中；将上步创建的二进制文件中的学生记录读入内存并显示。

```
/*liti7-8.c，输入学生信息并写入二进制文件，然后读出并显示 */
#include <stdio.h>
#include <stdlib.h>
#define N 100            /* 假设学生人数≤100*/
struct studinfo          /* 定义学生信息类型 */
{
    char no[4];          /* 学号 */
    int s[3];            /*3 门课程成绩 */
    float ave;           /* 平均成绩 */
};
int main()
{
    FILE *fp;
    struct studinfo t[N];        /* 用数组存放从键盘输入的所有学生记录 */
    struct studinfo a;
    int number,i;
    printf(" 请输入学生人数（≤100):");
    scanf("%d",&number);
    /* 将输入的 number 个学生信息依次存入对应的数组元素中 */
    for(i=0;i<number;i++)
    {
        printf(" 请输入第 %d 个学生的学号和 3 门课程成绩 :",i+1);
        scanf("%s%d%d%d",t[i].no,&t[i].s[0],&t[i].s[1],&t[i].s[2]);
        t[i].ave=(t[i].s[0]+t[i].s[1]+t[i].s[2])/3.0f;      /* 计算出平均成绩 */
    }

    /* 以只写的二进制方式打开文件 */
    if((fp=fopen("stud.bin","wb"))==NULL)
    {
        printf("Can not open the file\n");
        exit(0);
    }
    /* 将数组 t 中的 number 个学生元素按数据块的方式一次性写入文件中 */
    fwrite(t,sizeof(struct studinfo),number,fp);
    fclose(fp); /* 关闭文件 */
    /* 以只读的二进制方式打开文件 */
    if((fp=fopen("stud.bin","rb"))==NULL)
    {
        printf("Can not open the file\n");
        exit(0);
    }
    /* 将二进制文件中的学生记录按数据块的方式逐个读入内存并显示 */
```

```
        printf(" 学生具体信息如下 :\n");
        printf(" 学号 课程 1 课程 2 课程 3 平均分 \n");
        /* 从文件中按数据块的方式读入一个学生记录 */
        fread(&a,sizeof(struct studinfo),1,fp);
        while(!feof(fp))
        {
            /* 按格式化的方式显示读入的学生记录 */
            printf("%-5s%-6d%-6d%-6d%-6.1f\n",a.no,a.s[0],a.s[1],a.s[2],a.ave);
            /* 从文件中按数据块的方式读入一个学生记录 */
            fread(&a,sizeof(struct studinfo),1,fp);
        }
        fclose(fp);    /* 关闭文件 */
        return 0;
}
```

运行结果如下：

请输入学生人数（≤100）:5↙
请输入第 1 个学生的学号和 3 门课程成绩 :001 78 75 76↙
请输入第 2 个学生的学号和 3 门课程成绩 :002 83 78 85↙
请输入第 3 个学生的学号和 3 门课程成绩 :003 93 87 94↙
请输入第 4 个学生的学号和 3 门课程成绩 :004 72 68 73↙
请输入第 5 个学生的学号和 3 门课程成绩 :005 81 91 82↙
学生具体信息如下 :
学号 课程 1 课程 2 课程 3 平均分
001 78   75   76   76.3
002 83   78   85   82.0
003 93   87   94   91.3
004 72   68   73   71.0
005 81   91   82   84.7

　　上述程序显示了如何按二进制数据块的方式进行文件的读 / 写。用记事本打开创建的 "stud.bin" 文件，可以看到内容如下：

```
001 N   K   L   檖 002 S   N   U     003 ]   W   ^   g榓
004 H   D   I   蕉 005 P   [   R
```

　　读者可能会问："stud.bin 文件中存放的是学生信息，为何只有学号能正常显示，3 门课程成绩和平均分却显示为乱码？"。这是因为学号在内存数组 t 中本来就是以字符形式表示的，直接写入文件中仍然是字符形式，所以能正常显示。而各课程成绩和平均分在内存数组 t 中都是以二进制表示的，经 fwrite 以数据块的方式直接写入文件 stud.bin 后，在文件中仍是二进制的形式，并没有转换为字符形式，所以看到的是乱码。

　　上述程序还有个问题，就是有两次文件打开操作，第一次按只写方式打开文件，第二次按只读方式打开文件，代码显得重复冗余。fopen 函数支持可读可写的打开方式，这样就只需打开文件一次就可以了，那上述程序为何不这样写呢？

　　因为无论按什么方式读 / 写文件，读 / 写完当前位置的内容后，文件位置指示器都会往后移。程序将输入的学生数据全部写入 stud.bin 文件后，文件位置指示器指在文件末端。要从头读取文件内容必须把文件位置指示器重新指向文件的开头（第 1 个字节），但目前没有办法做到这一点。就只有先关闭文件，然后再以只读的方式打开文件，让文件位置指示器重新指在文件头部，这样可以再次顺序读取文件的内容。

7.7 随机读 / 写文件

从上一节的例子可以看到，若不能灵活移动文件位置指示器的位置，对文件的访问就只能按从前往后的方式进行。显然，这种顺序访问方式很难满足用户对文件的各种访问需求，即使能满足，也会导致代码烦琐，程序执行效率低。所以，要想提高文件访问效率，关键是要能任意指定文件位置指示器的位置。为此，C 语言提供了可以对文件读 / 写位置进行灵活定位的函数，实现了对文件的随机读 / 写，下面对这些函数具体介绍。

1. rewind() 函数

函数原型：

```
void rewind(FILE *fp)
```

函数说明：将文件 fp 的文件位置指示器重新指向在文件的开头，即文件的第 1 个字节（字符）处。该函数没有返回值。

2. fseek() 函数

函数原型：

```
int fseek(FILE *fp,long offset, int whence)
```

函数说明：把文件 fp 的文件位置指示器定位到由 whence 和 offset 联合确定的位置。形参 whence 表示相对移位的参照点，形参 offset 为相对于 whence 的位移量。函数执行成功则返回 0，否则返回非 0。

需要说明的是：位移量 offset 表示要移动的字节数，它必须是 long 型数据，如果用常量来表示位移量 offset，则要求在常量后面加后缀"L"，如 16L。offset 可以为正也可以为负，为正表示相对于参照点 whence 往右移，为负表示相对于参照点 whence 往左移。在 ANSI C 标准中，参数 whence 的取值有三种，使用时既可以使用数值表示，也可以使用宏名表示，具体见表 7-4。

表 7-4　形参 whence 的取值

宏　　名	对应数值	含　　义
SEEK_SET	0	文件的开始位置
SEEK_CUR	1	文件的当前位置
SEEK_END	2	文件的末尾位置

下面介绍几个有关函数 fseek() 调用的简单例子，读者应掌握它们的使用方法。

```
fseek(fp,100L,0);      // 文件位置指示器指到距离文件第 1 个字节右侧 100 个字节的位置
fseek(fp,20L,1);       // 文件位置指示器指到距离当前位置右侧 20 个字节的位置
fseek(fp,-50L,2);      // 文件位置指示器指到距离文件末尾左侧 50 个字节的位置
fseek(fp,0L,2);        // 文件位置指示器指到文件的最后一个字节
```

3. ftell() 函数

函数原型：

```
long ftell(FILE *fp)
```

函数说明：获取 fp 文件位置指示器当前的读 / 写位置，该位置用相对于文件开头的位

移量来表示。注意：位移量从 0 开始。若文件中有 n 个字符，则第 1 个字符相对于文件开头的位移量为 0，第 n 个字符相对于文件开头的位移量为 n-1。函数执行成功返回位移量，否则返回 -1L。

上述 3 个函数对文本文件和二进制文件都适用。

例 7.9　打开 7.9.txt 文件，将文件位置指示器进行多次移动，输出每次移动后的文件位置指示器位置，并显示最后一次移动后的文件位置指示器所指字符。7.9.txt 文件中已存放 10 个字符 "ABCDEFGHIJ"。

```
/*liti7-9.c,定位读取文件中的指定字符 */
#include <stdio.h>
#include <stdlib.h>
int main()
{
    FILE *fp;
    if((fp=fopen("7.9.txt","r"))==NULL)
    {
        printf("Can not open file\n");
        exit(0);
    }
    fseek(fp,7L,0);
    printf(" 第 1 次位置 :%d\n",ftell(fp));
    fseek(fp,-6L,1);
    printf(" 第 2 次位置 :%d\n",ftell(fp));
    fseek(fp,4L,1);
    printf(" 第 3 次位置 :%d\n",ftell(fp));
    fseek(fp,0L,2);
    printf(" 第 4 次位置 :%d\n",ftell(fp));
    fseek(fp,-8L,1);
    printf(" 第 5 次位置 :%d\n",ftell(fp));
    printf(" 最后所指字符 :%c\n",fgetc(fp));
    fclose(fp);
}
```

运行结果如下：
```
第 1 次位置 :7
第 2 次位置 :1
第 3 次位置 :5
第 4 次位置 :10
第 5 次位置 :2
最后所指字符 :C
```

特别要注意第 4 次输出的位置，为何是 10？位移量从 0 开始，7.9.txt 文件中事先已有 "ABCDEFGHIJ" 10 个字符，则最后一个字符相对于文件开头的位移量为 9。但第 4 次输出的位移量是 10，则意味着文件中至少有 11 个字符，这就与已知字符数产生了矛盾。为什么会出现这种情况？请读者思考下。

例 7.10　显示指定文本文件的全部内容，然后向该文件末尾添加内容，最后再次显示文件的全部内容。要求在完成上述任务过程中，只能打开文件一次。指定文件的原有内容为 "Work hard."。

```
/*liti7-10.c,显示指定文件的所有内容，并添加内容后再读取文件的全部内容 */
```

```
#include <stdio.h>
#include <stdlib.h>
/* 自定义函数 print_all()：输出 fp 所指文件的内容 */
void print_all(FILE *fp)
{
    char ch;
    ch=fgetc(fp);
    while(!feof(fp))
    {
        putchar(ch);
        ch=fgetc(fp);
    }
    putchar('\n');
}
int main()
{
    FILE *fp;
    if((fp=fopen("7.10.txt","r+"))==NULL)   /* 以可读可写的文本方式打开文件 */
    {
        printf("Can not open file\n");
        exit(0);
    }
    printf(" 原文件内容 :\n");
    print_all(fp);          /* 显示文件内容 */
    fseek(fp,0L,2);         /* 将文件位置指示器定位在文件末尾 */
    fputs("Study carefully.",fp);     /* 在文件末尾添加内容 */
    rewind(fp);             /* 将文件位置指示器重新定位到文件头部 */
    printf(" 添加字符后的文件内容 :\n");
    print_all(fp);          /* 再次显示文件内容 */
    fclose(fp);             /* 关闭文件 */
}
```

运行结果如下：

```
原文件内容 :
Work hard.
添加字符后的文件内容 :
Work hard.Study carefully.
```

程序利用 rewind() 和 fseek() 两个函数对文件位置指示器进行定位，读者可以结合该程序，对这两个函数作进一步的了解。程序中"fseek(fp,0L,2)"是将文件位置指示器定位在文件末端，那"fseek(fp,-1L,2)"是将位置指示器定位在何处呢？此外，rewind 能用 fseek 替代吗？读者可以思考下上述问题。

例 7.11　例 7.8 将输入的若干学生记录保存在一个名为 stud.bin 的二进制文件中。请编程实现对该文件的修改功能，即根据输入的学号、三门课程新成绩对 stud.bin 文件中对应的学生记录进行更新。

程序设计分析：以可读可写的二进制方式打开 stud.bin 文件；按格式化的方式显示文件内容；输入拟修改的学生学号、三门课程新成绩等信息；根据输入的学号，在文件中搜索相应学生记录，若找到了，就对该记录进行更新，否则提示没找到并结束程序运行；再次按格式化的方式显示文件内容，以查看修改结果。具体程序如下：

```
/*liti7-11.c, 对二进制文件进行查找并更新 */
#include <stdio.h>
#include <stdlib.h>
#include <string.h>
struct studinfo  /* 定义学生信息类型 */
{
    char no[4];  /* 学号 */
    int s[3];    /*3 门课程成绩 */
    float ave;   /* 平均成绩 */
};
int main()
{
    FILE *fp;
    struct studinfo a,b;
    /* 按可读可写的二进制方式打开文件 */
    if((fp=fopen("stud.bin","rb+"))==NULL)
    {
        printf("Can not open the file\n");
        exit(0);
    }
    /* 显示文件内容 */
    printf(" 修改前的文件内容 :\n");
    printf(" 学号 课程 1 课程 2 课程 3 平均分 \n");
    fread(&a,sizeof(struct studinfo),1,fp);
    while(!feof(fp))
    {
        printf("%-5s%-6d%-6d%-6d%-6.1f\n",a.no,a.s[0],a.s[1],a.s[2],a.ave);
        fread(&a,sizeof(struct studinfo),1,fp);
    }
    /* 将文件位置指示器重新指向文件开头，为查找做准备 */
    rewind(fp);
    printf(" 输入拟修改的学生学号和 3 门课程新成绩 :\n");
    scanf("%s%d%d%d",a.no,&a.s[0],&a.s[1],&a.s[2]);
    /* 在文件中查找需要更新的学生记录 */
    fread(&b,sizeof(struct studinfo),1,fp);
    while(!feof(fp))
    {
        if(strcmp(a.no,b.no)==0)/* 按学号查找 */
        {
            /* 文件位置指示器回退 1 个学生信息记录位置，以指向找到的学生记录头部 */
            fseek(fp,-(long)sizeof(struct studinfo),1);
            /* 对找到的学生记录进行更新 */
            a.ave=(a.s[0]+a.s[1]+a.s[2])/3.0f;    /* 重新计算平均分 */
            fwrite(&a,sizeof(struct studinfo),1,fp);
            /* 找到并修改成功后提前结束循环 */
            break;
        }
        fread(&b,sizeof(struct studinfo),1,fp);   /* 查找下一个学生记录 */
    }
    if(feof(fp))          /* 没找到则给出提示并结束程序 */
    {
```

```
        printf(" 该学生记录不存在 .\n");
        exit(0);
    }
    else        /* 找到并更新学生记录后, 再次显示文件内容 */
    {
        rewind(fp);      /* 将文件位置指示器重新指向文件开头 */
        printf(" 修改后的文件内容 :\n");
        printf(" 学号 课程 1 课程 2 课程 3 平均分 \n");
        fread(&a,sizeof(struct studinfo),1,fp);
        while(!feof(fp))
        {
            printf("%-5s%-6d%-6d%-6d%-6.1f\n",a.no,a.s[0],a.s[1],a.s[2],a. ave);
            fread(&a,sizeof(struct studinfo),1,fp);
        }
    }
    fclose(fp);          /* 关闭文件 */
    return 0;
}
```

运行结果如下：

```
修改前的文件内容 :
学号  课程 1 课程 2 课程 3 平均分
001   78    75    76    76.3
002   83    78    85    82.0
003   93    87    94    91.3
004   72    68    73    71.0
005   81    91    82    84.7
输入拟修改的学生学号和 3 门课程新成绩 :
002 85 80 87↙
修改后的文件内容 :
学号  课程 1 课程 2 课程 3 平均分
001   78    75    76    76.3
002   85    80    87    84.0
003   93    87    94    91.3
004   72    68    73    71.0
005   81    91    82    84.7
```

可以看到文件中对应学号 002 的学生记录发生了改变。程序中有 2 个地方用到了 rewind() 函数，1 个地方用到了 fseek() 函数，读者应认真理解它们在程序中作用。本例实现了按学号修改学生记录，如果要按学号删除文件中的记录，那该如何实现呢？读者不妨思考下。

习 题

一、单项选择题

1. 下列有关 C 语言文件的叙述，正确的是（　　　）。

    A. 文件由 ASCII 码字符序列组成，C 语言只能读 / 写文本文件

    B. 文件由二进制数据序列组成，C 语言只能读 / 写二进制文件

    C. 文件由记录序列组成，按数据的存储形式分为二进制文件和文本文件

D. 文件由数据流形式组成，按数据的存储形式分为二进制文件和文本文件

2. 下列有关 C 语言中文件的叙述，错误的是（　　）。

A. C 语言中的文本文件以 ASCII 码形式存储数据

B. C 语言中对二进制位的访问速度比文本文件快

C. C 语言中随机读 / 写方式不适用于文本文件

D. C 语言中顺序读 / 写方式不适用于二进制文件

3. C 语言中标准输入文件是指（　　）。

A. 键盘　　　　　　B. 显示器　　　　　　C. 打印机　　　　　　D. 硬盘

4. C 语言中用于关闭文件的库函数是（　　）。

A. fopen()　　　　B. fclose()　　　　C. fseek()　　　　D. rewind()

5. 假设 fp 为文件指针并已指向了某个文件，在没有遇到文件结束标志时，函数 feof(fp) 的返回值为（　　）。

A. 0　　　　　　　B. 1　　　　　　　C. −1　　　　　　D. 一个非 0 的值

6. 在函数 fopen() 中使用 "a+" 方式打开一个已经存在的文件，以下叙述正确的是（　　）。

A. 文件打开时，原有文件内容不被删除，可做追加和读操作

B. 文件打开时，原有文件内容不被删除，可做重写和读操作

C. 文件打开时，原有文件内容被删除，只可做写操作

D. 以上三种说法都不正确

7. 下列说法错误的是（　　）。

A. 文本文件可以用二进制方式打开，反之二进制文件也可用文本方式打开

B. 可以用 fprintf() 函数实现 printf() 函数的功能

C. 以 'r+' 方式打开的文件，在用 fgetc() 函数读取当前字符后，可立即用 fputc() 函数在其后写入一个字符

D. 为了便于应用程序与设备之间进行数据交换，系统将各种设备也抽象为文件

8. 以下说法正确的是（　　）。

A. 以 fopen() 函数打开某个文件后，对其中写入了内容，如果没有用 fclose() 函数关闭文件，则写入的内容无效

B. 对某文本文件以 "r" 方式或 "rb" 方式打开后，对文件内容的读取，两者是完全一样的

C. 对设备文件的访问是不需要文件缓冲区的

D. 按格式写函数能将二进制数据转换为以字符表示的形式写入文件中

二、填空题

1. C 语言中的文件被看作是由一个个的字符（或字节）按照一定的顺序组成的，因此文件又被称为_____。

2. C 语言中文件的分类有不同的标准。从文件所在位置来看，文件可分为_____和_____；从文件数据的编码方式来看，文件可分为_____和_____。

3. 在 C 语言定义的多个标准设备文件中，_____代表标准输入文件，_____代表标准输出文件，_____代表标准错误输出文件，_____代表标准辅助设备，_____代表标准打印机。

4. 专门负责把文件的读 / 写位置指针重新指回文件首的函数是_____，能够把文件的读 / 写位置指针调整到文件中的任意位置的函数是_____，能够获取文件当前的读 / 写位置字节数的函数是_____。

5. 以可读可写的方式在 C: 盘根目录下新建并打开一个名为 new1.dat 文件，则相应的 C 语句为 fp =_____。

三、程序分析题

1. 分析下列程序，写出运行输出结果。

```c
#include<stdlib.h>
int main()
{
    int i,n;
    FILE *fp;
    if((fp=fopen("temp","w+"))==NULL)
    {
        printf("Can not create file.\n");
        exit(0);
    }
    for(i=1;i<=10;i++)fprintf(fp,"%3d",i);
    for(i=0;i<5;i++)
    {
        fseek(fp,i*6L,SEEK_SET);
        fscanf(fp,"%d",&n);
        printf("%3d",n);
    }
    printf("\n");
    fclose(fp);
    return 0;
}
```

2. 分析下列程序，写出运行输出结果。

```c
#include<stdlib.h>
int main()
{
    FILE *fp;
    char str[40];
    fp=fopen("test.txt","r");   /*test.txt 内容为 "Hello,everyone!"*/
    fgets(str,5,fp);
    printf("%s\n",str);
    fclose(fp);
    return 0;
}
```

四、程序填空题

1. 把两个有序文件合并成一个新的有序文件。假设文本文件 a.dat 中存储的数据为 1、6、9、18、27 和 35，文本文件 b.dat 中存储的数据为 10、23、25、27、39 和 61，现在对这两个文件中的数据进行合并，要求依然保持原来从小到大的顺序，即 1、6、9、10、18、23、25、27、27、35、39 和 61，最后合并的结果写入文本文件 c.dat，请将下列程序补充完整。

```c
#include <stdio.h>
```

```
#include <stdlib.h>
int main()
{
    FILE *f1, *f2, *f3;
    int x,y;
    if((f1=fopen("a.dat","r"))==NULL)
    {
        printf(" 文件 a.dat 不能打开。\n");
        exit(0);
    }
    if((f2=fopen("b.dat","r"))==NULL)
    {
        printf(" 文件 b.dat 不能打开。\n");
        exit(0);
    }
    if((    ①    )==NULL)
    {
        printf(" 文件 c.dat 不能打开。\n");
        exit(0);
    }
    fscanf(f1,"%d",&x);
    _____②_____;
    while(!feof(f1)&&!feof(f2))
        if(_____③_____)
            {fprintf(f3,"%d\n",x); fscanf(f1,"%d",&x);}
        else
            {fprintf(f3,"%d\n",y); fscanf(f2,"%d",&y);}
    while(!feof(f1))
    {
        _____④_____;
        fscanf(f1,"%d",&x);
    }
    while(!feof(f2))
    {
        fprintf(f3,"%d\n",y);
        _____⑤_____;
    }
    fclose(f1);
    fclose(f2);
    fclose(f3);
    return 0;
}
```

2. 产生 1 000 以内的所有素数，并把它们写入一个指定的文本文件 d:\code\prime.dat 中。请将下列程序补充完整。

```
#include <stdio.h>
#include <stdlib.h>
_____①_____
int main()
{
    FILE *fp;
```

```
    int i,j;
    if((fp=fopen("d:\\code\\prime.dat","w"))==NULL)
    {
        printf(" 文件不能打开。\n");
        exit(0);
    }
    fprintf(fp, "%4d\n%4d\n",2,3);
    for(i=5;_____②_____;i+=2)
    {
        for(j=3;j<=sqrt(i);j=j+2)
            if(_____③_____)break;
        if(j>sqrt(i))_____④_____;
    }
    fclose(fp);
    return 0;
}
```

五、编程题

1. 从键盘上输入一个字符串，最后以"#"结束。设计一个程序，要求将字符串中的小写字母全部转换为大写字母，并把转换后的字符串全部保存到一个名为 upper.txt 的文本文件中。

2. 假设学生信息包括学号、姓名、理论成绩、实践成绩、总成绩等字段，输入学生人数，再分别输入每个学生的学号、姓名、理论成绩和实践成绩，计算该生的总成绩（总成绩 = 理论成绩 + 实践成绩），并将所有的数据保存到一个名为 class.txt 的文本文件中。

3. 把编程题 2 创建的文本文件 class.txt 的全部内容显示在屏幕上，要求显示格式为"学号 姓名 总成绩"，并输出全班总成绩的平均值。

4. 对编程题 2 创建的文本文件 class.txt 进行排序，实现分别按"学号"和"总成绩"字段排序的功能，排序的结果写入 sorted.txt 文件。输入"x 0"，表示按学号升序；输入"x 1"，表示按学号降序；输入"z 0"，表示按总成绩升序；输入"z 1"，表示按总成绩降序。程序要求用多函数设计，例如显示文件内容的函数、实现排序的函数、写入文件内容的函数等，具体函数的数量和功能可自行拟定。

5. 假设职工的完整信息包括工号、姓名、性别、年龄、住址、工资、健康状况和文化程度，已知表 7-5 所示的 4 位职工的完整信息。要求设计一个程序，把这些数据全部保存到一个名为 employee.txt 的文本文件中。

表 7-5　编程题 5 中的职工信息

工　号	姓　　名	性　别	年龄（岁）	住　址	工资（元）	健康状况	文化程度
301	Zhao	M	30	Beijing	8 000	Good	Master
302	Qian	M	24	Shanghai	9 500	Pass	Bachelor
303	Sun	F	27	Tianjin	7 800	Good	Master
304	Li	M	22	Chongqing	6 500	Good	Bachelor

6. 设计一个程序，从编程题 5 中创建的 employee.txt 中读取数据，把其中的工号、姓名和工资这三项内容单独抽取出来，形成一个名为 salary.txt 的新文本文件。

附录 A 常用字符与 ASCII 码对照表

ASCII值	字符	控制字符	ASCII值	字符	ASCII值	字符	ASCII值	字符
0	(null)	NUL	32	(space)	64	@	96	'
1	^A(☺)	SOH	33	!	65	A	97	a
2	^B(☻)	STX	34	"	66	B	98	b
3	^C(♥)	ETX	35	#	67	C	99	c
4	^D(♦)	EOT	36	$	68	D	100	d
5	^E(♣)	END	37	%	69	E	101	e
6	^F(♠)	ACK	38	&	70	F	102	f
7	^G(beep)	BEL	39	'	71	G	103	g
8	^H(◘)	BS	40	(	72	H	104	h
9	^I(tab)	HT	41	)	73	I	105	i
10	^J(line feed)	LF	42	*	74	J	106	j
11	^K(home)	VT	43	+	75	K	107	k
12	^L(form feed)	FF	44	,	76	L	108	l
13	^M(carriage return)	CR	45	-	77	M	109	m
14	^N(♫)	SO	46	.	78	N	110	n
15	^O(✿)	SI	47	/	79	O	111	o
16	^P(►)	DLE	48	0	80	P	112	p
17	^Q(◄)	DC1	49	1	81	Q	113	q
18	^R(↕)	DC2	50	2	82	R	114	r
19	^S(‼)	DC3	51	3	83	S	115	s
20	^T(¶)	DC4	52	4	84	T	116	t
21	^U(§)	NAK	53	5	85	U	117	u
22	^V(▬)	SYN	54	6	86	V	118	v
23	^W(↨)	ETB	55	7	87	W	119	w
24	^X(↑)	CAN	56	8	88	X	120	x
25	^Y(↓)	EM	57	9	89	Y	121	y
26	^Z(→)	SUB	58	:	90	Z	122	z
27	ESC(←)	ESC	59	;	91	[	123	{
28	FS(∟)	FS	60	<	92	\	124		
29	GS(↔)	GS	61	=	93	]	125	}
30	RS(▲)	RS	62	>	94	^	126	~
31	US(▼)	US	63	?	95	-		

附录 B　常用库函数介绍

一、输入 / 输出函数

1. getc() 函数

格式：int getc(FILE *stream)

说明：getc() 函数的原型在 stdio.h 中。

getc() 函数从输入流 stream 的当前位置返回下一个字符。读取时把字符作为无符号字符来读，并转换为整型量。如果到达文件尾，getc() 函数返回 EOF。

例：读取并显示一个文本文件的内容。

```
#include <stdio.h>
int main(int argc, char *argv[])
{   FILE *fp;
    char ch;
    if(!(fp=fopen(argv[1], "r")))
    {   printf("cannot open file. \n");
        exit(1);
    }
    while ((ch=getc(fp))!=EOF) printf("%c", ch);
    fclose(fp);
    return 0;
}
```

2. getch() 和 getche() 函数

格式：int getch(void)

　　　int getche(void)

说明：getch() 和 getche() 函数的原型在 conio.h 中。

getch() 函数从控制台读取并返回下一个字符，但不把该字符回显在屏幕上。

getche() 函数从控制台读取并返回下一个字符，同时把该字符回显在屏幕上。

例：用 getch() 函数读取用户在菜单上的选择。

```
#include <conio.h>
#include <stdio.h>
#include <string.h>
int main()
{   char choice;
    do {
        printf("\n");
        printf(" 1: check spelling \n");
        printf(" 2: correct spelling \n");
        printf(" 3: look up a word in the dictionary \n");
        printf("\n Enter your selection : ");
```

```
        choice = getche();
    } while (!strchr("123", choice));
    return 0;
}
```

3.　getchar() 函数

格式：`int getchar(void)`

说明：getchar() 的原型在 stdio.h 中。

getchar() 函数从标准输入流（stdin）中返回下一个字符，读到文件结束标志时返回 EOF。getchar() 函数的作用相当于 getc(stdin)。

例：从 stdin 中读字符并放到数组 s 中，直到输入一个回车后停止，然后显示该字符串。

```
#include <stdio.h>
int main()
{   char s[256], *p;
    p = s;
    printf("\n");
    while ((*p++ = getchar( ))!= '\n');
    p= '\0';   /*add null terminator*/
    printf(s);
    return 0;
}
```

4.　gets() 函数

格式：`char *gets(char *str)`

说明：gets() 的原型在 conio.h 中。

gets() 函数从 stdin 中读取字符并把它们放到 str（串）指向的字符数组中去。它读取字符直到遇到换行符或读入了 EOF。操作成功返回 str，不成功返回空指针。gets() 函数读取的字符个数没有限制，应注意保证 str 指向的数组足够大。

例：用 gets() 读入一个文件名字。

```
#include <stdio.h>
#include <conio.h>
int main()
{   FILE *fp;
    char fname[128];
    printf("Enter filename : ");
    gets(fname);
    if(!(fp=fopen(fname, "r")))
    {   printf("cannot open file. \n");
        exit(1);
    }
    else printf("open succeeded.\n");
    fclose(fp);
    return 0;
}
```

5.　putc() 函数

格式：`int putc(int ch, FILE *stream)`

说明：函数原型在 stdio.h 中。

putc() 函数把 ch 的字符写到 stream 指向的流中去。若调用成功，返回所写字符，否则返回 EOF。

例：下述语句把 str 串中的字符写到 fp 所指向的流中去。

```
for(; *str; str++) putc(*str, fp);
```

6. putchar() 函数

格式：`int putchar(int ch)`

说明：函数原型在 conio.h 中。

把 ch 的字符写到标准输出流（stdout）中去。在功能上等价于 putc(ch, stdout)。若调用成功，返回所写字符，否则返回 EOF。

例：下述语句把 str 串中的字符写到 stdout 中去。

```
for(; *str; str++) putchar(*str);
```

7. puts() 函数

格式：`int puts(char *str)`

说明：函数原型在 conio.h 中。

把 str 指向的字符串写到标准输出设备中去。调用成功返回换行，失败返回 EOF。

例：把字符串 this is an example 写入 stdout。

```c
#include <conio.h>
int main()
{
    char str[80];
    strcpy(str, "this is an example");
    puts(str);
    return 0;
}
```

二、字符和字符串函数

1. isalpha() 函数

格式：`int isalpha(int ch)`

说明：函数原型在 ctype.h 中。

如果 ch 是字母表中的字母，则返回非零；否则返回零。

例：检查从 stdin 读入的每一个字符，凡是字母表中的字母都显示出来，当输入空格时，程序结束。

```c
#include <ctype.h>
#include <stdio.h>
int main()
{   char ch;
    for( ; ; ) {
        ch=getchar();
        if(ch==' ') break;
        if(isalpha(ch)) printf("%c is a letter \n", ch);
    }
    return 0;
}
```

2. isascii() 函数

格式：`int isascii(int ch)`

说明：函数原型在 ctype.h 中。

如果 ch 在 0 到 0x7F 之间，函数 isascii() 返回非零，否则返回零。

例：检查从 stdin 读入的每一个字符，凡是由 ASCII 定义的字符都显示出来。

```
#include <ctype.h>
#include <stdio.h>
int main()
{    char ch;
     for( ; ; ) {
         ch=getchar();
         if(ch==' ') break;
         if(isascii(ch) && (ch != '\n')) printf("%c is ASCII defined. \n", ch);
     }
     return 0;
}
```

3. strcat() 函数

格式：`char *strcat(char *str1, char *str2)`

说明：函数原型在 string.h 中。

函数把 str2 连到 str1 上，并以空（NULL）结束 str1。原来作为 str1 结尾的空结束符被 str2 的第一个字符覆盖，而 str2 在操作中未被修改。应注意保证 str1 空间足够大。函数返回 str1。

例：程序把从 stdin 读入的第一个字符串加到第二个串的后面。例如：假设用户输入 hello 和 there，程序将输出 therehello。

```
#include <string.h>
#include <stdio.h>
int main()
{    char s1[80], s2[80];
     gets(s1);
     gets(s2);
     strcat(s2, s1);
     printf(s2);
     return 0;
}
```

4. strchr() 函数

格式：`char *strchr(char *str, char ch)`

说明：函数原型在 string.h 中。

函数返回由 str 所指向的字符串中首次出现 ch 的位置指针。如果未发现与 ch 匹配的字符，则返回空（NULL）指针。

例：该程序输出字符串 is is a test。

```
#include <string.h>
#include <stdio.h>
int main()
{    char *p;
```

```
    p=strchr("this is a test", 'i');
    printf(p);
    printf("\n");
    return 0;
}
```

5. strcmp() 函数

格式：`int strcmp(char *str1, char *str2)`

说明：函数原型在 string.h 中。

该函数按词典编辑顺序比较两个以空字符（null）结束的字符串，并且返回基于输出的整型值。返回值小于零，则 str1< str2；返回值等于零，则 str1= str2；返回值大于零，则 str1> str2。

例：下面程序作为密码验证程序。如果失败，返回 0；成功则返回 1。

```
#include <string.h>
#include <stdio.h>
int main()
{    char s[80];
    printf("Enter password: ");
    gets(s);
    if(strcmp(s, "pass"))
    {   printf("invalid password. \n");
        return 0;
    }
    return 1;
}
```

6. strcpy() 函数

格式：`int strcpy(char *str1, char *str2)`

说明：函数原型在 string.h 中。

函数把 str2 的内容复制到 str1 中，str2 必须是一个指向空（null）结尾的字符串指针。

例：下面语句将 hello 复制到字符串 str 中。

```
char str[80];
strcpy(str, "hello");
```

7. strlen() 函数

格式：`unsigned strlen(char *str)`

说明：函数原型在 string.h 中。

该函数用来计算以空（null）结尾的字符串长度，并返回串长。结束符 null 不计在内。

例：下面语句在屏幕上显示数字 5。

```
strcpy(s, "hello");
printf("%d", strlen(s));
```

8. strlwr() 函数

格式：`char *strlwr(char str)`

说明：函数原型在 string.h 中。

该函数把 str 所指向的字符串变为小写字母。

例：下面程序在屏幕上显示 this is a test 。

```c
#include <string.h>
#include <stdio.h>
int main()
{   char s[80];
    strcpy(s, "THIS IS A TEST");
    strlwr(s);
    printf(s);
    return 0;
}
```

9.　strstr() 函数

格式：`char *strstr(char *str1, char *str2)`

说明：函数原型在 string.h 中。

该函数在字符串 str1 中寻找第一个遇到 str2 字符串的位置，并返回指向该位置的指针。

例：下面程序显示 is is a test 。

```c
#include <stdio.h>
#include <string.h>
int main()
{   char *p;
    p=strstr("this is a test", "is");
    printf(p);
}
```

10.　strupr() 函数

格式：`char *strupr(char str)`

说明：函数原型在 string.h 中。

该函数把 str 所指向的字符串变为大写体字母。

例：下面程序在屏幕上显示 THIS IS A TEST 。

```c
#include <string.h>
#include <stdio.h>
int main()
{   char s[80];
    strcpy(s, "this is a test");
    strupr(s);
    printf(s);
    return 0;
}
```

11.　tolower() 函数

格式：`int tolower(int ch)`

说明：函数原型在 ctype.h 中。

如果 ch 是个字母，该函数将它变成小写体。函数返回 ch 的小写体字母，如果 ch 不是字母则返回的 ch 没有变化。

例：下面的语句显示为 q 。

```c
putchar(tolower('Q'));
```

12. toupper() 函数

格式：`int toupper(int ch)`

说明：函数原型在 ctype.h 中。

如果 ch 是个字母，该函数将它变成大写体，并且返回与其相同的大写字母，否则返回没有改变的 ch。

例：下面的语句显示为 A。

```
putchar(toupper('a'));
```

三、数学函数

1. abs() 函数

格式：`int abs(int num)`

说明：函数原型在 stdlib.h 中。

该函数返回整数 num 的绝对值。

例：下面语句在屏幕上显示 10。

```
printf("%d ", abs(-10));
```

2. atof() 函数

格式：`double atof(char *str)`

说明：函数原型在 math.h 中。

该函数把由 str 所指向的字符串转变成一个双精度数。该字符串必须包含一个有效的实型数，否则，返回 0。

例：下面程序读入两个实型数，并显示其和。

```
#include <stdlib.h>
#include <stdio.h>
int main()
{   char num1[80], num2[80];
    printf("enter first : ");
    gets(num1);
    printf("enter second : ");
    gets(num2);
    printf("the sum is : %f ", atof(num1) + atof(num2));
    return 0;
}
```

3. atoi() 函数

格式：`int atoi(char *str)`

说明：函数原型在 stdlib.h 中。

该函数将 str 指向的字符串转换为整型值。

4. atol() 函数

格式：`long atol(char *str)`

说明：函数原型在 stdlib.h 中。

该函数将 str 指向的字符串转换为一长整型值。

5. ceil() 函数

格式：`double ceil(double num)`

说明：函数原型在 math.h 中。

该函数找出不小于 num 的最小整数（表示为双精度）。例如：给出 1.03，函数将返回 2.0。给出 -1.03，函数将返回 -1.0。

例：下面语句在屏幕上显示 10。

```
printf("%f ", ceil(9.2));
```

6. cos() 函数

格式：`double cos(double arg)`

说明：函数原型在 math.h 中。

该函数返回 arg 的余弦值。参数 arg 的值必须用弧度表示，返回值的范围在 -1 到 1 之间。

例：下面程序显示从 -1 到 1 以十分之一递增的值的余弦。

```
#include <math.h>
#include <stdio.h>
int main()
{   double val=-1.0;
    do {
        printf("cosine of  %f  is %f \n", val, cos(val));
        val+=0.1;
    } while(val<=1.0);
    return 0;
}
```

7. div() 函数

格式：`div_t div(int number, int denom)`

说明：函数原型在 stdlib.h 中。

该函数返回 number/denom 操作的商和余数。

div_t 类型的结构定义在 stdlib.h 中，并有以下两个域：

```
int quot; /* 存放商 */
int rem;  /* 存放余数 */
```

例：

```
#include <stdlib.h>
#include <stdio.h>
int main()
{   div_t n;
    n = div(10, 3);
    printf("quotient and remainder : %d , %d \n", n.quot, n.rem );
    return 0;
}
```

8. exp() 函数

格式：`double exp(double arg)`

说明：函数原型在 math.h 中。

该函数求以自然数为底的指数 e^{arg} 的值。（精确到 2.718 282）

例：该语句显示 e 的值。

```
printf("value of e to the first : %f", exp(1.0));
```

9. fabs() 函数

格式：`double fabs(double num)`

说明：函数原型在 math.h 中。

该函数返回参数 num 的绝对值。

例：下面语句在屏幕上显示 1.0 1.0 。

```
printf("%1.1f , %1.1f ", fabs(1.0), fabs(-1.0) );
```

10. floor() 函数

格式：`double floor(double num)`

说明：函数原型在 math.h 中。

该函数返回不大于 num 的最大整数（以双精度表示）。

例：下面语句在屏幕上输出 10-2.0。

```
printf("%f  %f " , floor(10.9),floor(-1.5) );
```

11. fmod() 函数

格式：`double fmod(double x , double y)`

说明：函数原型在 math.h 中。

该函数求 x/y 的余数，返回求出的余数值。

例：下面语句输出 1.0。

```
printf("%1.1f ", fmod(10.0, 3.0));
```

12. labs() 函数

格式：`long labs(long num)`

说明：函数原型在 stdlib.h 中。

该函数返回长整数 num 的绝对值。

例：下面的函数把用户输入的数转换成其绝对值。

```
#include <stdlib.h>
long get_labs()
{    char num[80];
     gets(num);
     return labs(atol(num));
}
```

13. log() 函数

格式：`double log(double num)`

说明：函数原型在 math.h 中。

该函数求 num 的自然对数。

例：下面程序显示 1 至 10 的自然对数。

```
#include <math.h>
#include <stdio.h>
int main()
```

```
{   double val = 1.0;
    do {
        printf("%f  %f \n", val, log(val));
        val++;
    } while (val<11.0);
    return 0;
}
```

14. log10() 函数

格式：`double log10(double num)`

说明：函数原型在 math.h 中。

该函数返回以 10 为底的 num 的对数。

15. pow() 函数

格式：`double pow(double base, double exp)`

该函数计算以 base 为底的 exp 次幂。如果 base 为零或者 exp 小于、等于零，则出现定义域错。上溢会产生数出界错误。

例：下面程序显示 10 的前 11 次幂（0 ~ 10）。

```
#include <stdio.h>
#include <math.h>
int main()
{   float x=10.0, y=0.0;
    do {
        printf("%.0f \n", pow(x, y));
        y++;
    } while(y<=10) ;
    return 0;
}
```

16. sin() 函数

格式：`double sin(double arg)`

说明：函数原型在 math.h 中。

该函数返回参数 arg 的正弦值。arg 的值必须用弧度表示。

17. sqrt() 函数

格式：`double sqrt(double num)`

说明：函数原型在 math.h 中。

该函数返回 num 的平方根。

例：下面语句输出 4。

```
printf("%f ", sqrt(16.00));
```

18. tan() 函数

格式：`double tan(double arg)`

说明：函数原型在 math.h 中。

函数 tan() 返回参数 arg 的正切值。arg 的值必须用弧度表示

四、动态地址分配函数

1. calloc() 函数

格式：void *calloc(unsigned num, unsigned size)

说明：函数原型在 stdlib.h 中。

该函数返回一个指向被分配的内存指针。被分配的内存数量等于 num*size，其中 size 以字节表示，即 calloc() 为具有 num 个长度为 size 的数据的数组分配内存。如果没有足够的内存满足要求，就返回一个空指针。

例：下面函数返回一个指向动态地址分配 100 个实型数的数组地址的指针。

```
#include <stdio.h>
#include <stdlib.h>
float *get_mem()
{   float *p;
    p = (float *) calloc(100, sizeof(float));
    if(!p)
    {   printf("allocation failure - aborting");
        exit(1);
    }
    return p;
}
```

2. coreleft() 函数

格式：unsigned coreleft(void)   /* 用于小型数据模式 */
      unsigned long coreleft(void)   /* 用于大型数据模式 */

说明：函数原型在 alloc.h 中。

函数 coreleft() 得到在堆（heap）上剩余的未曾使用的内存字节数。对于小内存模式，函数返回无符号整型量；对于大内存模式，函数返回无符号的长整型量。

例：下面的程序显示当按小数据模式编译时堆的大小。

```
#include <alloc.h>
int main()
{   printf("The size of the heap is %u", coreleft());
    return 0;
}
```

3. free() 函数

格式：void free(void *ptr)

说明：函数原型在 stdlib.h 中。

该函数释放由 ptr 所指的内存，并将它返还给堆（heap），以便这些内存成为再分配时的可用内存。

例：下面程序首先分配内存空间给由用户键入的字符串，然后再释放它们。

```
#include <stdlib.h>
#include <stdio.h>
int main()
{   char *str[10];
    int i;
    for(i=0; i<10; i++) {
```

```
        if((str[i] = (char *) malloc(128))= =NULL)
        {   printf("allocation error - aborting . ");
            exit(0);
        }
        gets(str[i]);
    }
    /*now free the memory*/
    for(i=0; i<10; i++) free (str[i]);
    return 0;
}
```

4. malloc() 函数

格式：`void *malloc(unsigned size)`

说明：函数原型在 stdlib.h 中。

该函数得到指向大小为 size 的内存区域的首字节的指针，该内存是从堆中已被分配的。若没有足够的内存空间进行分配，则返回的指针为空（NULL）。在使用指针前应测试返回值不为空指针，若使用空指针，通常会引起系统崩溃。

例：下面一段代码用 get_struct() 函数来申请存放结构类型 addr 的地址。

```
#include <stdio.h>
#include <stdlib.h>
struct addr
{   char name[40];
    char street[40];
    char city[40];
    char state[3];
    char zip[10];
};
struct addr *get_struct()
{   struct addr *p;
    if(!(p = (struct addr *) malloc (sizeof(addr))))
    {   printf("allocation error - aborting ");
        exit(0);
    }
    return p;
}
```

五、其他函数

1. exit() 函数

格式：`void exit(int status)`

说明：函数原型在 process.h 中。

该函数使得程序立即正常终止。状态值（status）被传递到调用过程。按照惯例，如果状态值为 0，表示程序正常结束；若为非零值，则说明存在执行错误。

例：请查阅以前例子中关于 exit() 函数的使用。

2. itoa() 函数

格式：`char *itoa(int num, char *str, int radix)`

说明：函数原型在 stdlib.h 中。

该函数把整型数 num 转换成与其等价的字符串，且把其结果放在 str 所指向的字符串中。字符串输出的进制是由 radix 确定的。

例：下面程序用 16 进制显示 1423 的值（58F）。

```
#include <stdlib.h>
#include <stdio.h>
int main()
{   char p[17];
    itoa(1423, p, 16);
    printf(p);
    return 0;
}
```

3. ltoa() 函数

格式：char *ltoa(long num, char *str, int radix)

说明：函数原型在 stdlib.h 中。

该函数把长整型数 num 转换成与其等价的字符串，且把其结果放在 str 所指向的字符串中。字符串输出的进制是由 radix 确定的。

C 语言的函数有 300 多个，以上概括的只是一些常用函数，感兴趣的读者可查阅有关书籍，以获得对 C 函数更全面更详细的了解。

参 考 文 献

[1] 罗坚，徐文胜 . C 语言程序设计 [M]. 4 版 . 北京 : 中国铁道出版社，2016.

[2] 何钦铭 . C 语言程序设计 [M]. 4 版 . 北京 : 高等教育出版社，2020.

[3] 揭安全 . 高级语言程序设计：C 语言版 [M]. 北京 : 人民邮电出版社，2015.

[4] 谭浩强 . C 程序设计 [M]. 5 版 . 北京 : 清华大学出版社，2021.

[5] 苏小红 . C 语言程序设计 [M]. 4 版 . 北京 : 高等教育出版社，2019.